“十四五”时期国家重点出版物出版专项规划项目

大规模清洁能源高效消纳关键技术丛书

清洁能源配套 GIS 设备绝缘检测及故障诊断技术

杨小库　康钧　王生杰 等　编著

中国水利水电出版社
www.waterpub.com.cn
·北京·

内 容 提 要

本书为《大规模清洁能源高效消纳关键技术丛书》之一，针对我国高海拔地区清洁能源送出相关配套工程 GIS 设备运行的问题，全面、系统地阐述了 GIS 设备绝缘检测及故障诊断技术的发展现状，分析了从投运前到运维阶段在绝缘性能检测、潜伏性缺陷故障诊断以及故障定位等方面经过长期研究形成的最新技术及相关原理，介绍了 GIS 设备绝缘故障检测诊断中的关键技术的难点以及解决思路等内容。

本书通俗简练，系统翔实，图文并茂，适合从事太阳能发电、风力发电、电力系统生产、运维等工作的工程技术人员阅读参考。

图书在版编目（CIP）数据

清洁能源配套GIS设备绝缘检测及故障诊断技术 / 杨小库等编著. -- 北京 : 中国水利水电出版社, 2023.9
（大规模清洁能源高效消纳关键技术丛书）
ISBN 978-7-5226-1254-6

Ⅰ. ①清… Ⅱ. ①杨… Ⅲ. ①高原－无污染能源－电气设备－绝缘检测②高原－无污染能源－电气设备－故障诊断 Ⅳ. ①TM210.6②TM07

中国国家版本馆CIP数据核字(2023)第249879号

书　　名	大规模清洁能源高效消纳关键技术丛书 **清洁能源配套 GIS 设备绝缘检测及故障诊断技术** QINGJIE NENGYUAN PEITAO GIS SHEBEI JUEYUAN JIANCE JI GUZHANG ZHENDUAN JISHU
作　　者	杨小库　康　钧　王生杰　等 编著
出版发行	中国水利水电出版社 （北京市海淀区玉渊潭南路 1 号 D 座　100038） 网址：www.waterpub.com.cn E-mail：sales@mwr.gov.cn 电话：(010) 68545888（营销中心）
经　　售	北京科水图书销售有限公司 电话：(010) 68545874、63202643 全国各地新华书店和相关出版物销售网点
排　　版	中国水利水电出版社微机排版中心
印　　刷	天津嘉恒印务有限公司
规　　格	184mm×260mm　16 开本　12.5 印张　268 千字
版　　次	2023 年 9 月第 1 版　2023 年 9 月第 1 次印刷
印　　数	0001—3000 册
定　　价	**78.00** 元

《大规模清洁能源高效消纳关键技术丛书》
编 委 会

《清洁能源配套 GIS 设备绝缘检测及故障诊断技术》
编　委　会

主　　编　杨小库　康　钧　王生杰

副 主 编　谢彭盛　李春来　李　渊　曲全磊　李　军

编　　委　杨立滨　李秋阳　李正曦　刘庭响　陈　尧　马永福
　　　　　王理丽　周万鹏　包正红　任继云　王志惠　安　娜
　　　　　李军浩　汲胜昌　赵德祥　赵隆乾　何艳娇　于鑫龙
　　　　　周尚虎　廖　鹏　林万德　李子彬　沈　洁　韩梦龙
　　　　　蒋　玲　刘敬之　莫冰玉　马俊雄　王　恺　高　金

参编单位　国网青海省电力公司
　　　　　国网青海省电力公司电力科学研究院
　　　　　国网青海省电力公司清洁能源发展研究院
　　　　　西安交通大学

Preface
序

世界能源低碳化步伐进一步加快，清洁能源将成为人类利用能源的主力。党的十九大报告指出：要推进绿色发展和生态文明建设，壮大清洁能源产业，构建清洁低碳、安全高效的能源体系。清洁能源的开发利用有利于促进生态平衡，发展绿色产业链，实现产业结构优化，促进经济可持续性发展。这既是对中华民族伟大先哲们提出的“天人合一”思想的继承和发展，也是党中央、习近平主席提出的“构建人类命运共同体”中“命运”质量提升的重要环节。截至2019年年底，我国清洁能源发电装机容量9.3亿kW，清洁能源发电装机容量约占全部电力装机容量的46.4%；其发电量2.6万亿kW·h，占全部发电量的35.8%。由此可见，以清洁能源替代化石能源是完全可行的。

现今我国风电、太阳能等可再生能源装机容量稳居世界之首；在政策制定、项目建设、装备制造、多技术集成等方面亦具有丰富的经验。然而，在取得如此优势的条件下，也存在着消纳利用不充分、区域发展不均衡等问题。目前清洁能源消纳主要面临以下困难：一是资源和需求呈逆向分布，导致跨省区输电压力较大；二是风电、光伏发电的出力受自然条件影响，使之在并网运行后给电力系统的调度运行带来了较大挑战；三是弃风弃光弃小水电现象严重。因此，亟须提高科学技术水平，更加有效促进清洁能源消纳的质和量，形成全社会促进清洁能源消纳的合力，建立清洁能源消纳的长效机制，促进清洁能源高质量发展，为我国能源结构调整建言献策，有利于解决清洁能源产业面临的各种技术难题。

“十年磨一剑。”本丛书作者为实现绿色能源高效利用，提高光、风、水、热等多种能源综合利用效率，不懈努力编写了《大规模清洁能源高效消纳关键技术丛书》。本丛书从基础研究、成果转化、工程示范、标准引领和推广应用五个环节着手介绍了能源网协调规划、多能互补电站建模、测试以及快速调节技术、多能协同发电运行控制技术、储能运行控制技术和全国集散式绿色能源库规模化建设等方面内容。展现了大规模清洁能源高效消纳领域的前沿技术，代表了我国清洁能源技术领域的世界领先水平，亦填补了上述科技工程领域的出版空白，望为响应党中央的能源转型战略号召起一名“排头兵”的作用。

这套丛书内容全面、知识新颖、语言精练、使用方便、适用性广，除介绍基本理论外，还特别通过实测建模、运行控制、测试评估等原创性科技内容对清洁能源上述关键问题的解决进行了详细论述。这里，我怀着愉悦的心情向读者推荐这套丛书，并相信该丛书可为从事清洁能源消纳工程技术研发、调度、生产、运行以及教学人员提供有价值的参考和有益的帮助。

中国科学院院士 卢强

2019年12月

Foreword 前言

随着我国经济社会持续快速发展，电力需求将长期保持快速增长。我国一次能源分布极不均衡，在用于发电的一次能源中，目前仍以煤为主，以水为辅。煤炭资源保有储量的76%分布在山西、内蒙古、陕西、新疆等北部和西部地区，可开发的水力资源约67%分布在西部的四川、云南、西藏3个省（自治区），西部地区大型水电开发和中东部地区核电开发将继续加快。开发利用清洁能源已成为国际能源发展的新趋势，并成为各国应对气候变化、解决能源和环保问题的共同选择。

目前我国的风能和太阳能等清洁能源发展迅猛，正在建设的包括内蒙古、甘肃、河北、吉林、新疆等省（自治区）7个装机容量达到上千万千瓦级的大型风电基地以及西北部地区大规模太阳能发电基地。但不难看出，我国无论是煤炭、水力资源还是风能和太阳能等清洁能源资源，均具有规模大、分布集中的特点，所在地区负荷需求水平较低。而我国能源需求主要集中在经济较为发达的中东部地区，中东部地区受土地、环保、运输等因素的制约，已不适合大规模发展煤电。同时，中东部地区的输电走廊越来越紧张，必须提高单位输电走廊的使用效益。随着我国能源开发西移和北移的速度加快，能源分布与能源需求之间的距离越来越远。除西北部地区正在建设的750/330/110kV交流电网外，我国现有电网主要以500/220/110kV交直流电网为主，电能输送能力和规模受到严重制约。近五年来，随着我国特高压电网的建设加快，已经有11条1000kV输电线路建成投运，但仍不满足国内庞大的新能源输送需求。

综上所述，我国需要加快建设新能源配套输变电工程，以支撑我国未来清洁能源的大规模、远距离、高效率输送，实现全国范围的能源优化配置。发展新能源配套输变电技术，对于推进我国电网的技术升级，带动国内相关科研、设计、制造、建设等方面的技术创新，提高电网及相关行业的整体技术水平和综合竞争实力，都具有重要意义。其中GIS设备作为新能源送出工程的重要电气一次设备，在保证清洁能源的可靠送出环节中承担着重要的角色，目前在我国超高压以及特高压电网中的使用率已达到90%。因此，保障GIS设备安全稳定运行对于清洁能源的可靠送出具有重要意义，本书从GIS设备投运前以及运行中两个方面系统地阐述了GIS设备绝缘检测、故障诊断的新技术以及现场应用情况。

本书是作者及其课题组在多年研究GIS设备现场绝缘检测及故障诊断技术的基础上编写而成的，全书分6章，第1章GIS设备运维检测现状分析，介绍了我国新能源配套GIS设备发展现状、GIS设备现场检测技术现状以及故障诊断技术现状；第2章移动式现场冲击试验检测技术，介绍了2400kV/240kJ户外移动式冲击电压发生器的技术参数、电气原理、结构设计、检测调试以及现场试验案例；第3章冲击电压下的局部放电检测技术，介绍了振荡型冲击电压产生方法的仿真和试验研究，振荡型冲击电压下GIS局部放电检测与分析、典型绝缘缺陷的局部放电特性研究，以及各种GIS设备的系统研制；第4章GIS设备同频同相交流耐压试验技术，介绍了GIS同频同相交流耐压试验的原理、结构、试验方法以及现场典型试验案例；第5章GIS设备运维阶段故障诊断技术，介绍了GIS设备超声波、特高频局部放电检测技术，GIS设备内部潜伏性缺陷识别技术，GIS设备带电检测设备比对校验技术；第6章GIS设备闪络故障快速定位技术，介绍了有限元GIS设备局部放电的声压分布仿真研究，基于锆钛酸铅柔性材料GIS设备故障快速定位系统以及闪络故障快速定位装置现场应用案例。

本书在编制过程中，得到了国网青海省电力公司、青海省能源局、中国电力科学院有限公司、南瑞集团有限公司以及有关高校等单位的大力支持。清洁能源是一个发展中的领域，还有许多问题有待进一步研究。本书是一个初步的研究总结，有待继续深入，诚望各界专家和广大读者提出各种意见和建议。同时，限于作者水平，本书难免有疏漏或错误之处，敬请读者批评指正。

作者

2023年6月

Contents 目录

第1章

GIS设备运维检测现状分析

1.1 GIS设备现场检测及故障诊断技术现状

气体绝缘金属封闭开关设备（Gas－insulated Switchgear，GIS），具有运行可靠性高、维护方便，占地面积小等优点，其广泛应用于我国电力系统中，涵盖了电网110～1000kV的各个电压等级。GIS设备的基本元件包括断路器、隔离开关、接地开关、电压互感器、电流互感器、避雷器、套管（电缆终端）、母线等，其中断路器承担着切断和接通大负荷电能的作用，是GIS设备的核心元件，由灭弧室和操动机构组成；隔离开关由绝缘子壳体和不同几何形状的导体构成，主要用来开断小电流，防止产生太高的过电压，发生对地闪络；母线是用来连接各接线间隔，使之成为一个整体。长期运行经验表明，现有常规检测、试验手段不容易在现场交接试验和运行维护过程中发现GIS设备内部存在的一些缺陷，且随着运行年限的延长，在开关操作振动和静电力的作用下，GIS设备内部会发生异物碎屑的移动、触头烧损、螺丝松动、结合不到位、结构变形、绝缘老化等问题，严重影响了GIS设备的安全运行，以致可能发展为击穿放电事故，给新能源的可靠外送带来了安全隐患。

由于GIS设备结构复杂、内部充有SF_6绝缘气体，为解体检修工作带来很大的困难，检修工作技术含量高、耗时长，随着电压等级的提高，事故停电解体检修所造成的损失也就越大。通过对电网中GIS设备事故的分析可以看出，大部分严重事故，均未能通过常规的检测手段在缺陷发展初期被发现，导致击穿、烧损等严重事故的发生。随着我国特高压电网的快速发展，特高压GIS设备广泛用于我国清洁能源配套送出工程中，对其采取有效、可靠的检测与诊断，使缺陷消除在萌芽状态，避免严重事故发生，已经成为国内大规模清洁能源可靠输送的迫切需求。

因此，有必要针对GIS设备在现场交接试验和带电检测手段两方面开展相关试验、研究，建立现场用冲击试验装置、GIS闪络快速定位系统等相关试验装置，并利用冲击电压、超声、超高频、脉冲电流、X射线数字成像等手段，对GIS内部的相关缺陷进行研究，在实验室试验研究和现场应用的基础上，建立形成现场冲击试验方法、GIS内部典型缺陷放电图谱库，提出GIS内部缺陷有效检测手段及相应判断依据，最终形成一套系统、可靠的安全保障技术，为提高GIS设备状态评估水平提供技术支撑。

1.1.1 我国GIS设备发展及应用现状

近年来，GIS设备在我国发展迅速，产量大幅增加。据统计，2015年全国共生产126kV及以上电压等级GIS设备19205间隔，2009—2016年复合增长率为7.03%。从细分产品来看，“十二五”期间，550kV GIS产量增长较快。根据前瞻产业研究院的初步统计，2017年全年126kV及以上电压等级GIS产量突破21000间隔大关，达到21433间隔。2009—2017年126kV及以上电压等级GIS产量情况如图1-1所示。

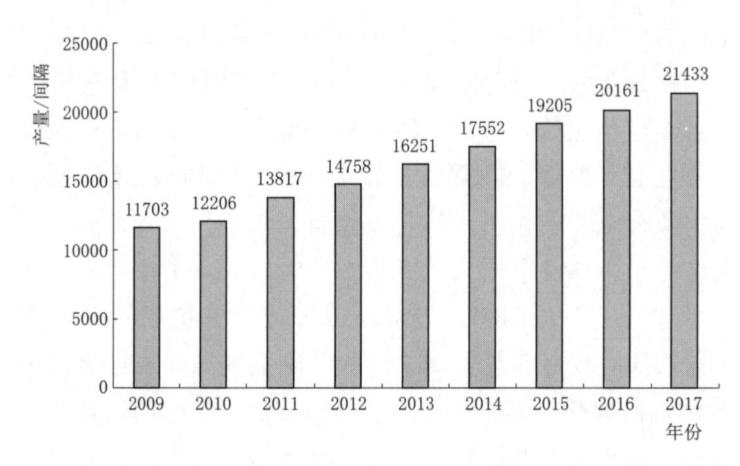

图1-1 2009—2017年126kV及以上电压等级GIS产量情况

根据目前的工程实践分析，GIS设备与敞开式开关设备相比具有以下优势：

(1) 优良的电气性能。GIS的绝缘和灭弧介质均为SF_6气体，灭弧能力强，介电强度高，绝缘性能好。在均匀电场中的绝缘强度为气压相同空气的2.5倍左右，当气体压力为0.2MPa时，SF_6气体的绝缘强度相当于绝缘油，其开断能力为空气的2～3倍，因而断口电压可以做得很高，使用安全可靠。介质恢复速度快，冷却特性好，开断近区故障的性能佳。SF_6气体电弧分解场中不含有碳等影响绝缘能力的物质，触头在开断电弧中仅有轻微烧损，故允许开断次数多，安装操作简便，运行可靠。

(2) 全封闭式模块化设计。GIS设备全部封闭在金属接地外壳中，外壳是由抗腐蚀的铝或不锈钢制成。对比常规电气设备在污染严重的区域运行，由于GIS有不受大气污染影响的优点。国内常规变电站（AIS）由于大气中的各类污秽附着在高压开关设备绝缘子表面，其绝缘性能都受到了不同程度的影响。同时，独立的GIS模块可相互连接、灵活性强、便于运输及安装。每个气隔内充满SF_6气体，具备一个GIS模块的内部故障不会影响到隔壁的气室；若发生 SF_6 气体泄漏，只有故障气隔受影响，且泄漏易查出；如需扩建设备或拆换某气隔时，不会影响到其他气室等优点。模块化设计突破了传统电气设备设计理念，大大地简化了结构，更能适应现代变电站的建设。GIS设备内部结构示意图如图1-2所示。

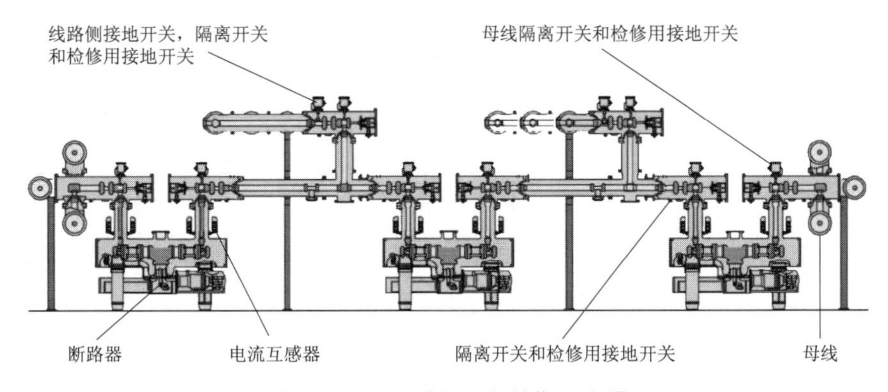

图1-2　GIS设备内部结构示意图

（3）现场安装便捷。由于 SF_6 的绝缘强度和电弧开断能力高，断路器的体积及其以外元件的绝缘距离可以做得较小，从而决定了GIS设备结构紧凑、连接元件使用量少，可大量节省变电所的占地和空间。同时，由于GIS设备占地面积小，安装GIS设备的土建基础工作量大大减少，GIS设备的支架、基础设计简单，制造和安装也相对简单，从而节省了大量的基础工作量。另外，GIS设备为工厂事先预制和测试，可整体运输，积木式结构使得各元件可随意组合，安装或更换GIS设备所需时间较短，决定了其安装和调试工作安全、方便、简单和快捷。

（4）运行维护方便。由于GIS设备的操作均采用遥控且有完善的电气和机械闭锁功能，操作高压隔离开关时操作人员无需到设备现场进行手动操作，提高了操作的安全性，从而保证了操作人员的人身安全。目前敞开式的110kV级以上电压等级变电站内进行高压隔离开关分合操作时产生的电弧对动、静触头的损害很大，并且部分高压隔离开关与断路器之间无电气闭锁，没有完全达到五防的要求，不能有效地防止误操作的发生。由于GIS设备的电气性能良好，因此其正常运行检查及检修维护工作量大为减少，除设备新装后的第一次维修检查外，一般检修周期可达8年以上或开断额定容量15次以上。由于设备全部封闭在金属接地外壳中，所以设备日常巡检项目大为减少。而AIS检修维护工作量大，仅正常运行检查项目就很多，从断路器、闸刀、引线、避雷器、电压互感器、电流互感器等都要一一按巡视项目检查。定期检修一般每年一次，还要根据设备情况定期作清灰、清扫工作。由此可以看出GIS设备实际上是免维护的，这不仅减少了维护工作量而且减少了设备维护的费用。

（5）使用寿命长。电气设备的使用寿命跟选用设备的技术参数是否合适、维护和操作是否按运行规程及使用环境等许多因素有关。根据以往的设备运行经验可知，设备发生电气故障多由设备本身的绝缘强度不够、运行环境差、重污秽、天气恶劣、误操作、维护检修不当等引起的，工作环境差、重污秽、天气恶劣等往往容易造成绝缘破坏，引起接地或短路故障。作为绝缘和灭弧介质的 SF_6 气体绝缘性能稳定，可以保证设备绝缘不会老化；全封闭式设计使得设备的使用环境对设备使用寿命在很大程度上不会产生影响，减少了设备事故发生的可能性。另外，GIS 设备采用了防误操作技术并安装了快速接地开关，保证了 GIS 设备的安全，延长了设备的使用寿命。

综上所述，GIS 设备因其具有安全可靠、配置灵活、环境适应能力强、检修周期长、安装方便的特点，不仅在高压、超高压领域被广泛应用，而且在特高压领域变电站也被使用。目前在我国 110～1000kV 电力系统中，GIS 设备的应用已相当广泛。

随着我国“十二五”期间提出了未来清洁能源进行大规模、远距离、高效率输送并实现全国范围的能源优化配置等建设目标，近 5 年来特高压项目不断开工建设，对特高压设备的需求快速增加。而我国特高压设备注重国产化进程，因而势必会促进我国特高压技术的研发，届时高端设备市场领域将会逐步集中到国内企业手里，且国内掌握高端技术的企业也会不断增加，由此可为我国清洁能源高效外送提供基础硬件支撑。

1.1.2 GIS 设备现场检测技术发展现状及应用情况

由于 GIS 设备在工厂中制造、试验之后，是以运输单元的方式运往安装工地。设备在运输、储存和安装中可能发生的问题有零部件松动、脱落，电极表面刮伤、安装错位、遗留异物或导电微粒侵入等缺陷。据统计，GIS 设备的绝缘故障中约有 2/3 发生在未进行过现场交接试验的设备上。根据《额定电压 72.5kV 及以上气体绝缘金属封闭开关设备》（GB 7674—2008）中相关规定，对于 252kV 及以上 GIS 设备，现场的特殊交接试验应包括交流耐压试验和冲击耐压试验。因此，加强 GIS 设备现场安装后的特殊交接试验工作非常必要。

1. 现场冲击试验技术

在 GIS 设备的现场交接试验方面，目前国内工频交流耐压试验已经在现场进行的比较充分，试验技术和仪器设备相对成熟，但设备在运行过程中，除了会承受正常的工频电压外，还会承受雷电冲击和操作冲击等过电压。

雷电冲击（Lightning Impulse，LI）及操作冲击（Switching Impulse，SI）试验是《气体绝缘金属封闭开关设备现场耐压及绝缘试验导则》（DL/T 555—2004）等标准所规定的除了工频耐压试验之外还需进行的试验项目。GIS 设备的工频耐压试验对检查介质污染、SF_6 气体受潮等引起的绝缘击穿相当灵敏，但对于 GIS 设备内部导体金属表面有划痕、尖端等缺陷灵敏度不高，隐患不易发现。而冲击试验对检查固定金属微粒、零件遗留在 GIS 设备内部、屏蔽罩安装不当等情况非常有效。因此，GIS 设备虽然做过交流耐压试验，但还不足以发现所有隐患，而且工频电压虽然可以激发、暴露缺陷，但由于其持续性的特点也同时会使缺陷进一步扩大，从而给设备造成更大的不可逆损伤，冲击电压由于其持续时间短的特点，在激发、暴露缺陷的同时，并不会扩大缺陷。因此，在设备交接及大修后都应在现场进行冲击电压试验。

对于现场冲击试验技术来说，国内对于固定式的冲击电压试验设备的研究已比较成熟，但对于超高压、特高压 GIS 设备现场冲击电压试验技术，国内外均处于摸索阶段，针对长母线大容量 GIS 试品的现场冲击试验装置在结构设计与参数选型方面无成熟经验可循，同时对于冲击试验电压波形参数的选取原则有待开展深入的研究和实验验证。近年来，国内对于 550kV GIS 设备现场冲击电压试验国内已有先例，并在某水电站的 550kV GIS 设备交接试验中进行了具体的尝试工作，并且证明现场实施设备冲击电压试验是切实可行的，但考虑到在现场试验过程中因 GIS 设备内部突发闪络引起多处盆子发生二次闪络击穿的异常情况，这为进一步开展超高压、特高压 GIS 设备的现场冲击电压试验技术研究提出了新的问题和挑战。同时为进一步将交流耐压和冲击耐压从“检查性”试验提升为“诊断性试验”，需开展相关基于冲击电压下局部放电检测和 GIS 设备故障快速定位工作。

2. 冲击电压下的局部放电检测技术

对于冲击电压下的局部放电检测技术，国内外对于该方面研究均很少，对现场试验用振荡型冲击电压作用下的局部放电更未见研究。国外学者主要研究了标准雷电波作用下 SF_6 气体放电机理和气泡中局部放电特性。国内学者也对 SF_6 气体中放电特征参数及机理做了一些研究。

1）国外。意大利帕多瓦大学的 I. Gallimberti 于 1986 年在 J. Phys. D：Appl, Phys. 发表了名为“*streamer and leader formation in* SF_6 *and* SF_6 *gas mixtures under positive impulse conditions*：Ⅰ *corona development*；Ⅱ：*streamer to leader transition*”的文章，研究了正极性雷电冲击下 SF_6 及 SF_6 混合气体中放电发展过程和机理。随后，在 I. Gallimberti 的研究基础上，ABB 公司、帕多瓦大学以及慕尼黑大学等研究机构的多位学者系统研究了 GIS 设备非均匀电场中 SF_6 气体击穿发展过程，并且建立了物理模型。到 20 世纪 90 年代，澳大利亚 CSIRO 研究组织的 R. Morrow 对冲击电压下 SF_6 气体中电晕起始及脉冲特征进行了详细的理论研究。日本京都大学 O. Yamamoto 等人对快速振荡型冲击下 SF_6 气体中绝缘子沿面放电特点及机理进行了系统研究。

2）国内。根据文献记载，截至目前，西安交通大学邱毓昌、陈庆国、张乔根等人采用脉冲电流法和光学法对标准雷电冲击下 SF_6 气体中尖板电极放电特点、伏秒特性和机理做了研究。针对振荡型冲击电压下的局部放电检测，西安交通大学的李彦明课题组对其进行了较为丰富的研究，对检测方法、分析方法等提出了独特的见解。

从上述研究可以看出，针对GIS设备现场振荡型冲击耐压下局部放电的检测，目前已经得到了广大现场工作者的重视，但对其检测方法、放电特性能均未进行深入研究，而对于检测装置则更未能进行详尽研究。

3. GIS设备故障气室快速定位技术

根据相关规程规定，在对GIS设备进行现场绝缘试验的过程中，若发生故障闪络，仅允许重复试验一次，若重复试验再次失败，则判定GIS设备不合格，应对设备进行解体，打开因故障而放电的气室，找出绝缘故障产生的原因。以往的方法主要通过分段耐压或寻找声音源来确定GIS设备故障点，这种方法虽然有时能够找出故障发生的位置，但所需时间长，且存在一定程度的不确定性，同时重复耐压试验对GIS设备的绝缘也有一定的损伤，对今后设备运行埋下隐患。因此找到一种快速有效的方式十分必要，即在交流耐压试验中一旦发生闪络故障，就能及时准确地找到故障点，避免进行重复耐压试验，同时方便进行故障处理工作。

近几年，国内外一些电力科研机构正在开发研究更为有效、便捷的适用于GIS设备缺陷定位的技术和设备。主要的研究方法有：超声波检测法、特高频检测法、分解产物检测法，各类检测技术的特点见表1-1。

表1-1　GIS闪络故障定位技术研究方法特点

检测原理	测试方法	优　点	缺　点
超声波检测	在耐压过程的老化阶段进行逐点测试	检测灵敏度高；抗声信号干扰能力强	耐压时间短，检测工作量大，来不及将每个气室都检测一遍；发生闪络时容易危及设备、人身安全
特高频检测	在GIS内部或外部布置传感器，通过检测仪器采集分析局部放电信号	抗电磁干扰能力强；可通过时差法进行故障定位；可诊断故障类型	受通道数量限制，无法进行全面监测，难以精确定位故障位置；外置传感器易受电磁干扰
分解产物检测	通过分析GIS闪络时SF_6气体的分解物，判断局部放电的严重程度	不受外界电磁干扰的影响	短脉冲放电不一定能产生足够的分解物；断路器动作时产生的电弧亦会影响测量；分解产物检测工作量大、耗时长、不利于故障处理

国内一些研究机构采用振动传感器监测GIS设备放电点，每个传感器独立并设定一个阈值，外部以绿灯或红灯表示振动是否超过阈值。此方法思路正确，但由于阈值（大小在变化）的不确定性，仅根据红绿灯报警不能够准确地定位GIS设备故障点，现场应用效果有限，对于传感器的灵敏度、准确度以及还有待开展实验研究。

1.1.3　我国GIS设备故障诊断技术发展现状及应用情况

据不完全统计，“十一五”期间国内126kV及以上GIS设备在运行中发生故障692台次，发生与设备原材料、关键组部件以及组装和装配质量等密切相关的重大质量原因故障183台次，5年平均故障率为0.060台次/(百台·年)。故障原因主要包括绝缘故障、部件损坏、本体渗漏、拒分拒合等，故障部位多发生在绝缘拉杆、盆式绝缘子和瓷套等组部件。运行中GIS设备故障情况统计如图1-3所示。

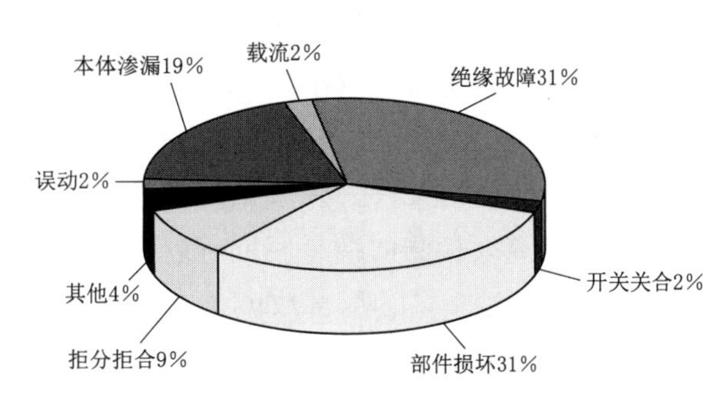

图1-3　运行中GIS设备故障情况统计

从图1-3中可以看出绝缘故障是影响GIS设备安全稳定运行的重要因素。其中，GIS设备绝缘故障前期表现为击穿前的局部放电，该放电还会产生光、热、声音、电磁波、振动等信号，运用传感器手段对这些物理特征进行检测，提取多种特征量，能够有效地发现GIS设备内部绝缘缺陷，尤其是潜伏性和突发性缺陷。

GIS设备绝缘缺陷的诊断以缺陷所产生的各种现象为依据，通过能描述该现象的物理量来表征GIS设备内部缺陷的状态。GIS设备内部缺陷会产生电脉冲、气体分解物、超声波、电磁辐射、光、热以及产生能量损耗等现象，相应地出现了电脉冲检测法、气相色谱检测法、超声波检测法、电磁波检测法、光检测法等多种检测手段。

近年来用于GIS设备绝缘故障诊断的带电检测仪器获得了较为广泛的应用，发现了大量的缺陷，避免了重大事故的发生。但由于缺乏相关标准依据，在现场检测时仍存在缺陷识别率低、现场检测数据管理不当、高级分析功能不完善等问题，严重制约了GIS设备运行中潜伏性缺陷故障诊断工作的有效开展。同时由于不同厂家生产的传感器在灵敏度以及准确度方面无统一标准进行约束，导致国内各类带电检测设备厂家鱼龙混杂、产品质量良莠不齐。

因此，在试验研究基础上，建立典型缺陷放电图谱库，提出GIS设备内部典型故障的有效检测手段及相应判断依据，可为提高GIS设备状态评估水平提供技术支撑。

GIS设备局部放电故障诊断主要检测方法。GIS设备局部放电现阶段的研究结果表明，其放电脉冲具有非常快的上升前沿，所激发的电磁能量在GIS设备气室内来回传播；同时，微小的火花或电晕放电会使电离气体通道发生扩散，产生超声压力波，出现被激励的原子发光致使SF_6气体产生化学分解物。因此，对应GIS设备产生的局部放电所诱发的许多物理和化学效应有很多检测的方法，大致可分为非电检测法和电检测法两大类。

1. 非电检测法

GIS局部放电的非电检测法主要包括超声波检测法、光检测法和化学检测法。

（1）超声波检测法。GIS的超声波检测法是利用安装在GIS设备外壳上的超声波传感器来检测内部缺陷放电时电子间剧烈碰撞产生的超声波信号。由于该方法受电气干扰小以及它在局部放电定位上的广泛应用，因此人们对超声波法的研究较为深入。超声波检测法的灵敏度不仅取决于局部放电产生的能量，而且主要取决于信号的传播路径。近年来，由于声-电换能器效率的提高和电子放大技术的发展，超声波检测法的灵敏度有了较大的提高。该方法的主要优点有定位方便、可避免电磁干扰的影响以及在线检测与离线检测的结果相同等，适用于委托试验和周期性运行检查。

（2）光检测法。GIS 局部放电是在电场较为集中的局部使 SF_6 原子发生游离，游离后的离子又会复合，复合会以光子的形式释放能量。根据气体放电理论，在此过程中离子的复合会激发出不同频率的光谱成分，因此，可用安装在 GIS 设备内部的光传感器进行光测量来检测局部放电信号。由于 SF_6 气体的光吸收能力随着气体密度的增大而提高，GIS 设备内壁光滑而引起的反射会带来影响，以及会出现检测“死角”，所以采用这种方法的准确性较低。另外，实际 GIS 设备有许多气室，所以需要大量传感器，检测的成本高，因此这种方法不适合对已投运的 GIS 设备进行局部放电在线监测。

（3）化学检测法。化学检测法主要通过分析 GIS 设备局部放电时气体分解物的含量，确定放电程度。由于 GIS 设备中的吸附剂和干燥剂，断路器开断时电弧造成的气体分解物对检测产生影响，且脉冲放电产生的分解物被大量 SF_6 气体稀释，因此该方法检测灵敏度较低。实际上，只有在内部发生较大的闪络故障，出现大量 SO_2、HF 等分解物时，该方法才有效。

2. 电检测法

GIS 局部放电的电检测法主要有脉冲电流法（IEC 60270 标准推荐方法）和特高频法。

（1）脉冲电流法。脉冲电流法是 IEC 60270 标准推荐的检测方法，由于局部放电发生时试样两端电荷的变化，与试样两端连接的测试回路中就会有脉冲电流，通过测量局部放电所产生的脉冲电流在检测阻抗两端响应的脉冲电压，因此也称为脉冲电流法，它是检测局部放电最常用的方法，测量频率在 10MHz 以内。其优点是可通过校准对局部放电进行定量测量，灵敏度取决于耦合电容与被试品等值电容的比值，精度可达到 2pC。若要获得最大的灵敏度，测试系统必须有良好屏蔽并需要合适的电容相匹配。这种方法要求试验回路中所有组件包括高压引线均不能产生大于被试品本身的局部放电水平。

（2）特高频法。特高频（Ultra - high Frequency，UHF）法是近年来发展起来的一项新技术，它是利用装设在 GIS 设备内部或外部的天线传感器接收局部放电激发并传播的 300～3000MHz 频段特高频信号进行检测和分析。该种方法的检测原理是：在 GIS 设备内部发生局部放电时，伴随有一个很陡的电流脉冲（约几纳秒），并向周围辐射电磁波，电磁波的频率高达 3GHz。GIS 设备就相当于不同特性阻抗的低损同轴传输线的串联，并具有许多不连续点，局部放电所产生的电磁波在其中传播时，不仅以横向电磁波（TEM）形式传播，而且还会建立高次模波即横电波（TE）和横磁波（TM）。TEM为非色散波，磁场是沿圆周方向的，它能以任何频率在GIS设备中传播，但频率越高，衰减越快。TE及TM则不同，只有当信号频率高于截止频率时，电磁波才能传播，因此从故障诊断角度来看，TE与TM更为重要。GIS设备的同轴结构相当于一个良好的波导，信号在其内部传播时衰减很小，有利于局部放电检测。特高频局部放电检测就是利用传感器接收局部放电所激发的电磁波，并对此电磁波进行分析，实现故障定位，进而提取各类局部放电的特征值。

综上所述，由于脉冲电流法要求一个间隔局部放电量应不大于5pC。但从现场实际来看，将背景干扰降至10pC是很难达到的，在现场不具备可操作性。而化学检测和光学检测受自身技术限制，在现场应用有限。因此，目前GIS局部放电的现场检测中，应用较为广泛的是特高频法和超声波检测法。但是由于该技术还处于快速发展与研究中，标准中对于缺陷的定义以及典型缺陷图谱仅具有参考意义，现场数据判读易受检测人员经验水平的影响，导致缺陷识别率低，无法为设备状态检测提供准确有效指导。

日本东芝电气公司曾应用特高频法对两个300kV变电站的局部放电进行过测量，研究表明，变电站内部的电磁干扰可从套管处传入，影响内置传感器的接收效果，但是干扰的频带范围多在500MHz以下，且衰减很快。同时，发现GIS设备同轴结构内部有许多不连续处，局部放电信号经过时，将衰减到原来信号强度的1/3～1/10，并且不同相之间接收到的局部放电信号幅值差别很大，因此通过对比传感器特高频信号的幅值可进行放电源的定位工作。

挪威Delft大学的Meijer曾对比了脉冲电流法、VHF/UHF窄频带和UHF宽频带法检测局部放电的结果，3种方法的测量频带分别为10～500kHz、3GHz范围内、500～1500MHz。在对比放电缺陷类型的识别结果和信号衰减的过程之后，发现局部放电的类型识别与测量方法、测量回路和信号的传播路径无关，因此可以进行多种方法的联合监测。

我国西安交通大学的邱毓昌、王建生、张超鸣等人对放电脉冲产生的电磁波在GIS设备同轴腔体的传播特性进行了理论分析和测量，他们认为电磁波成分中的TEM为非色散波，在GIS设备内部传播时，一旦频率高于1000MHz之后，TEM沿传播方向衰减很快；TE、TM具有各自的截止频率，只有当其频率成分高于截止频率时，才能在GIS腔体内传播，并且信号能量衰减很小。因此，他们认为在GIS内部的电磁波中TE和TM占主要成分。并且通过试验发现SF_6内部放电的频率成分多在1GHz内，据此对内置天线进行了优化设计，在实验室内可以测量到1pC的放电量。

从国内外研究情况可以看出，目前利用多种检测手段联合的方法进行 GIS 设备内部潜伏性缺陷故障诊断的相关研究较少，现场故障识别率较低，迫切需要对 GIS 设备有效进行故障诊断的判断依据以及识别方法开展深入的实验研究，并通过长期的现场应用积累缺陷识别与故障诊断经验，促进 GIS 设备故障诊断技术的提升和发展。

1.1.4 小结

工程经验表明，在 GIS 设备现场检测试验技术方面，现场交流耐压试验对于发现 GIS 设备内部异物颗粒、悬浮电极等缺陷较为灵敏。为满足现场大容量 GIS 设备的试验需求，现场多采用串联谐振的方式开展交流耐压试验。而冲击电压试验对 GIS 设备绝缘子表面脏污和导体毛刺等电场结构异常类缺陷较为灵敏，因此可与交流耐压试验形成技术互补。为满足现场高电压等级大容量 GIS 设备的试验需求，采用振荡雷电冲击电压试验进行等效替代。

近年来，现场交流耐压试验技术在试验装备以及方法上已趋于成熟，而在振荡雷电冲击电压方面，国网青海电科院自 2006 年起便开展了现场雷电冲击试验技术的研究及应用，研发形成了国内首套移动式冲击电压发生器，通过在青海省内 110kV 及以上电压等级 GIS 设备以及青海省外特高压 GIS 设备上进行现场应用，逐步形成了完善的现场振荡雷电冲击试验方法，后面将对现场冲击电压试验相关技术进行详细介绍。

第2章

移动式现场冲击试验检测技术

目前，GIS设备往往采取现场组装的形式，现场组装完成后会进行交流耐压试验，但由于现场条件等限制，多未开展相关冲击耐压试验。国际大电网联盟（CIGRE）等单位的研究结果表明，交流耐压试验和冲击电压试验发现GIS缺陷的类型不同。现场只进行交流耐压试验并不能完全暴露GIS的潜在缺陷，即使交流耐压试验通过，投运时仍有可能发生闪络。例如皖电东送工程中，1100kV GIS在严格通过出厂和现场交流耐压试验的情况下，系统调试和运行期间仍发生了由气室内部金属异物导致的放电故障。因此，开展现场雷电冲击试验技术研究，对于及时发现GIS设备内部的隐患缺陷具有十分重要的意义，而现场冲击耐压试验的关键技术，一是基于冲击电压发生器的技术原理进行实用化设计，研发形成满足现场使用条件的移动式冲击电压发生器；二是通过研究形成现场振荡冲击电压试验设备调试方法；三是开展振荡雷电冲击电压试验的现场应用，需要结合实际工程应用，提出现场电压波形参数标准及冲击电压发生器参数计算方法，形成完善的现场振荡雷电冲击电压试验方法和判据。

2.1 2400kV/240kJ户外移动式冲击电压发生器电气原理

2.1.1 电气回路及工作原理

户外移动式冲击电压发生器与固定式冲击电压发生器基本原理相同，采用双边对称式Marx充电回路。由多只电容器垒叠形成塔式结构的高压设备，首先各级电容器通过双边并联充电达到充电电压，在放电阶段，通过调整各级球隙的间距，首先由第一级球隙启动点火脉冲，各级球隙在回路中起到控制开关的作用，当他们都动作后，所有级电容通过波头电阻串联起来，向负荷电容充电，随后与级电容通过各级波尾电阻放电，由此在负荷电容上形成了很高的冲击电压。

冲击电压发生器利用多级电容器并联充电、串联放电来产生所需的电压，其波形

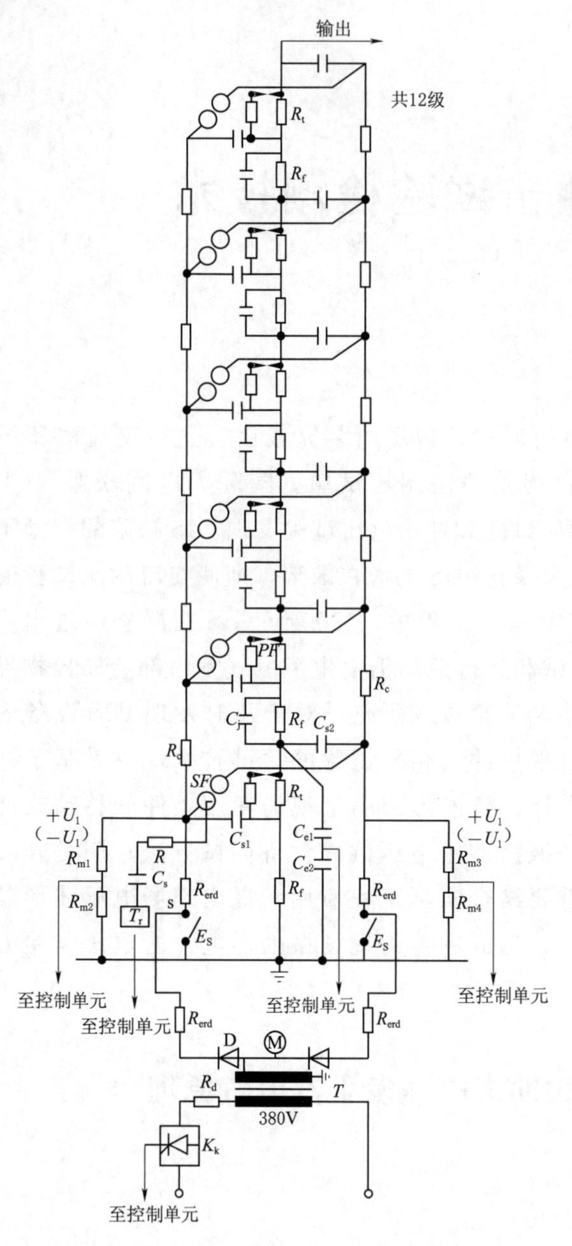

图 2-1　2400kV/240kJ 户外移动式冲击电压发生器电气原理图

参数可通过改变波头电阻、波尾电阻阻值进行调整，电压幅值可通过充电电压进行调节，极性可通过转换硅堆两级进行改变。以 2400kV/240kJ 户外移动式冲击电压发生器为例，其电气原理如图 2-1 所示。其主要电气部件如下：T 为变压器（380V/25kV·A）；D 为高压整流硅堆；K_k 为可控硅调压装置；R_{erd} 为充电保护电阻（48kΩ）；T_r 为脉冲电压放大器；E_s 为自动接地装置；R_c 为充电电阻：29kΩ；SF 为放电铜球：直径 250mm；R_f 为波前电阻；R_t 为半峰值电阻；PF 为放电间隙；C_j 为级间耦合电容：200kV，600pF；R_{m1}、R_{m2}、R_{m3}、R_{m4} 分别为直流电阻分压器：100kV/200MΩ。

2.1.2　标准雷电波波调波电阻计算

冲击电压发生器标准雷电放电等值回路如图 2-2 所示。

图 2-2 中：C_1 为冲击电容；C_2 为负载电容；L 为回路电感；S 为同步放电球隙；$R_f'=nR_f$ 为波前电阻；$R_f'=nR_t$ 为半峰值电阻。C_2 包括：分压器电容、本体及引线杂散电容和负载电容。本体对地杂散电容约为 300pF，不接负载时总负荷电容按 600pF 考虑；L 按每级 4.5μH 计算，本体电感 55μH，引线电感 1μH/m，则电感约为 60μH。

1. 标准雷电波波前电阻计算

根据图 2-2 列出 RCL 回路微分方程，解之得波形电阻计算公式为

$$T_f=2.4\sum R_f(C_1\times C_2)/(C_1+C_2) \tag{2-1}$$

式中 T_f——波前时间；
C_1——冲击电容；
C_2——负载电容；
R_f——每级波前电阻；
n——级数。

2. 最小阻尼电阻计算

根据式（2-1）并按《高电压试验技术 第1部分：一般定义及试验要求》（GB/T 16927.1—2011）的规定，雷电波峰值处振荡小于峰值的5%，其阻尼条件为

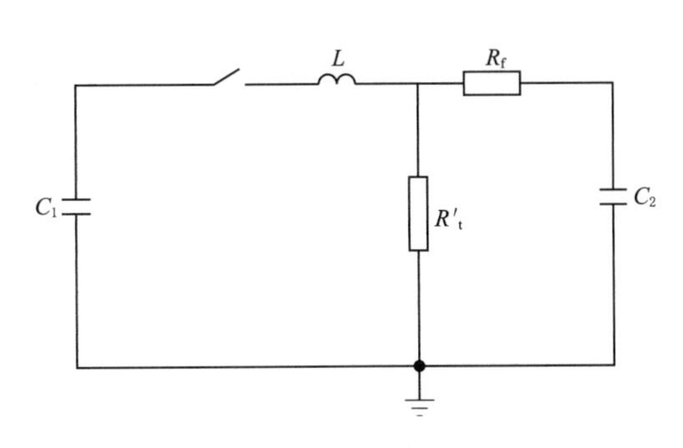

图2-2 2400kV/240kJ 户外移动式冲击电压发生器雷电放电等值回路

$$R_d \geqslant 1.38\left[\frac{L(C_1+C_2)}{C_1 \times C_2}\right]^{1/2} \tag{2-2}$$

式中 L——回路总杂散电感，取60μH。

当发生器一并十二串时，级电容为1.0μF，此时主电容 $C_1=0.0833\mu F$，杂散电感60μH。标准雷电波波前电阻和最小阻尼电阻计算结果见表2-1。

表2-1 雷电波波前电阻和最小阻尼电阻

总负荷/pF	R_f/Ω	R_d/Ω	每级选配电阻/Ω	波前时间/μs
600	69.9	36.5	70	1.20
2000	21.3	20.2	25	1.41
3000	14.4	16.6	70//25=18.4	1.53
4000	10.9	14.4	12[9(70//16)+3(70//25)]=14.37	1.58

3. 雷电波半峰值电阻的计算

根据冲击电容和负荷电容算出标准雷电波半峰值总电阻，见表2-2。

表2-2 标准雷电波半峰值总电阻

总负荷/nF	nR_t/Ω	R_t/Ω	每级选配电阻值/Ω	半峰值时间/μs
1.0	835.2	69.6	72	51.7
2.0	825.6	68.8	72	52.3
3.0	816.0	68.0	72	52.9
4.0	806.7	67.2	72	53.6
5.0	797.5	66.5	72	54.1
6.0	788.6	65.7	72	54.8

由表2-1、表2-2的计算结果确定雷电波波前电阻为70Ω、25Ω、16Ω三组。半峰值电阻为72Ω一组。

2.1.3 标准操作波调波电阻值的计算

产生操作波时，由于波前和半峰值电阻、充电电阻几乎是一个数量级，因此要考虑充电电阻对放电回路效率和充电时间的影响，等值放电回路如图2-3所示。

图2-3中：

$$r_1=\frac{nr_f\cdot nr_t}{n(r_f+r_t+R_c)};\quad r_2=\frac{nr_f\cdot nR_c}{n(r_f+r_t+R_c)};\quad r_3=\frac{nr_f\cdot nR_c}{n(r_f+r_t+R_c)}$$

对等值放电回路建立微分方程可得

$$a\frac{d^2u_2}{dt^2}+b\frac{du_2}{dt}+u_2=0 \tag{2-3}$$

其中

$$a=c_1c_2(r_1r_3+r_1r_2+r_2r_3)$$

$$b=c_1(r_1+r_3)+c_2(r_2+r_3)$$

利用特征方程 $ap^2+bp+1=0$ 解得特征根 p_1、p_2 为

$$\frac{1}{p_1p_2}=a=c_1c_2(r_1r_3+r_1r_2+r_2r_3) \tag{2-4}$$

$$\frac{p_1+p_2}{p_1p_2}=-b=-[c_1(r_1+r_3)+c_2(r_2+r_3)] \tag{2-5}$$

$$t_m=\ln p_2/p_1\frac{1}{p_1(1-p_2/p_1)} \tag{2-6}$$

$$p_1=\frac{\ln p_2/p_1}{\tau_m(1-p_2/p_1)} \tag{2-7}$$

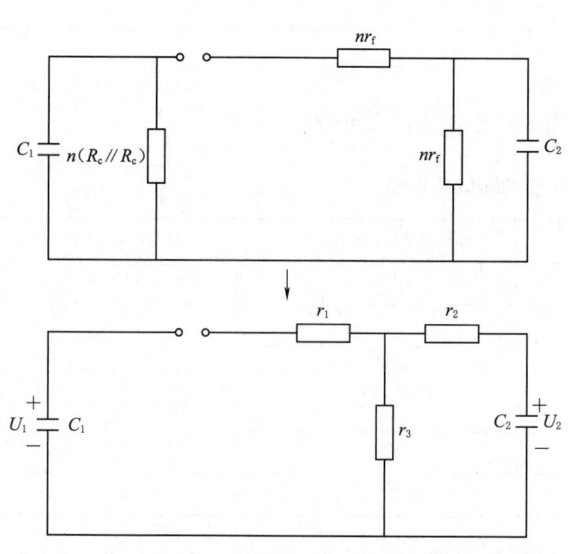

图2-3 2400kV/240kJ户外移动式冲击电压发生器操作波放电等值放电回路

当 τ_T/τ_M 给定，可查表得 p_2/p_1，利用式（2-6）算出 p_1 和 p_2 值。R_c 看作给定值，解 a、b 联立方程得出 r_f、r_r 值。

冲击电压发生器效率为

$$\eta=\frac{1}{c_2nR_f}\frac{1}{(p_1-p_2)}\varepsilon_0$$

对于 $\tau_T/\tau_M=2500/250\mu s$，查得 $p_2/p_1=50$，$\varepsilon_0=0.9$。利用式（2-6）求得 $p_1=-320$，$p_2=-16000$。

冲击电容 $C_1=0.0833\mu F$。在给定充电电阻 $R_c=29k\Omega$ 时，计算出标准操作波波前电阻值和半峰值电阻值。计算结果见表2-3。

表 2-3　　标准操作波波前电阻值和半峰值电阻值

C_2/pF	R_{fs}/kΩ	R_{ts}/kΩ	C_2/pF	R_{fs}/kΩ	R_{ts}/kΩ
600	10.92	3.44	3000	1.92	3.38
1000	6.46	3.42	4000	1.43	3.35
2000	2.94	3.41			

以上可以看出，操作波波前电阻选取 10.6kΩ、2.2kΩ、1.0kΩ 三组，操作波半峰值电阻选取 3.5kΩ 一组调波。为了提高操作波同步放电性能，在波前电阻处并接极间耦合电容（200kV，600pF）。在标准操作时，C_2＝3000pF，波前电阻用 10.6//2.2＝1.82(kΩ) 调波。

2.1.4　振荡型雷电波调波电阻及调波电感

振荡型雷电波采用内波头电阻和电感，负荷电容为 40nF 时，调波电阻、调波电感如下：

（1）750kV 电压等级，本体 12 级。

1）波头电阻、电感 R_f 第一级：(16//16)Ω。

2）其余 11 级：0.1mH×11。

3）波尾电阻 R_t：72×12(Ω)。

（2）330kV 以下电压等级，本体 6 级。

1）波头电阻、电感 R_f 第一级：(16//16)Ω。

2）其余 5 级：0.1mH×5。

3）波尾电阻 R_t：72×6(Ω)。

2.1.5　振荡型操作波调波电阻及调波电感

振荡型操作波采用外波头电感，负荷电容为 40nF 时，调波电阻与调波电感如下：

（1）750kV 电压等级，本体 12 级。

1）波头电阻：16×12＝192(Ω)。

2）外波头电感：136×3＝408(mH)。

3）波尾电阻：3.5×12＝42(kΩ)。

（2）330kV 以下电压等级，本体 6 级。

1）波头电阻：16×6＝96(Ω)。

2）外波头电感：136×2＝272(mH)。

3）波尾电阻：3.5×6＝21(kΩ)。

2.1.6　调波电阻参数具体设计结果

波形电阻及电感参数的具体设计结果见表 2-4。

表2-4 波形电阻及电感参数

电阻（感）名称	电阻（感）值/Ω	线径/mm	个数	绕制方法
标准雷电波波头1	70	0.70	14	双层无感
标准雷电波波头2	25	0.80	14	双层无感
标准雷电波波头3	16	0.80	14	双层无感
标准雷电波波尾	72	0.80	14	双层无感
标准操作波波尾	3.5k	0.25	14	双层无感
标准操作波波头1	10.6k	0.15	14	双层无感
标准操作波波头2	2.2k	0.30	14	双层无感
标准操作波波头3	1.0k	0.40	14	双层无感
充电电阻	29k	0.13	24	双层无感
充电保护电阻	48k	0.20	2	单层有感
振荡型雷电波电感	0.1	1.0铜	14	单层有感
振荡型操作波电感	136	0.5铜	1	单层有感

2.2 户外移动式冲击电压发生器主要技术参数

2.2.1 使用条件

（1）海拔：不大于3000m。

（2）环境温度：－25～＋40℃。

（3）相对湿度：不大于90%。

（4）安装地点：户内、户外。

2.2.2 执行标准和规范

《高压输变电设备的绝缘配合》（GB 311.1—1997）

《高电压试验技术 第1部分：一般试验要求》（GB/T 16927.1—1997）

《高电压试验技术 第2部分：测量系统》（GB/T 16927.2—1997）

《高电压冲击试验用数字记录仪 第1部分：对数字记录仪的要求》（GB/T 16896.1—1997）

《冲击电压测量实施细则》（DL/T 992—2006）

《高电压试验装置 第5部分：冲击电压发生器》（DL/T 848.5—2004）

2.2.3 主要技术参数

1. 冲击电压发生器主要参数

（1）标称电压：±2400kV。

（2）标称能量：240kJ。

（3）级电容量：1.0μF（每只电容器：2.0μF/100kV）。

（4）级电压：200kV。

（5）级数：12。

（6）级能量：20kJ。

（7）同步范围：不小于20%。

（8）充电电压不稳定度：不大于1.0%。

2. 冲击电压波形参数

（1）标准雷电波形。

1）波前时间：1.2μs±30%。

2）半峰值时间：50μs±20%。

3）峰值处振荡不大于峰值的5%。

（2）标准操作波形。

1）波前时间：250μs±20%。

2）半峰值时间：2500μs±60%。

（3）振荡型雷电波。

$T_1 \leqslant 15\mu s$。

（4）振荡型操作波。

$20\mu s < T_1 < 5000\mu s$。

3. 弱阻尼电容分压器

（1）标称电压。

1）额定雷电波耐受电压：2400kV。

2）额定振荡型操作波耐受电压：2000kV。

3）额定工频耐受电压：1000kV。

（2）高压臂电容量：300pF。

（3）部分响应时间：$T_\alpha \leqslant 150ns$。

（4）过冲≤20%。

（5）分压器精度±1%。

为满足以上技术参数要求，需要结合冲击电压发生器的电气原理，针对标准雷电波、操作波以及振荡雷电波的波形参数，对冲击电压发生器的电气回路进行计算分析，得到不同试验电压波形下的电气回路参数，并据此进行设计选型。

2.3 2400kV/240kJ户外移动式冲击电压发生器结构设计

2.3.1 结构特点

2400kV/240kJ户外移动式冲击电压发生器包括冲击电压发生器本体、弱阻尼电容分压器、配电柜及计算机测量与控制系统4部分。本体通过高压引线与分压器和被试设备电连接，配电柜分别与本体电连接、计算机控制系统光电连接，弱阻尼分压器与测量系统电连接，如图2-4所示。

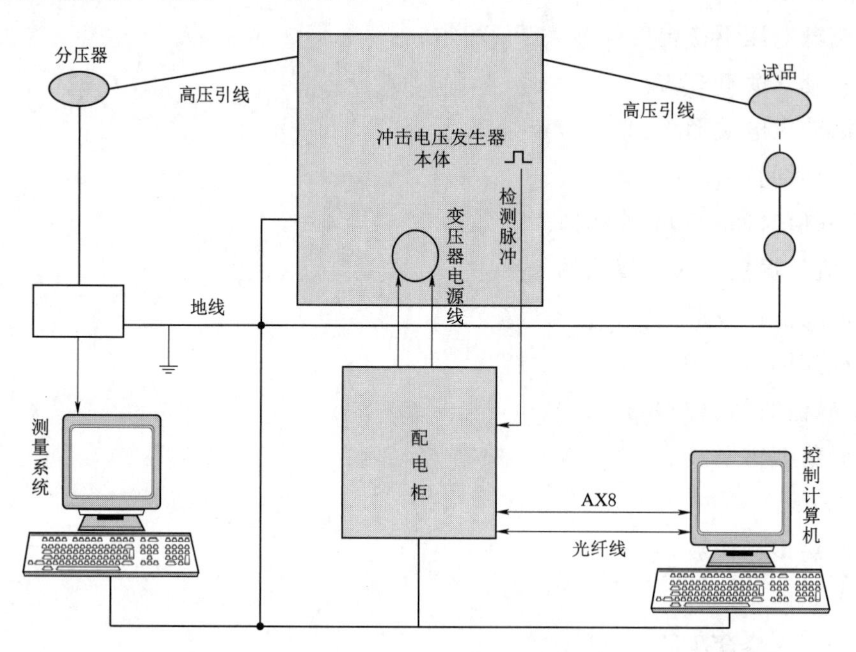

图2-4 2400kV/240kJ户外移动式冲击电压发生器连接示意图

整套装置采用塔式组合结构、模块化设计，具有封闭式点火系统（12对直径250mm放电半球装在直径760mm封闭的绝缘筒中，运行中用鼓风机不断供给过滤的干净空气）、登高扶梯、安全操作平台、自动接地系统。该装置运输时在集装箱内的布置方式如下：

（1）1号集装箱分别放置配电柜、直流充电变压器、1号模块、2号模块。其中配电柜、直流充电变压器与1号模块已经完成了机械连接和电气连接。

（2）2号集装箱内分别放置3号、4号模块。

（3）3号集装箱内依次放置设备均压环、弱阻尼分压器、调波电感及测量控制系统。

2.3.2 设计思想

2.3.2.1 本体电容器的选型

因干式电容器为环氧材料浇铸而成，力学性能较好，结构简单，移动方便，没有瓷套管和油，在移动运输和起吊安装时不用担心撞坏电容以及电容器的密封问题，并且干式电容器的两个电极在两端，自然爬电距离大，更适合在高原地区使用。因此，高原地区在电容器型式选择上放弃常规的油浸式电容器而选择干式电容器作为冲击电压发生器的本体电容器。

2.3.2.2 本体模块化设计思想

将冲击电压发生器本体的 12 级电容塔进行结构优化，采用模块化设计，把 3 级整合为一大节。单节结构为四柱方形结构，每级两只电容器放在绝缘支架上，绝缘支架之间用环氧玻璃布板联接，组成一个整体组件。如此，将 12 级电容塔变成 4 节，这样将安装 12 级设备的工作量减少为 4 节的工作量，可以大大节约安装和拆卸的工作时间。设备的均压罩采用整体均压环以方便运输和安装。

为最大限度减少现场的工作量，将最下面 3 级冲击电压发生器本体电容器、配电箱及直流充电装置与 1 号集装箱底座设计成一整体，在设备安装时集装箱底座为整个设备的底座，在运输时为集装箱的底板。

此外，在保证高海拔地区外绝缘水平的基础之上，将点火系统与单节模块的四柱方形结构整合为一体，有效地减小了冲击电压发生器本体的外形尺寸。经过优化后，吊装一节模块的同时对应的点火系统也安装到位，无需再对冲击电容和点火系统进行电气连接，只需对模块之间的点火系统进行机械连接，且放电球的传动连接采用锁扣结构，现场不需要重新调整球距，既大大减轻了试验人员的劳动强度又有效控制了安装失误。

2.3.2.3 弱阻尼分压器结构优化设计

弱阻尼分压器由三级电容组成，采用整体均压环，可以同时满足现场工频及冲击电压测量的需求。为方便调波电感的安装，将分压器底座设计为可移动式结构，并且采用可折叠式设计，通过千斤顶来调平，有效节约了运输空间。从分压器本体到底座专门设计了 8 根绝缘拉杆，以保证分压器本体的机械稳定性。

2.3.2.4 其他特殊措施

为保证运输过程中不损坏设备元器件，特别对控制台和充电变压器设计了减震装置。此外，还专门在集装箱两侧设计了防盗门，便于在长途运输中检查设备的状况，以便于及时发现并处理问题。

2.3.2.5 现场安装及运输优点

现场安装时，将集装箱盖吊开后，只需将 2 号模块吊装在 1 号模块上方，并完成必要的机械连接即可，然后顺序吊装3号、4号模块及均压环以完成冲击电压发生器本体的安装工作。试验结束后将各部件依次调回原位，并设计有专用的固定装置用于固定各部件，随后将集装箱盖吊装就位后即可运输。

为了方便集装箱起吊，专门设计集装箱吊具。按照调波需要将配件及调波电阻存放在每一个独立的集装箱内，并有详细的铭牌清单，方便独立操作。

通过采取上述几项措施，将集装箱的宽度由2.4m（标准集装箱的宽为2.4m）减小到2.2m，这样设备的运输就不再需要专门的集装箱运输车，只需普通的大卡车（如8t康明斯）即可运输。

2.3.2.6 数字化测量控制系统

采用计算机控制测量（光纤）系统，该系统主要由工业控制计算机、可编程序控制器（PLC）、可控硅调压装置、点火脉冲放大器、PLC操作控制柜以及数字示波器、打印机等构成。通过光纤传输与PLC进行通信，运用工业控制专业软件编程设计成便于操作的控制工作界面，系统的运行参数及测量结果以数字量形式在计算机界面上进行实时显示。在计算机上可以完成冲击系统所有设定、运行、测量等参数，既可设定冲击设备直流充电电压、充电时间、放电球距、触发方式和极性自动换接等，又能监控和测量其运行状态。具有手动控制和计算机控制、手动测量和自动测量等功能，各功能相对独立，互为补充，从而确保了系统的可靠性。整个测量控制系统无任何操作按钮，所有运行参数均由计算机键盘操纵完成。

测量分析软件采用美国NI公司仪器测控专业软件Labview技术的开发平台编制，具有波形显示、分析、成图和打印等功能。按照高压试验的习惯设定测量参数，自动计算各个波形数据，所采用的计算方法完全符合GB/T 16896.1—1997及IEC 1083标准的要求。整个系统具有自动记录、自动分析、报告输出等3项基本功能。具有分析直观、界面漂亮、操作方便等特点。

控制上，为了防止高压脉冲的干扰，控制设计上采用了二级控制，对高压进行二次隔离；为了防止对测量信号的干扰，对所有控制中的测量信号进行了光电隔离保护；与上位机之间的控制采用了光纤通信传输控制信号。减小了高压试验中的空间、地电位等干扰问题。为了防止电源上的干扰，在控制台内专门设计安装了隔离变压器及过电压保护装置。

2.4 2400kV/240kJ户外移动式冲击电压发生器调试

为检验该设备在现场使用的关键性能，将2400kV/240kJ户外移动式冲击电压发生器整套试验装置在高海拔高电压实验室（西宁）进行了安装调试。调试的主要内容有：设备基本功能检查；点火装置同步特性及球距同步范围试验；分压器变比校准试验；输出电压稳定性和效率检验试验（包括标准雷电波试验、标准操作波试验、振荡型雷电波试验、振荡型操作波试验）；设备设计值最大输出电压考核试验等。

2.4.1 设备基本功能检查

2.4.1.1 外观检查

外观检查主要有以下几项：

（1）冲击电压发生器本体各部分连接牢固，没有漏装的零部件；防护外罩和均压环安装符合图纸设计要求；绝缘梯和各层绝缘平台安装牢固；点火球隙安装正确，各对球隙经调整后间距均匀，符合要求；密封的绝缘筒体安装牢固，能起到对球隙的防尘作用。

（2）本体各层电阻、电容器等零部件连接牢固，波头、波尾电阻更换方便，便于灵活改变输出电压波形；设备整体内部的绝缘油漆喷涂均匀，颜色搭配合理、美观。

（3）冲击分压器整体安装牢固，均压罩安装符合图纸设计要求；各层绝缘拉杆固定牢固、受力均匀；分压器表面无缺损。

（4）测控台设计合理、操作方便、外观完好。

（5）设备运输的集装箱外观颜色统一、名称完整、表面无损坏。

2.4.1.2 机械传动装置检查

冲击电压发生器球距调节装置传动系统运转正常，极性转换系统传动机构运转正常，符合设计和运行要求。

2.4.1.3 接地装置检查

在冲击电压发生器没有充电的情况下，分别进行高压分断、紧急停止、接地合、接地开等操作各5次，接地装置均能正常动作，满足技术要求。

2.4.1.4 充电装置检查

分别在不同电压等级下设定充电电压进行充电，均能稳定充电至设定电压。充放电完成后检查充电装置情况。经检查，充电装置完好无损，极性转换正常，符合技术要求。

2.4.2 点火装置同步特性及球距同步范围试验

试验系统点火球隙间距应有一定的同步范围。当设置不同的球距时，发生器本体12对球隙应能在合适的电压范围内同步触发点火。

调试过程中逐次设置不同的球距，寻找各球距下的同步触发电压的范围，每点均进行正、负极性的多次放电试验，并计算其同步范围为

$$M=\frac{d_{max}-d_{min}}{d} \tag{2-8}$$

式中　d_{min}——可点火同步电压最小球距；

d_{max}——可点火同步电压最大球距；

M——同步范围百分数。

以直径300mm的球隙为例，实测试验球距同步范围数据见表2-5，测量得到的冲击电压发生器本体球距跟踪测量曲线如图2-5所示。

表2-5　　球距同步范围数据表

充电电压	负极性			正极性		
U/kV	d_{min}/mm	d_{max}/mm	M/%	d_{min}/mm	d_{max}/mm	M/%
40	17.0	24.9	38	18	25.6	34.9
60	25.0	33.2	28	25	35.0	34.3
80	35.3	47.9	30	36	48.0	29.2
100	46.0	59.0	24	47	60.0	24.7
120	57.0	71.0	22	58	72.0	21.5
140	63.0	85.0	30	64	87.0	30.0
160	83.0	105.0	23	84	105.0	22.0

从表2-5中可得：触发范围不小于20%，满足设计要求。

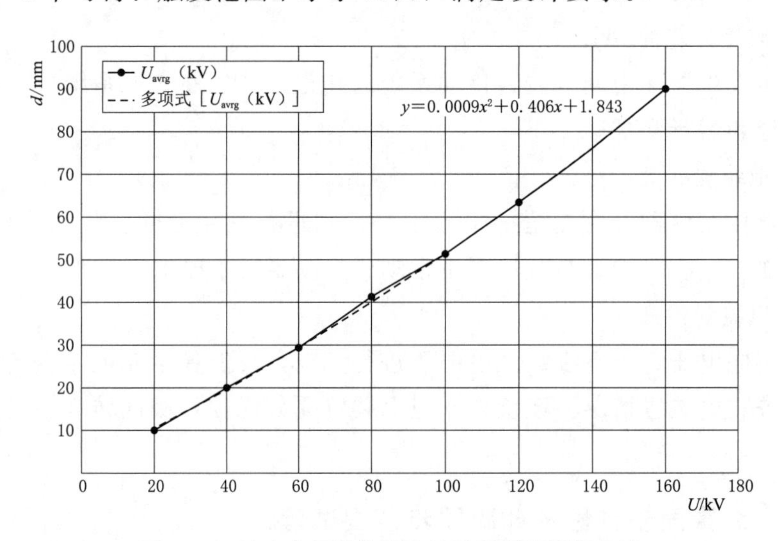

图2-5　冲击电压发生器本体球距跟踪测量曲线

2.4.3　分压器变比校准试验

2400kV弱阻尼分压器测试系统由分压器高压臂、低压臂、测量电缆及示波器4部分组成。其中，2400kV弱阻尼分压器高压臂电容共3节，电容量为300pF，低压臂电容量为1.166μF。因此，计算得其分压比为3887。为求取2400kV弱阻尼分压器变比，采用比对法利用800kV标准冲击测量系统进行校准。即由2400kV/240kJ户外移动式冲击电压发生器产生标准雷电波，分别由 2400kV 弱阻尼分压器测试系统（MS）和 800kV 标准冲击测量系统（RMS）采集波形进行校准。经比对试验确定 2400kV 弱阻尼分压器分压比为 3880。

由于任何测量系统都会受到周围环境、仪器设备性能以及一些随机因素等影响，使得测量结果有一定的误差。测量误差按其定义为被测物理量的测量值与真值之间的差异；但在实践中，由于真值尚未明确，从严格意义上来说，测量误差就无法确定。

然而，多次重复测量的结果通常都围绕真值呈现不同程度的分散性，且具有某种概率分布特点。根据各种影响因素造成测量结果分散性的特点，可估算被测物理量真值有一定的可能性处于某数值区域内。此数值区间的限值，称为不确定度；而这种可能性的概率 P，称为置信度。在估算中，不确定度采用多次测量结果的标准偏差来表征，置信度 P 一般取 95%。

根据概率论可知，在相同条件下多次重复测量结果的分散性具有 t 分布或高斯分布的特点。因此，可根据重复的测量结果用统计方法计算其平均值和标准偏差，并由此估算 A 类不确定度。

设测量次数为 n，各次测量值为 X_i，$i=1,2,\cdots,n$，这些测量结果的平均值 X_{m} 为

$$X_{\mathrm{m}}=\frac{1}{n}\sum_{i=1}^{n}X_i \tag{2-9}$$

其标准偏差 S_{r} 为

$$S_{\mathrm{r}}=\sqrt{\frac{1}{n-1}\sum_{i=1}^{n}(X_i-X_{\mathrm{m}})^2} \tag{2-10}$$

由 2400kV/240kJ 户外移动式冲击电压发生器产生标准雷电波，分别进行三组冲击电压峰值的比对试验，每组进行 10 次冲击电压峰值比对，其比对试验结果见表 2-6。

表 2-6　冲击电压峰值比对试验结果

极　性	正　极　性			负　极　性		
项目组别	RMS 测得的峰 U_{A}/kV	MS 测得的峰 U_{B}/kV	$X=U_{\mathrm{A}}/U_{\mathrm{B}}$	RMS 测得的峰 U_{A}/kV	MS 测得的峰 U_{B}/kV	$X=U_{\mathrm{A}}/U_{\mathrm{B}}$
第一组	449.62	447.27	1.005	455.40	456.30	0.998
	450.45	446.59	1.009	473.96	478.58	0.990
	451.27	453.05	0.996	471.07	478.52	0.984
	451.27	453.29	0.996	456.96	447.04	1.022

续表

极 性	正 极 性			负 极 性		
项目组别	RMS测得的峰U_A/kV	MS测得的峰U_B/kV	$X=U_A/U_B$	RMS测得的峰U_A/kV	MS测得的峰U_B/kV	$X=U_A/U_B$
第一组	450.45	446.12	1.010	455.62	447.27	1.019
	450.45	447.70	1.006	450.45	446.59	1.009
	450.45	457.43	0.985	451.45	447.43	1.009
	450.45	456.12	0.988	471.45	478.12	0.986
	450.45	445.78	1.010	470.07	468.52	1.003
	450.45	447.80	1.006	448.96	446.04	1.007
第二组	528.00	532.09	0.992	510.59	510.34	1.000
	528.00	526.15	1.004	528.41	526.51	0.996
	528.00	526.63	1.003	535.80	528.99	0.987
	528.00	521.02	1.013	526.39	528.99	1.005
	528.00	521.12	1.013	536.02	530.14	0.989
	528.00	521.76	1.012	533.29	528.00	0.990
	528.00	521.68	1.012	528.10	528.82	1.001
	528.00	520.69	1.014	525.41	523.31	0.996
	528.00	526.00	1.004	536.80	527.23	0.982
	528.00	538.30	0.981	520.39	523.12	1.005
第三组	674.03	661.39	1.019	612.98	616.77	0.994
	674.85	674.44	1.001	641.85	633.30	1.014
	676.50	655.85	1.031	675.84	680.16	0.994
	676.50	666.74	1.015	676.50	673.39	1.005
	676.50	661.43	1.023	680.62	668.19	1.019
	676.50	667.63	1.013	680.62	672.36	1.012
	676.50	667.40	1.014	680.62	679.41	1.002
	676.50	667.93	1.013	680.62	680.37	1.000
	674.85	666.56	1.012	680.62	679.88	1.001
	674.85	667.49	1.011	680.63	680.76	1.000

根据表2-6试验结果并结合式（2-9）、式（2-10）得到平均值和标准偏差见表2-7。

根据表2-7所示数据可以得到：当2400kV弱阻尼分压器变比为3880时，2400kV弱阻尼分压器测试系统（MS）其A类不确定度小于1.229%，置信度P不小于95%。

表 2-7 MS 刻度因数平均值和标准偏差

极性	正极性		负极性	
项目组别	平均值 X_m	标准偏差 S_r	平均值 X_m	标准偏差 S_r
第一组	1.001	0.938%	1.003	1.229%
第二组	1.005	1.091%	0.995	0.782%
第三组	1.015	0.808%	1.004	0.835%

2.4.4 输出电压稳定性和效率检验试验

为了对冲击电压发生器输出电压稳定性和各种电压波形的效率进行检验，分别进行了标准雷电波试验、标准操作波试验、振荡型雷电波试验及振荡型操作波试验，试验结果如下。

2.4.4.1 标准雷电波试验

冲击电压发生器本体的波形电阻采用如下配置：①波前电阻：70×12Ω；②半峰值电阻：72//3.5kΩ×12。

该试验装置在不同充电电压下，标准雷电波试验输出电压峰值和效率见表 2-8，标准雷电波试验电压波形如图 2-6 所示。

表 2-8 标准雷电波试验输出电压和效率

充电电压/kV	峰值电压/kV	波前时间/μs	半峰值时间/μs	效率/%
40	444.37	1.23	52.80	92.3
	445.00	1.20	52.50	92.7
	446.14	1.23	52.42	92.9
	443.11	1.20	52.67	92.3
	445.16	1.30	52.18	92.7
80	894.38	1.20	52.00	93.1
	893.25	1.20	52.14	93.1
	894.39	1.20	52.00	93.2
	893.77	1.20	52.12	93.1
	893.94	1.23	52.27	93.1
120	1324.30	1.19	54.34	92.0
	1326.29	1.21	53.38	92.1
	1329.31	1.20	53.23	92.3
	1324.84	1.20	53.27	92.0
	1329.75	1.19	53.49	92.3

续表

充电电压/kV	峰值电压/kV	波前时间/μs	半峰值时间/μs	效率/%
160	1761.47	1.28	53.77	91.7
	1758.85	1.27	53.80	91.6
	1761.64	1.24	53.46	91.7
	1758.78	1.25	53.21	91.6
	1763.24	1.28	53.84	91.8
−40	−446.13	1.20	51.33	92.9
	−448.82	1.26	51.00	93.5
	−446.53	1.22	51.47	93.0
	−447.22	1.23	51.40	93.2
	−447.15	1.27	51.30	93.2
−80	−902.67	1.24	51.20	94.0
	−901.47	1.22	51.21	93.9
	−904.83	1.22	51.04	94.2
	−900.08	1.22	51.27	93.8
	−902.65	1.19	51.27	94.0
−120	−1346.74	1.18	52.16	93.5
	−1347.59	1.18	52.36	93.6
	−1347.10	1.20	52.38	93.5
	−1345.44	1.24	51.89	93.4
	−1342.69	1.19	52.67	93.2
−160	−1795.22	1.31	53.25	93.5
	−1799.84	1.33	53.34	93.7
	−1794.02	1.35	53.47	93.4
	−1797.72	1.31	53.70	93.6
	−1799.66	1.34	53.51	93.7

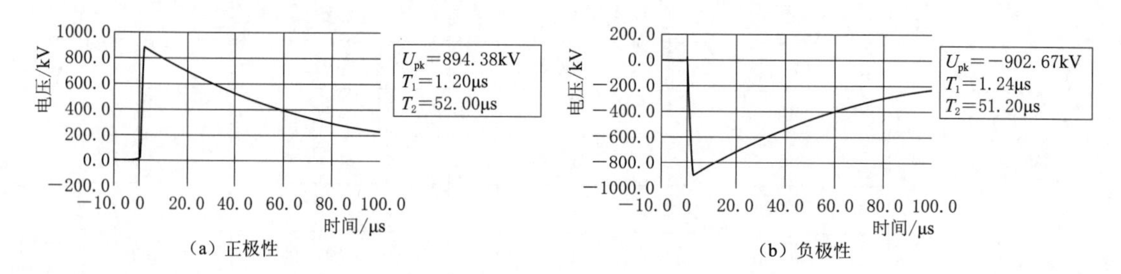

(a) 正极性　　(b) 负极性

图2-6　标准雷电波电压波形

试验表明，冲击电压发生器的标准雷电波电压输出稳定，效率不小于 90%，波形没有明显的畸变。

2.4.4.2 标准操作波试验

冲击电压发生器本体的波形电阻采用如下配置：①波前电阻：第 1 级为 10.6kΩ；其余 11 级为 10.6kΩ//600pF×11；②半峰值电阻：3.5kΩ×12。

该试验装置在不同充电电压下，标准操作波试验输出电压峰值和效率见表 2－9，标准操作波试验电压波形如图 2－7 所示。

表 2－9　标准操作波试验输出电压峰值和效率

充电电压/kV	峰值电压/kV	波前时间/μs	半峰值时间/μs	效率/%
－60	－415.30	216.0	2459.5	57.6
	－414.23	213.0	2462.0	57.5
	－415.22	210.0	2453.5	57.6
	－414.98	210.5	2479.4	57.6
	－416.74	227.5	2487.0	57.9
－120	－816.62	212.0	2482.0	56.7
	－817.05	214.5	2485.0	56.7
	－818.49	222.0	2479.0	56.8
	－818.15	216.0	2496.0	56.8
	－815.97	213.0	2501.0	56.7
－160	－1102.42	218.0	2478.5	57.4
	－1102.57	217.0	2472.5	57.4
	－1101.46	214.5	2480.0	57.4
	－1101.05	216.0	2484.0	57.4
	－1103.03	217.0	2476.0	57.5
60	412.24	214.5	2470.0	57.3
	411.39	214.0	2478.0	57.1
	408.94	213.0	2497.5	56.8
	410.64	215.0	2476.5	57.0
	412.24	214.5	2496.0	57.3
120	818.15	216.0	2496.0	56.8
	817.05	214.5	2485.0	56.7
	814.17	218.5	2502.0	56.5
	814.76	213.0	2508.0	56.6
	815.97	222.0	2501.0	56.7

续表

充电电压/kV	峰值电压/kV	波前时间/μs	半峰值时间/μs	效率/%
160	1094.50	226.0	2529.0	57.0
	1094.03	230.0	2492.0	57.0
	1093.71	226.0	2509.0	57.0
	1094.09	224.5	2499.0	57.0
	1094.73	222.5	2520.0	57.0

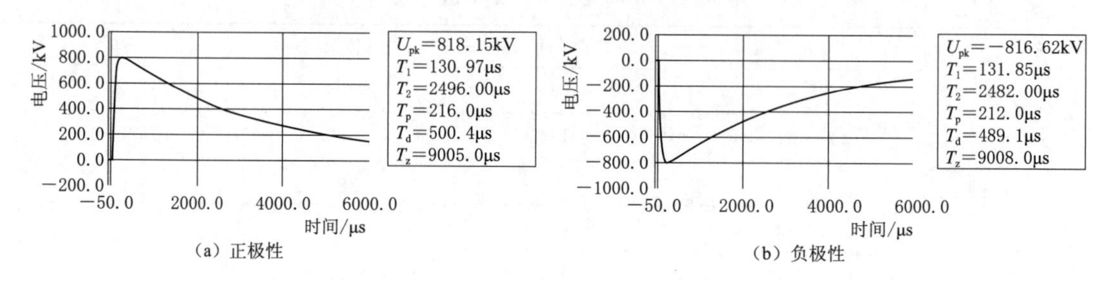

图 2-7 标准操作波试验电压波形

试验表明，冲击电压发生器的标准操作波输出电压稳定，效率不小于 56%，波形没有明显畸变。

2.4.4.3 振荡型雷电波试验

冲击电压发生器本体的波形电阻采用如下配置：①波前电阻：第 1 级为 16//16Ω；其余 11 级为 0.1mH×11；②半峰值电阻：72Ω×12。

该试验装置在不同充电电压下，振荡型雷电波试验输出电压峰值和效率见表 2-10，振荡雷电波电压波形如图 2-8 所示。

表 2-10 振荡型雷电波试验输出电压峰值和效率

充电电压/kV	峰值电压/kV	波前时间/μs	半峰值时间/μs	效率/%
40	771.16	1.99	30	161
	773.24	1.98	30	161
	768.03	2.06	28	160
	770.24	2.06	29	160
	773.59	2.10	29	161
80	1482.05	1.86	28	154
	1480.17	1.89	29	154
	1489.34	1.93	28	155
	1483.77	1.85	29	155
	1490.50	1.86	29	155

续表

充电电压/kV	峰值电压/kV	波前时间/μs	半峰值时间/μs	效率/%
-40	-780.37	2.05	28	163
	-775.16	2.02	28	162
	-773.20	2.01	29	161
	-773.03	1.99	28	161
	-777.88	2.03	30	162
-80	-1548.09	1.94	28	161
	-1544.53	1.96	28	161
	-1549.36	1.94	28	161
	-1541.65	1.93	29	161
	-1548.25	1.93	28	162

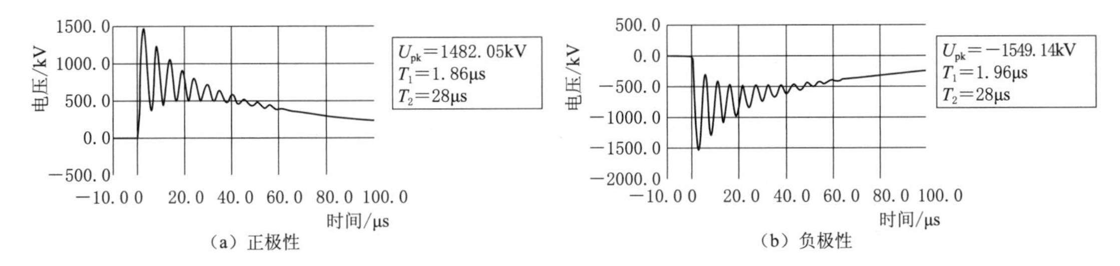

图 2-8 振荡型雷电波试验电压波形

试验表明，在同一充电电压下本冲击电压发生器的振荡型雷电波输出电压稳定，效率大于 100%，波形参数稳定。

2.4.4.4 振荡型操作波试验

冲击电压发生器本体的波形电阻采用如下配置：①波前电阻：16Ω×12；②外波头电感：408mH；③半峰值电阻：3.5kΩ×12。

该试验装置在不同充电电压下，振荡型操作波试验输出电压峰值和效率见表 2-11，振荡型操作波试验电压波形如图 2-9 所示。

表 2-11 振荡型操作波试验输出电压峰值和效率

充电电压/kV	峰值电压/kV	波前时间/μs	半峰值时间/μs	效率/%
40	895.05	41.5	1120	186
	896.96	41.5	1100	187
	889.16	42.5	1100	185
	889.39	41.5	1150	185
	891.06	41.5	1150	186

续表

充电电压/kV	峰值电压/kV	波前时间/μs	半峰值时间/μs	效率/%
80	1609.59	41.5	1180	168
	1605.87	41.0	1160	167
	1606.30	40.5	1140	167
	1604.37	42.5	1150	167
	1610.56	42.5	1180	168
−40	−897.09	43.5	1150	187
	−899.80	39.5	1100	187
	−896.15	41.5	1135	187
	−899.27	50.5	1130	187
	−894.46	41.0	1100	186
−80	−1744.14	41.5	1080	182
	−1741.71	42.5	1100	181
	−1737.30	40.5	1120	181
	−1736.76	42.5	1100	181
	−1740.82	41.4	1120	181

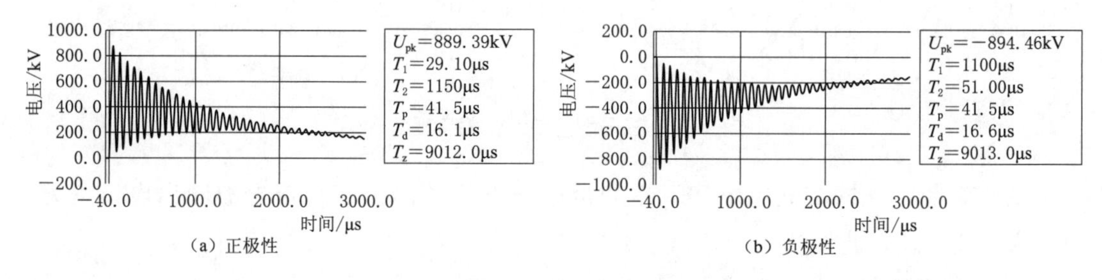

(a) 正极性　(b) 负极性

图2-9　振荡型操作波试验电压波形

2.4.5　设备设计值最大输出电压考核试验

2.4.5.1　标准雷电波的最大输出电压

①波前电阻：1kΩ//70Ω×12；②半峰值电阻：72Ω×12；③设定试验电压：199.0kV；④幅值电压：−2164.07kV。

标准雷电波的最大输出电压波形如图2-10所示。

2.4.5.2　振荡型雷电波的最大输出电压

①波前电阻：第1级为16//16Ω；其余11级：0.1mH×11；②半峰值电阻：72Ω×12；③设定试验电压：−120kV；④幅值电压：−2323.97kV。

振荡型雷电波的最大输出电压波形如图2-11所示。

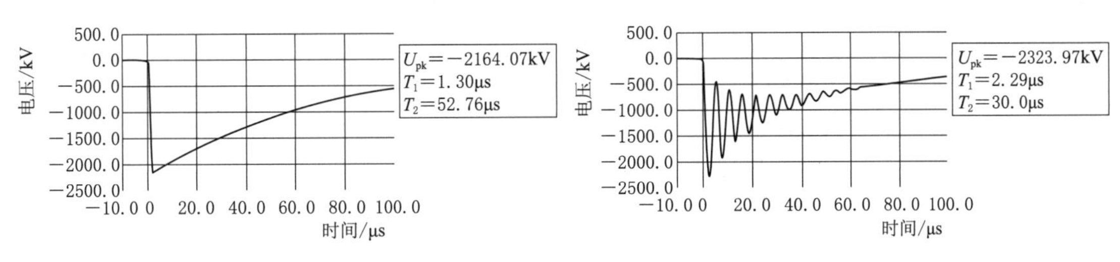

图 2-10　标准雷电波的最大输出电压波形　　图 2-11　振荡型雷电波的最大输出电压波形

2.4.5.3　振荡型操作波的最大输出电压

冲击电压发生器本体 1 并 12 串，带分压器。①波前电阻：16Ω×12；②外波头电感：408mH；③半峰值电阻：3.5kΩ×12；④设定试验电压：94kV；⑤幅值电压：−2029.71kV。

振荡操作波的最大输出电压波形如图 2-12 所示。

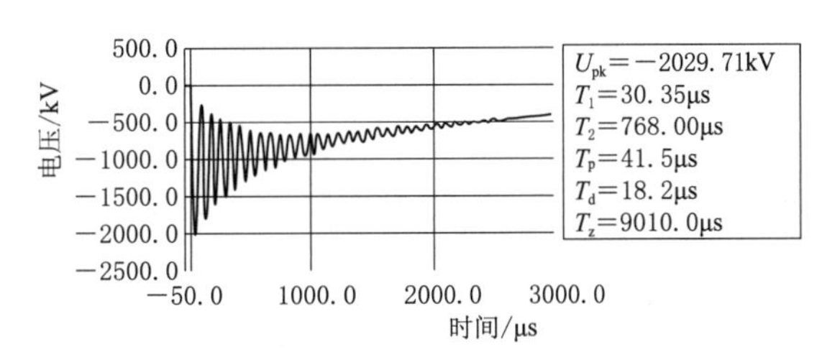

图 2-12　振荡型操作波的最大输出电压波形

2.4.6　现场调试效果

通过对设备的调试和验收试验，结果表明设备外观完好，机械传动装置、充电装置、接地装置、点火装置等工作正常，2400kV/240kJ 冲击电压发生器的主要技术指标如下：

(1) 整套装置能产生标准雷电波、标准操作波、振荡型雷电波及振荡型操作波。

(2) 冲击电压发生器的点火同步范围大于 20%。

(3) 空载时标准雷电波的输出效率约为 93%，空载时标准操作波的输出效率约为 57%，特种振荡型波波形的输出效率在 100%以上。

(4) 在整套装置设计性能考核试验中（负极性）试验电压 199kV 时标准雷电波最高峰值电压为 2164.07kV，振荡型雷电波最高峰值电压为 2323.97kV，振荡型操作波最高峰值电压为 2029.71kV。

(5) 当 2400kV 弱阻尼分压器变比为 3880 时，2400kV 弱阻尼分压器测试系统（MS）其 A 类不确定度小于 1.229%，置信度 P 不小于 95%。

2.5　现场工程应用案例

2.5.1　前期现场试验研究

受国内试验能力限制，在 750kV 示范工程中无开展现场冲击电压试验的先例，无经验可循。因此在开展 800kV GIS 设备现场冲击电压试验之前，国网青海电科院利用

2400kV/240kJ 户外移动式冲击电压发生器做了很多有益探索。

2.5.1.1 126kV GIS 设备现场冲击试验技术研究

2008 年 3 月 19 日，国网青海电科院首次利用 2400kV/240kJ 户外移动式冲击电压发生器在 110kV 新建共和变电站开展了 126kV GIS 设备现场冲击电压试验，对现场冲击试验技术进行技术验证，并考核 2400kV/240kJ 户外移动式冲击电压发生器在大容量负载下的电气性能，为顺利开展 800kV GIS 设备现场冲击电压试验积累了经验。

110kV 新建共和变电站位于青海省海南藏族自治州共和县，海拔 3200.00m，其 126kV GIS 设备采用三相共箱式结构，电容量约 7nF，其 126kV GIS 设备铭牌见表 2－12。

表 2－12　110kV 新建共和变电站 126kV GIS 设备铭牌

型　号	ZF10－126/T		
额定电流/A	2000	额定电压/kV	126
AC/LI/kV	230/550	额定短时耐受电流/kA	40
生产日期	2007 年 7 月	额定峰值耐受电流/kA	100
生产厂家	山东泰开高压开关有限公司		

利用冲击电压发生器的两节模块开展 126kV GIS 设备现场冲击电压试验。试验时，试验电压施加于每相主回路和外壳之间，每次一相，并采取隔离措施，使电磁式电压互感器避免施加试验电压。

试验采用振荡型雷电波分别对三相主回路施加 $U_{ps}=U_p\times0.8$ 振荡型雷电冲击电压（对地），即 $U_{ps}=550\times0.8=440(\mathrm{kV})$。

试验时，正、负极性各 3 次，先进行正极性振荡型雷电冲击耐压试验，后进行负极性振荡型雷电冲击耐压试验。对正、负极性振荡型雷电冲击耐压分别进行考核，连续 3 次，GIS 设备无异常则视为通过试验。

由试验数据可知：2400kV/240kJ 户外移动式冲击电压发生器振荡型雷电波效率均大于 136%，振荡型雷电冲击电压波前时间均不大于 5μs。110kV 新共和变电站 126kV GIS 设备现场正极性振荡型雷电冲击试验数据见表 2－13、表 2－14，振荡型雷电冲击电压波形如图 2－13 所示。

表 2－13　110kV 新共和变电站 126kV GIS 设备现场正极性振荡型雷电冲击试验数据

相　别	充电电压/kV	波头时/μs	峰值电压/kV	效率/%	结论
A－B、C 及地	63.5	4.02	441.31	139	通过
	63.5	4.14	436.42	137	通过
	63.5	4.06	436.20	137	通过
B－A、C 及地	63.5	4.28	438.31	138	通过
	63.5	4.11	442.71	139	通过
	63.5	4.11	436.71	138	通过

续表

相　别	充电电压/kV	波头时/μs	峰值电压/kV	效率/%	结论
C-A、B及地	63.5	4.23	435.74	137	通过
	63.5	4.16	434.22	137	通过
	63.5	4.11	435.09	137	通过

表 2-14　110kV 新共和变电站 126kV GIS 设备现场负极性振荡型雷电冲击试验数据

相别	充电电压/kV	波头时/μs	峰值电压/kV	效率/%	结论
A-B、C及地	-62.5	4.12	-427.00	137	通过
	-63	4.19	-431.32	137	通过
	-63.5	3.97	-441.90	139	通过
B-A、C及地	-64	4.26	-452.06	141	通过
	-63.5	4.18	-441.70	138	通过
	-63.5	4.01	-444.53	140	通过
C-A、B及地	-63.5	4.17	-433.09	136	通过
	-63.5	4.15	-438.01	138	通过
	-63.5	4.10	-435.45	137	通过

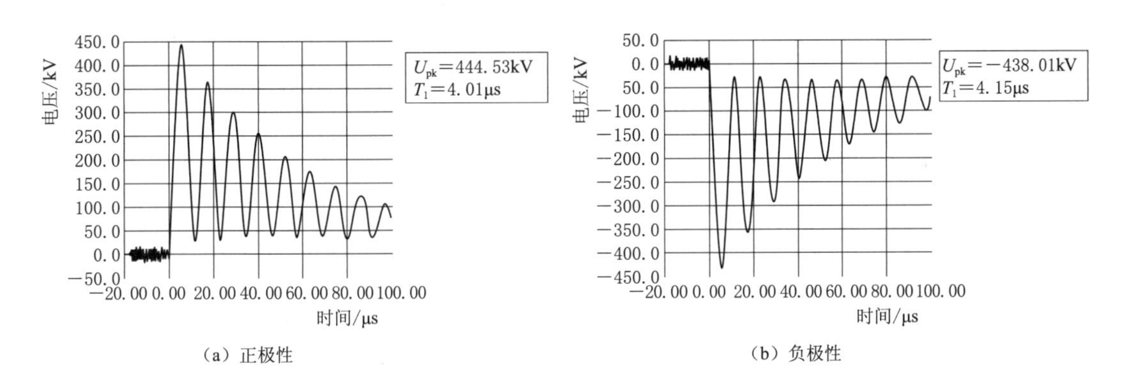

图 2-13　110kV 新建共和变电站 126kV GIS 设备振荡型雷电冲击电压波形

试验结果表明，该套试验装置在现场应用中方便、可靠，可以满足 GIS 设备现场冲击电压试验要求。这为今后顺利开展更高电压等级 GIS 设备的现场试验奠定了宝贵的技术基础。

2.5.1.2　363kV GIS 设备现场冲击试验研究

通过对 126kV GIS 设备开展现场冲击试验技术验证，课题组随后在 2008 年 8 月 12 日对 363kV GIS 设备实施了现场冲击电压试验。此次试验地点为 330kV 泉湾变电站，该变电站位于青海省西宁市南川工业园区，330kV 主接线为 3/2 接线，363kV GIS 设备采用三相共箱式结构，其 363kV GIS 设备铭牌见表 2-15。

表 2-15　　330kV 泉湾变电站 363kV GIS 设备铭牌

名　　称	SF_6 全封闭组合电器	额定电压/kV	363
额定电流/A	3150	额定频率/Hz	50
额定绝缘水平/kV	AC510LI1175	生产日期	2007年2月
生产厂家	西安西开高压电气股份有限公司		

经课题组与 GIS 设备生产厂家等有关部门协商决定，此次试验采用振荡型雷电冲击电压波对 B 相主回路对地实施冲击电压试验，B 相主回路对地电容量约为 10nF。试验采用振荡型雷电波对 B 相主回路施加 $U_{ps}=U_p\times0.8$ 振荡型雷电冲击电压（对地），即 $U_{ps}=1175\times0.8=940(\text{kV})$。

试验电压值为 940kV。正、负极性各 3 次，先进行正极性振荡型雷电冲击耐压试验，后进行负极性振荡型雷电冲击耐压试验。对正、负极性振荡型雷电冲击耐压分别进行考核，连续 3 次，GIS 设备无异常则视为通过试验。

由试验数据可知，冲击电压发生器效率均大于 149%，冲击电压波前时间均不大于 7μs，试验效果良好。363kV GIS 设备现场振荡型雷电冲击试验数据见表 2-16，其振荡型雷电冲击电压试验波形如图 2-14 所示。

表 2-16　　330kV 泉湾变电站 363kV GIS 设备现场振荡型雷电冲击试验数据

极性	充电电压/kV	峰值电压/kV	波头时间/μs	效率/%	结论
正极性	102	917.7	6.79	150	通过
	102	915.4	6.52	150	通过
	103	941.7	6.90	152	通过
负极性	−102	−927.0	6.60	151	通过
	−102	−941.5	6.41	154	通过
	−102	−934.7	6.43	153	通过

注　B-A、C 及地（带Ⅰ母、Ⅱ母、Ⅲ母及所有分支气室，不包括 TV 气室）。

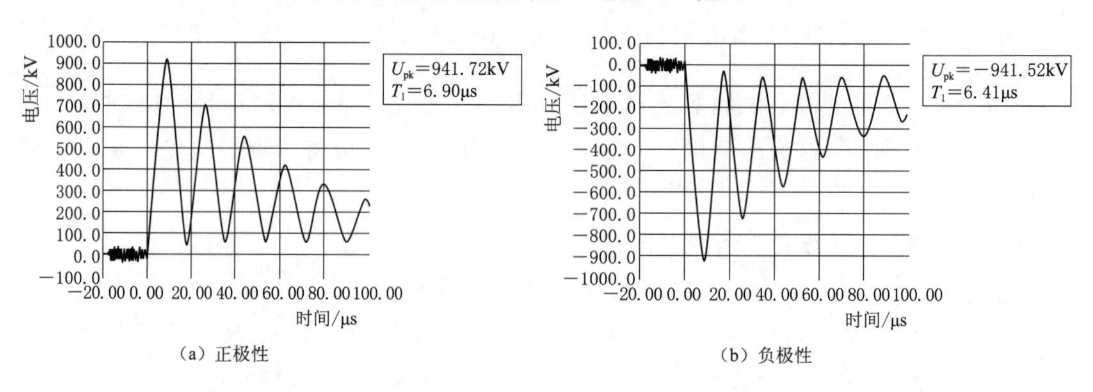

图 2-14　330kV 泉湾变电站 363kV GIS 设备振荡型雷电冲击电压波形

通过对 126kV 及 363kV GIS 设备开展现场冲击电压试验，课题组不但对现场冲击试验技术进行了验证，而且对 2400kV/240kJ 户外移动式冲击电压发生器在大容量负载下的电气性能进行了校核，总结了两次现场试验的经验，为开展 800kV GIS 设备冲击电压试验做好了技术储备。

2.5.2 800kV GIS 设备现场冲击试验技术研究

2.5.2.1 西宁 750kV 变电站 800kV GIS 设备现场冲击试验研究

根据国家电网有限公司科技合同要求，课题组于 2008 年 8 月 25 日利用 2400kV/240kJ 户外移动式冲击电压发生器对当前世界上同等电压等级海拔最高的变电站——西宁 750kV 变电站（海拔 2670.00m）800kV GIS 设备实施振荡型雷电冲击电压试验。

此次试验对象为西宁 750kV 变电站一期、二期 800kV GIS 设备，该 GIS 设备由 7532 号开关、7530 号开关、7531 号开关、7521 号开关、7520 号开关、拉西瓦线路分支母线、官亭线路分支母线、2 号主变分支母线及Ⅱ母组成，电容量约为 33nF。西宁 750kV 变电站 800kV GIS 设备的布置图如图 2-15 所示。

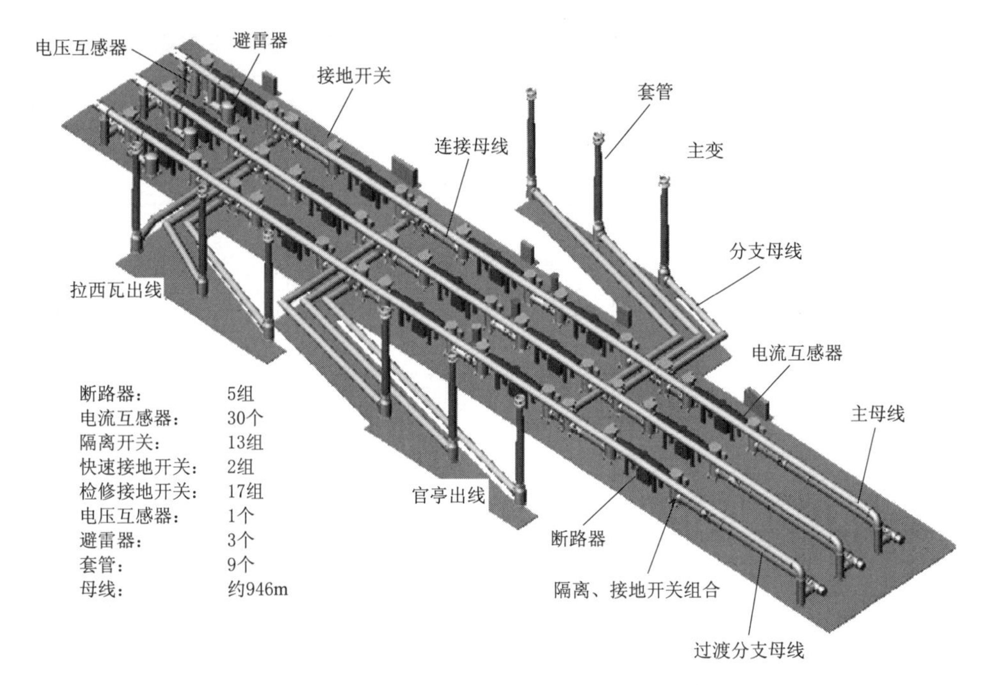

图 2-15 西宁 750kV 变电站 800kV GIS 的布置图

西宁 750kV 变电站 800kV GIS 设备铭牌见表 2-17。

试验波形采用振荡型雷电冲击电压对被试 GIS 设备主回路进行冲击电压试验。试验电压施加于每相主回路和外壳之间，每次一相，分别对三相主回路施加出厂试验电压

表 2-17　　西宁 750kV 变电站 800kV GIS 设备铭牌

型　　号	ZF3-800	出厂时间	2007 年
额定电压/kV	800	额定短路开端电流/kA	50
额定电流/A	8000	额定绝缘水平/kV	AC960LI2100
生产厂家	新东北电气集团高压开关有限公司		

值 80%的振荡型雷电冲击电压（对地），即试验电压值为 1680kV，并采取隔离措施，使电磁式电压互感器避免施加试验电压。

试验时，先施加 50%正极性现场冲击耐受电压 1～3 次以调整电压波形，再施加 80%正极性现场冲击耐受电压 1 次以校准冲击发生器效率，然后进行 3 次正极性现场冲击耐受电压；随后将冲击电压改为负极性后按上述程序再进行 1 遍。若试验过程中不发生破坏性放电则认为整个 GIS 设备通过试验；若振荡型雷电冲击电压试验失败 1 次，可按照规定的试验程序重复再进行冲击电压试验，当连续 3 次，GIS 设备没有发生破坏性放电则认为试验合格。试验数据见表 2-18、表 2-19，试验电压波形如图 2-16 所示。

表 2-18　西宁 750kV 变电站 800kV GIS 设备现场正极性振荡型雷电冲击试验数据

相别	充电电压/kV	波头时间/μs	峰值电压/kV	效率/%	结论
A	120.0	11.08	1667.70	116	合格
	120.0	11.46	1669.58	116	合格
	120.0	11.02	1652.51	116	合格
B	117.5	11.37	1658.78	117	合格
	118.0	12.00	1674.43	118	合格
	118.5	11.41	1687.91	119	合格
C	117.0	11.50	1657.43	118	合格
	118.0	11.90	1686.96	119	合格
	118.0	11.78	1686.88	119	合格

表 2-19　西宁 750kV 变电站 800kV GIS 设备现场负极性振荡型雷电冲击试验数据

相别	充电电压/kV	波头时间/μs	峰值电压/kV	效率/%	结论
A	−120.5	11.03	−1682.57	116	合格
	−120.5	11.03	−1670.43	116	合格
	−120.5	10.98	−1671.03	116	合格
B	−116.5	11.65	−1709.72	122	合格
	−116.0	11.24	−1721.26	124	合格
	−114.0	11.44	−1677.81	123	合格

续表

相别	充电电压/kV	波头时间/μs	峰值电压/kV	效率/%	结论
C	-118.0	11.80	-1694.00	118.6	合格
	-117.5	12.47	-1708.40	121	合格
	-117.0	11.87	-1680.54	120	合格

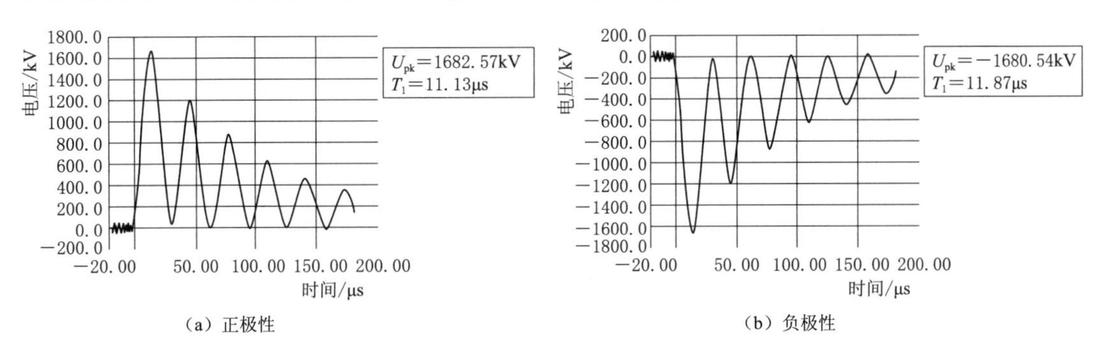

(a) 正极性

(b) 负极性

图 2-16 西宁 750kV 变电站 800kV GIS 设备振荡型雷电冲击电压波形

经上述步骤试验，结果表明西宁 750kV 变电站一期、二期新建工程 800kV GIS 设备振荡型雷电冲击电压试验通过。2400kV/240kJ 户外移动式冲击电压发生器振荡型雷电波输出效率均高于 116%，振荡型雷电波波前时间不大于 13μs。试验获得圆满成功，此次试验完成标志着青海省电力公司已完全具备了 800kV GIS 设备现场冲击电压试验能力，并且通过实践证明利用冲击电压发生器在现场对大容量 GIS 设备实施冲击电压试验是完全可行的。

通过对西宁 750kV 变电站 800kV GIS 设备实施冲击电压试验，专家组一致认为：冲击电压发生器整体安装牢靠、测控台设计合理、操作便利、外观良好；各部件连接牢靠，波头、波尾电阻更换方便，便于灵活改变输出电压波形。整套试验装置采用模块化设计，并采用集装箱运输方式等特殊设计，安装便利，既能够满足现场试验要求，又有效简化了冲击电压发生器整套试验装置的结构。各项技术指标均满足相关标准规定及要求，可以满足 750kV 及以下电压等级 GIS 设备现场冲击耐压试验要求。

2.5.2.2 拉西瓦水电站 800kV GIS 设备现场冲击试验研究

拉西瓦水电站是当时黄河流域装机容量最大、单机容量最大、水头最高、单位千瓦造价最低的水电站（电站总装机容量 4200MW，装有 6 台单机容量 700MW 的水轮发电机组），2008 年 9 月，利用 2400kV/240kJ 户外移动式冲击电压发生器对拉西瓦水电站 800kV GIS 设备进行冲击电压试验。

拉西瓦水电站 750kV 输变电工程 GIS 设备共分 3 个间隔，其 750kV 主接线为 3/2 接线，根据拉西瓦输变电工程工期安排，课题组对第 1 批安装的官亭间隔进行振荡型雷电冲击电压试验。

试验采用振荡型雷电冲击电压对被试GIS设备主回路进行冲击电压试验。试验电压施加于每相主回路和外壳之间，每次一相，分别对三相主回路施加出厂试验电压值80%的振荡型雷电冲击电压（对地），即试验电压值为1680kV。

试验时，先施加50%正极性现场冲击耐受电压1～3次以调整电压波形，再施加80%正极性现场冲击耐受电压1次以校准冲击发生器效率，然后进行3次正极性现场冲击耐受电压；随后将冲击电压改为负极性后按上述程序再进行1遍。对正、负极性振荡型雷电冲击耐压分别进行考核，连续3次，GIS设备无异常则视为通过试验。

试验数据表明：2400kV/240kJ户外移动式冲击电压发生器振荡型雷电波输出效率均大于142%，振荡型雷电波冲击电压波头时间不大于9μs。拉西瓦水电站800kV GIS设备现场冲击电压试验数据见表2-20、表2-21，试验电压波形如图2-17所示。

表2-20　拉西瓦水电站800kV GIS设备现场正极性振荡型雷电冲击试验数据

相别	充电电压/kV	波头时间/μs	峰值电压/kV	效率/%	结论
A	93.0	8.30	1630.87	146	合格
	95.8	8.10	1667.32	145	合格
	95.8	8.21	1654.35	143	合格
B	96.5	8.13	1669.30	144	合格
	96.5	8.02	1666.43	144	合格
	96.5	8.07	1667.35	144	合格
C	95.0	9.32	1664.20	146	合格
	95.0	8.43	1666.13	146	合格
	95.0	8.49	1663.01	146	合格

表2-21　拉西瓦水电站800kV GIS设备现场负极性振荡型雷电冲击试验数据

相别	充电电压/kV	波头时间/μs	峰值电压/kV	效率/%	结论
A	−95.0	8.39	−1673.95	147	合格
	−95.0	8.31	−1670.37	147	合格
	−95.0	8.18	−1667.62	146	合格
B	−96.0	8.03	−1652.78	143	合格
	−96.5	8.15	−1668.00	144	合格
	−96.5	8.39	−1670.02	144	合格
C	−95.2	8.10	−1630.38	143	合格
	−95.2	8.27	−1644.13	144	合格
	−95.2	8.47	−1629.90	142	合格

通过完成800kV电压等级GIS设备高海拔地区现场冲击电压试验，为今后顺利开展特高压（1000kV）设备的现场冲击电压试验奠定了宝贵的技术基础。

1800.0
1600.0
1400.0
1200.0
1000.0
800.0
600.0
400.0
200.0
0.0
−200.0
电压/kV
−20.00 50.00 100.00 150.00 200.00
时间/μs
U_{pk}=1669.30kV
T_1=8.13μs
200.0
0.0
−200.0
−400.0
−600.0
−800.0
−1000.0
−1200.0
−1400.0
−1600.0
−1800.0
电压/kV
−20.00 50.00 100.00 150.00 200.00
时间/μs
U_{pk}=−1670.64kV
T_1=8.39μs

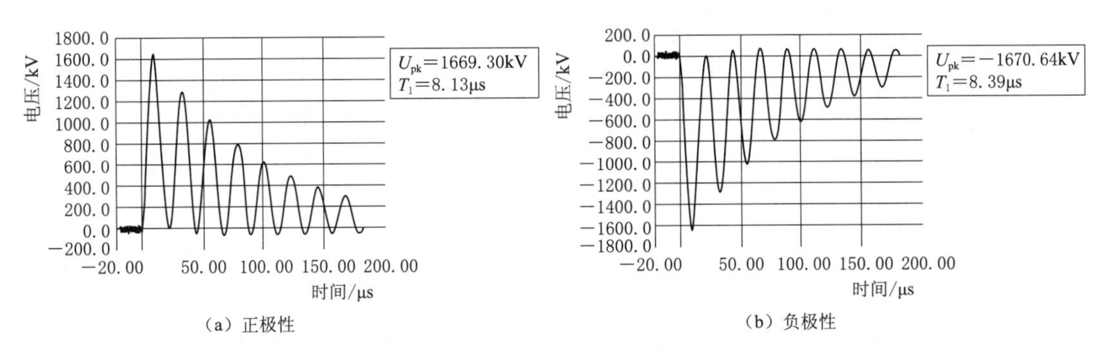

(a) 正极性 (b) 负极性

图 2-17 拉西瓦水电站 800kV GIS 设备振荡型雷电冲击电压波形

2.5.3 特高压 GIS 设备现场冲击试验装置研究和试验波形优化

本小节选取浙南 1000kV 变电站 1100kV GIS 设备开展相关仿真计算及相关波形参数的优化研究。

2.5.3.1 浙南 1000kV 变电站 1100kV GIS 设备电气接线图及电容量计算

浙南 1000kV 变电站 1100kV GIS 设备接线示意图如图 2-18 所示。本期包括两个完整串和两个不完整串。浙南站 GIS 设备现场冲击电压试验只进行整体相对地试验，且分别在串内进行，浙南站本期 4 串均计划进行现场冲击试验。

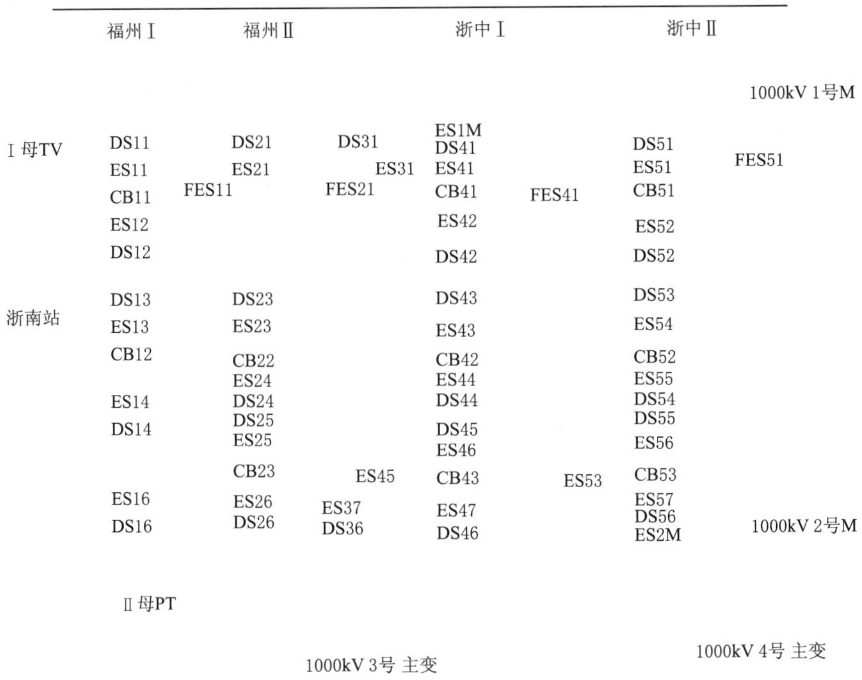

福州Ⅰ
福州Ⅱ
浙中Ⅰ
浙中Ⅱ
1000kV 1号M
Ⅰ母TV
DS11
ES11
CB11
ES12
DS12
DS21
ES21
FES11
DS31
ES31
FES21
ES1M
DS41
ES41
CB41
ES42
DS42
FES41
DS51
ES51
CB51
ES52
DS52
FES51
浙南站
DS13
ES13
CB12
ES14
DS14
ES16
DS16
DS23
ES23
CB22
ES24
DS24
DS25
ES25
CB23
ES26
DS26
ES45
ES37
DS36
DS43
ES43
CB42
ES44
DS44
DS45
ES46
CB43
ES47
DS46
ES53
DS53
ES54
CB52
ES55
DS54
DS55
ES56
CB53
ES57
DS56
ES2M
1000kV 2号M
Ⅱ母PT
1000kV 3号 主变
1000kV 4号 主变

图 2-18 浙南 1000kV 变电站 1100kV GIS 设备电气接线图

浙南1000kV变电站1100kV GIS设备各部件电容实测值见表2-22。

表2-22　西开GIS设备各部件电容实测值

设备名称	符　号	电容值/pF	设备名称	符　号	电容值/pF
电流互感器	CT	60	GIS母线	Bus Duct	45.6
断路器	CB	405（合闸状态）	隔板（盆式绝缘子）		10
隔离刀闸	DS	130	地刀		109
套管	BG	411			

浙福工程浙南站1100kV GIS设备串内设备为2个完整串和2个不完整串，分支母线按照40m计算，最终计算出完整串和非完整串电容值分别约为9.5nF和7.0nF。

2.5.3.2　试验波形参数优化

1. 参数计算

根据GB 7674—2008表107中规定，1100kV GIS设备雷电冲击耐受电压为2400kV，现场雷电冲击耐受电压为出厂试验电压的80%，即试验电压为1920kV，波前时间$T_f \leqslant 15\mu s$，振荡频率为15～400kHz。为满足以上参数要求，厂家对原有冲击电压发生器进行了仿真计算。根据提供的改造后的冲击电压发生器各元件参数，振荡型雷电冲击试验等效回路如图2-19所示。

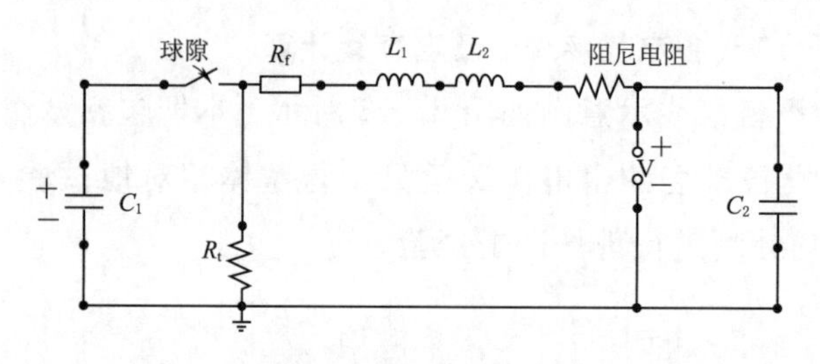

图2-19　振荡型雷电冲击试验等效回路

回路参数如下：

（1）$C_1=0.0667\mu F$（以15级计算），发生器每级电容为$1.0\mu F$。

（2）$C_2=11nF$，C_2包括本体对地杂散电容、引线对地杂散电容、分压器对地电容以及负载电容（以完整串计算）。

（3）$L_1=75\mu H$（按15级考虑），L_1包括回路电感及引线电感，回路电感每级按$4\mu H$计算，本体共15级；引线电感为$1\mu H/m$，按15m计算，则总电感为$75\mu H$。

（4）$L_2=5.04mH$，每级电感按0.36mH计算，$0.36\times14=5.04(mH)$。

（5）$R_t=1500\Omega$，以15级计算，每级为$200\Omega//200\Omega$。

（6）$R_f=30\Omega$，以一级计算，每级为$60\Omega//60\Omega$；根据厂家建议，加入阻尼电阻$r=300\Omega$。

（7）充电电压$U_1=1650kV$，假设设备使用效率为116%，可以计算出冲击电压发生器额定电压为$U_n=1920/1.16=1650(kV)$，即每级充电电压为$U_n/15=110kV$。

2. 冲击试验仿真波形

空载时仅考虑分压器的电容量（约1nF）时，根据上述参数得到的振荡型雷电冲击电压仿真波形如图2-20所示。

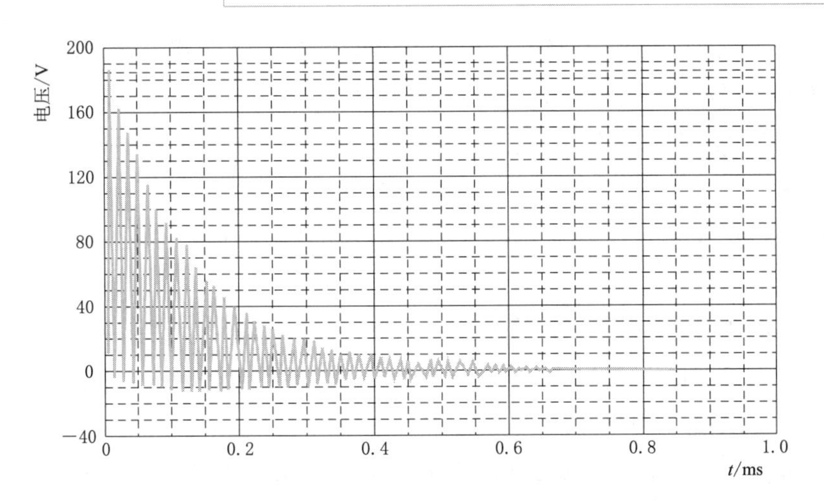

图 2-20　振荡型雷电冲击电压仿真波形（空载时）

根据仿真计算波形得出，峰值电压为 1914.5kV，波头时间 $T_1=4.5\mu s$，效率约为 180%，满足试验波形的要求。

负载为集中参数模型（以 11nF 电容代替）时，根据上述参数得到振荡型雷电冲击电压仿真波形如图 2-21 所示。

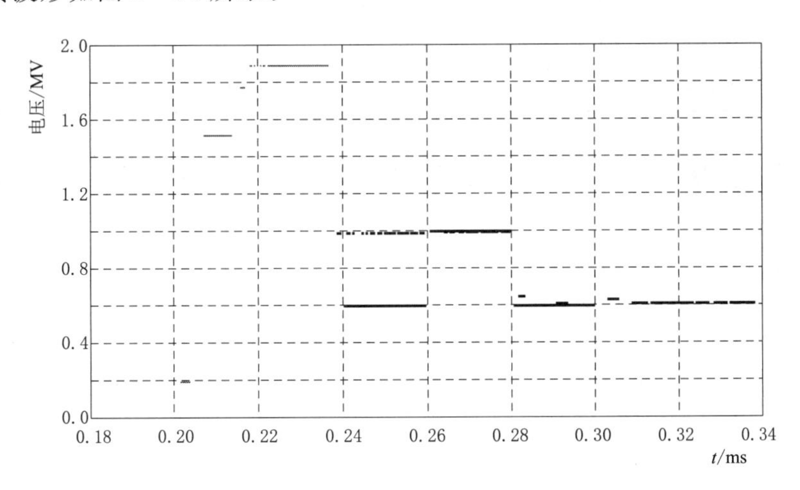

图 2-21　振荡型雷电冲击电压仿真波形（负载时）

根据仿真计算波形得出，峰值电压为 1926.5kV，波头时间 $T_1=13.8\mu s$，效率约为 125%，满足试验波形的要求。

根据仿真计算结果对装置参数进行优化及改造，并对波形进行相关优化，最终确定装置的参数如下：

（1）$C_1=0.0667\mu F$（以 15 级计算，发生器每级电容为 $1.0\mu F$）。

（2）$C_2=11nF$，其包括本体对地杂散电容、引线对地杂散电容、分压器对地电容以及负载电容（以完整串计算）。

（3）$L_1=75\mu H$（按15级考虑，包括回路电感及引线电感，回路电感每级按$4\mu H$计算，本体共15级；引线电感为$1\mu H/m$，按15m计算，则总电感为$75\mu H$）。

（4）$L_2=5.04mH$（每级电感按0.36mH计算，$0.36\times14=5.04mH$）。

（5）$R_t=1500\Omega$（以15级计算，每级为$200\Omega//200\Omega$）。

（6）$R_f=30\Omega$（以一级计算，每级为$60\Omega//60\Omega$；根据厂家建议，加入阻尼电阻$r=300\Omega$）。

（7）充电电压$U_1=1650kV$（设备使用效率以116%考虑，可以计算出冲击电压发生器额定电压为：$U_n=1920/1.16=1650kV$，即每级充电电压为$U_n/15=110kV$）。

最终根据上述参数，与生产厂家沟通、协商，完成了现有冲击装置的改造工作，3000kV/300kJ移动冲击设备改造部件清单及生产工期见表2-23。

表2-23　3000kV/300kJ移动冲击设备改造部件清单及生产工期

序号	改造部件	参数	数量/支	备注
1	波尾电阻	200Ω	36	备用6支
2	调波电感	360μH	16	备用2支
3	波头电阻	60Ω	4	备用2支
4	阻尼电阻	300Ω	1	—
5	阻尼电阻均压罩	个	1	—
6	阻尼电阻联接固定组件	—	1	—

2.5.4 特高压GIS设备现场冲击试验暂态电压计算与校核

GIS设备发生击穿短路时，击穿点电压突变会产生较陡的行波，该行波在GIS设备中传播，遇到波阻抗改变就会产生折射反射，在GIS设备中产生多次折射与反射的各行波分量叠加在一起，会形成特快速暂态过电压（VFTO）。VFTO的幅值主要与GIS设备布置、击穿时刻电压、击穿点有关。对于特定的GIS设备回路和击穿点，击穿时电压越高，产生的VFTO幅值越高，如果在最大峰值处发生击穿，则可能产生较高的VFTO。

为防止试验过程中由于放电导致过电压的产生，对完整串和不完整串进行冲击耐压试验时GIS设备发生击穿短路的VFTO仿真，考虑试验时不同点发生短路的情况，过电压超出设备耐受水平时，通过优化试验回路、增加阻尼电阻或调整试验方式等方法限制超过设备耐受水平的VFTO。具体1100kV GIS设备内部冲击耐压试验波过程计算如下。

2.5.4.1 试验方式

现场冲击试验在串内进行，浙南站本期4串均计划进行冲击耐压试验。试验时，串内靠近母线隔离开关处于断开状态，其余隔离开关和断路器均处于闭合状态，冲击电压发生器从套管处接入。

2.5.4.2 波过程仿真计算

1. GIS仿真计算参数

(1) 1000kV GIS母线波阻抗为

$$Z=60\ln\frac{R_2}{R_1}=73(\Omega) \tag{2-11}$$

式中 R_1——导体外半径（$R_1=260\text{mm}$）；

R_2——GIS母线筒内半径（$R_2=880\text{mm}$）。

(2) 1000kV GIS断路器波阻抗为

$$Z=60\ln\frac{R_2}{R_1}=50.3(\Omega) \tag{2-12}$$

式中 R_1——屏蔽罩外径（$R_1=566\text{mm}$）；

R_2——断路器壳体内径（$R_2=1310\text{mm}$）。

(3) 冲击试验引线波阻抗：试验引线波阻抗等效于架空输电线路，计算公式为

$$Z=\frac{L_0}{C_0}=\frac{1}{2\pi}\ln\frac{\mu_r\mu_0}{\varepsilon_r\varepsilon_0}\frac{2h_p}{r}=60\ln\frac{2h_p}{r} \tag{2-13}$$

式中 h_p——引线平均高度，试验时引线高度以GIS设备套管高度27.5m计算，导线使用20cm扩径母线，得到试验引线波阻抗为337Ω。

(4) 电磁波在GIS设备中的传播速度v。

进行冲击耐压试验时，气室中充入0.4MPa SF_6气体，需计算电磁波在SF_6气体中的传播速度。根据电磁波在介质中传播速度计算公式，即

$$v=\frac{C}{\sqrt{\varepsilon_r}} \tag{2-14}$$

式中 C——电磁波在真空中的传播速度（$C=3\times10^8\text{m/s}$）；

ε_r——SF_6气体的相对介电常数（$\varepsilon_r=1.056$）。

得到$v=2.91\times108\text{m/s}$。

(5) GIS设备击穿模型。GIS设备故障点击穿或闪络后，故障电流会经过GIS设备外壳接地进入地网。击穿接地过程中的过渡电阻主要考虑变电站地网接地电阻（电阻取0.5Ω）。

(6) 断路器模型。根据厂家提供信息得到GIS断路器结构及仿真模型，如图2-22所示。

(7) 其他串内设备。其他串内设备以厂家提供的电容值代替，其中出线套管、电流互感器、隔离开关在合闸状态下均以整体对地电容考虑。仿真计算模型如图2-22、图2-23所示。

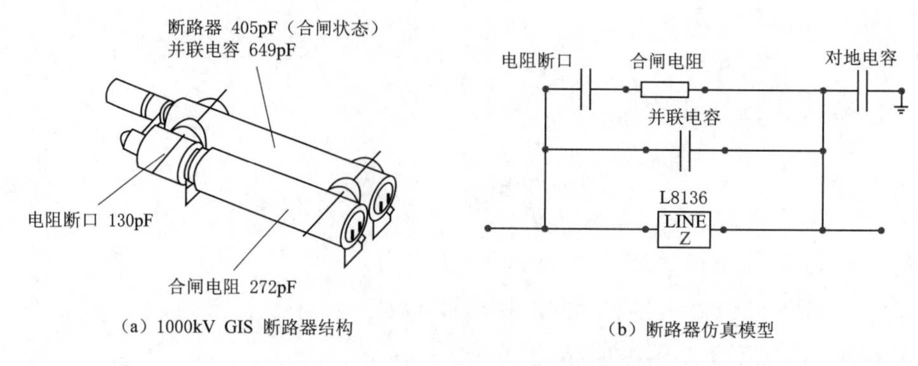

（a）1000kV GIS 断路器结构　（b）断路器仿真模型

图 2-22　GIS 断路器结构及仿真模型

仿真计算结果如下：

（1）GIS 设备正常，不加阻尼电阻时。考虑到完整串的 GIS 设备尺寸更接近电磁波波长，因此以一条完整串（浙中Ⅰ回）进行计算。不加入阻尼电阻时冲击试验装置输出电压波形与 GIS 设备各节点暂态电压波形基本一致。

由振荡型冲击电压波形得到波形参数如下：①峰值电压：$U_2=1920\text{kV}$；②波头时间：$T_1=6.08\mu s$；③效率：$\eta=1920\text{kV}/1240\text{kV}\times100\%=154.8\%$；④周期：$T=16.96\mu s$；⑤频率：$f=59\text{kHz}$。

（2）GIS 设备正常，加入 300Ω 阻尼电阻时。以一条完整串（浙中Ⅰ回）进行计算，在保证输出波形为标准振荡型雷电冲击电压波形的情况下，加入阻值为 300Ω 的阻尼电阻时，冲击试验装置输出电压波形与 GIS 设备各节点暂态电压波形基本一致，如图 2-24 所示。

由振荡型冲击电压波形得到波形参数如下：①峰值电压：$U_2=1920\text{kV}$；②波头时间：$T_1=14.9\mu s$；③效率：$\eta=1920\text{kV}/1580\text{kV}\times100\%=121.5\%$；④周期：$T=42.24\mu s$；⑤频率：$f=23.7\text{kHz}$。

（3）GIS 设备发生闪络项目对一条完整串进行了振荡型雷电冲击耐压试验时，发生击穿短路的 VFTO 进行了计算，考虑试验时 GIS 设备不同位置在峰值时刻发生短路的情况，通过仿真计算得到在以下位置发生闪络时会产生较高幅值的 VFTO，击穿点设置如图 2-25 所示。

1）在 GIS 设备分支母线处（击穿点 1）发生闪络。在 GIS 设备内部发生击穿的情况下，会产生较高的过电压，不加阻尼电阻时最大值达到 2518kV；加入 300Ω 阻尼电阻时最大值为 2424kV（最大值出现在 DS_{46} 处），主要频率为 1～5MHz。

2）在 DS_{41} 处（击穿点 2）发生闪络击穿。在 DS_{41} 处发生击穿的情况下，在 GIS 设备远端 DS_{46} 处会产生较高的过电压，不加阻尼电阻时最大值达到 2685kV，加入 300Ω 阻尼电阻时最大值为 2440kV，主要频率在 0.6MHz 左右。

3）在 DS_{46} 处发生闪络击穿。在 DS_{46} 处发生击穿的情况下，在 GIS 设备远端 DS_{41}

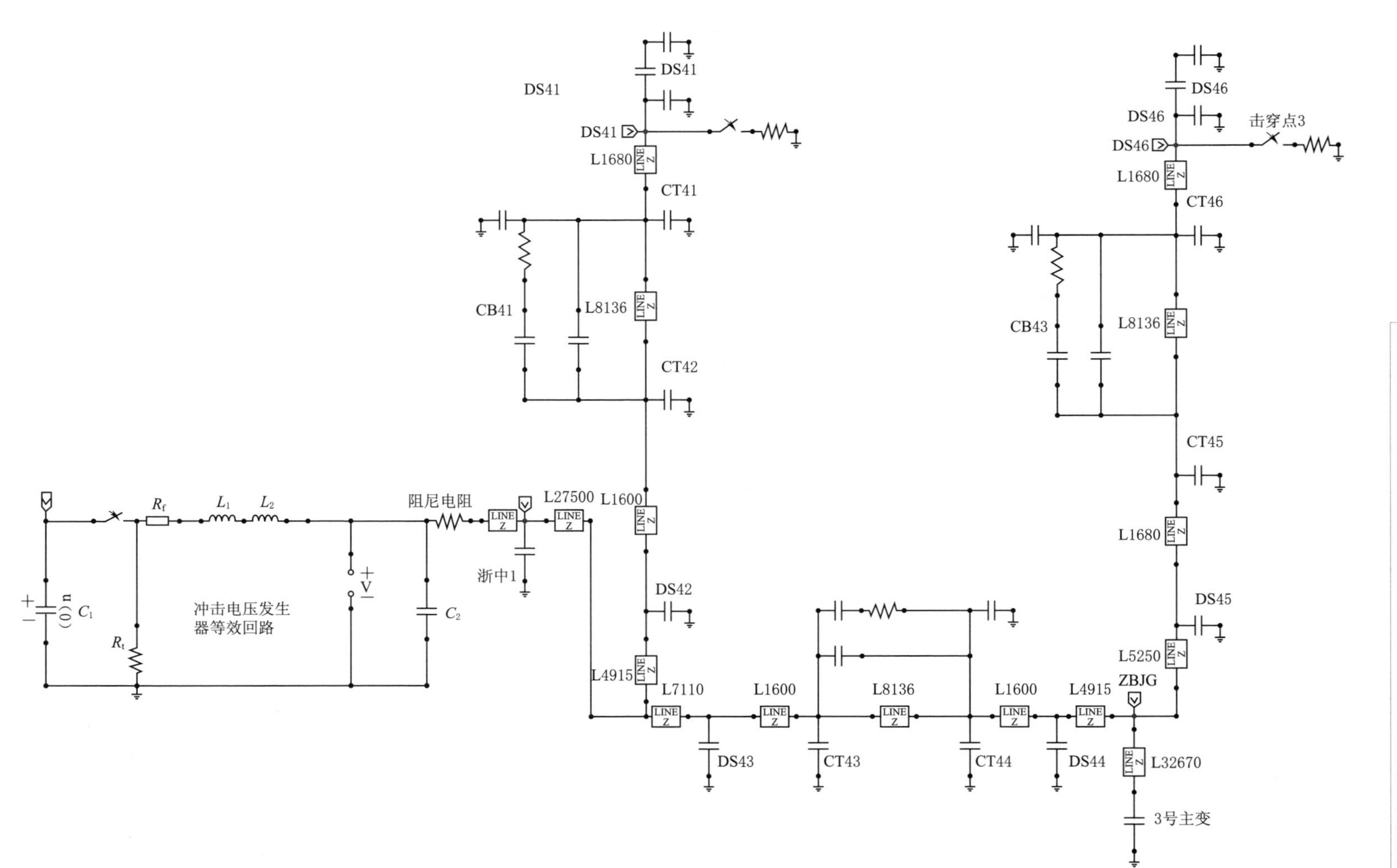

图2-23　振荡型冲击电压下1100kV GIS仿真计算模型

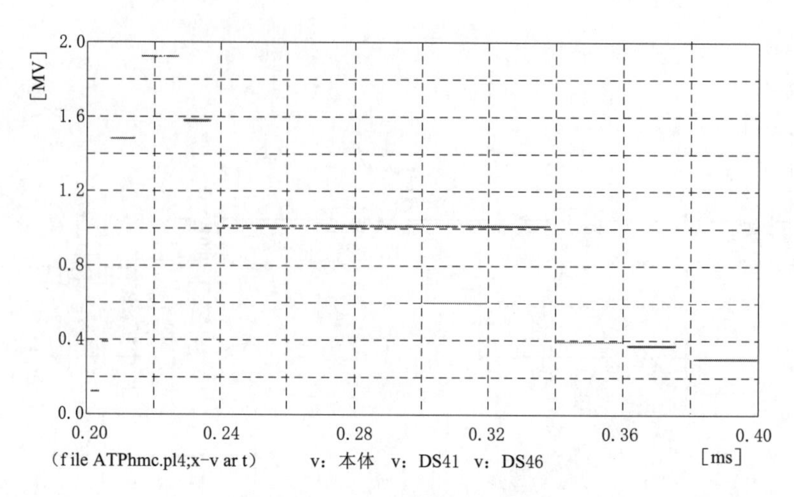

图2-24 GIS设备暂态电压波形

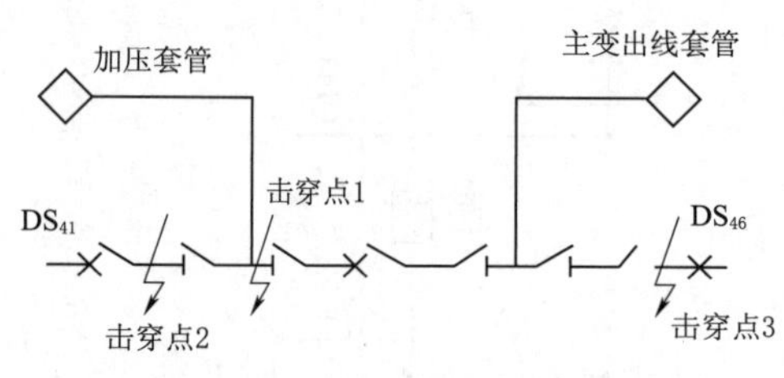

图2-25 击穿点位置示意图

处会产生较高的过电压，不加阻尼电阻时最大值达到2774kV，加入300Ω阻尼电阻时最大值为2515kV，主要频率为0.6～1.0MHz。

2.5.4.3 结论

(1) 在GIS设备正常进行振荡型雷电冲击试验电压时，根据仿真计算结果，GIS设备各节点承受的电压峰值较接近且均在1920kV左右，GIS设备内部不会出现明显的波过程；由于盆式绝缘子的耐受电压达2400kV以上，所以一般不会发生闪络。

(2) 在振荡型雷电冲击电压作用下，当GIS设备内部某点发生闪络击穿时，击穿点电压突变会产生较陡的行波，该行波在GIS设备中传播，遇到波阻抗改变就会产生折射、反射。在GIS设备中产生多次折射与反射的各行波分量叠加在一起，会形成特快速暂态过电压（VFTO)。闪络点位置不同，VFTO出现最大值的位置和最大电压值均不同。

(3) 仿真计算结果表明，不同位置发生闪络时，在支路末端产生的过电压幅值最高。尤其在GIS设备远端（DS_{46}）发生闪络时，在DS_{41}处产生的过电压幅值最大（最大值为2515kV)，低于GIS设备雷电耐受电压的105%（即2520kV)，且持续时间仅为0.15μs。初步分析是由于电压波在支路末端发生近似全反射，导致叠加后的节点电压幅值较高。

(4) 试验回路加入阻尼电阻对限制过电压幅值有很好的效果，考虑到振荡型雷电冲击试验电压波前时间要满足标准中规定的不大于15μs。经仿真计算，阻尼电阻在300Ω左右为宜。

2.5.5 特高压 GIS 设备现场冲击试验方法及判据研究

冲击试验装置改造完成的同时，为进一步规范现场试验方法及步骤，以现有标准为基础，结合特高压工程管理实际情况和已有超高压 GIS 设备冲击试验经验，开展了特高压 GIS 设备现场冲击试验方法及判据等方面的研究，并制定完成浙南 1000kV 变电站 1100kV GIS 设备现场冲击试验方案。试验程序、步骤如下：

（1）在 1100kV GIS 设备进线套管处进行振荡雷电冲击试验。

（2）自浙中Ⅱ回主变侧套管处施加电压，用导线将进线 A 相套管与振荡型雷电发生器、电容分压器高压端连接起来，B、C 相接地。

（3）首先进行第一阶段振荡型雷电冲击试验。

（4）进行正极性冲击试验。由 50%现场试验电压值（960kV）开始，在 50%现场试验电压值进行调波，电压升至 80%现场试验电压值（1536kV）时进行 1 次冲击试验，校准试验发生器的效率，然后先将电压升至 75%额定雷电冲击耐受电压值(1800kV)，进行正极性冲击 1 次，再将电压升至 80%额定雷电冲击耐受电压值(1920kV)，进行正极性冲击 3 次。

（5）按以上步骤，对 B、C 相依次进行试验。

（6）按以上步骤进行第二、三、四阶段振荡型雷电冲击试验。

GIS 设备冲击电压试验只进行整体相对地试验，并应遵循如下原则：规定的试验电压应施加到每相主回路和外壳之间，每次一相，其他相的主回路及辅助回路应和接地外壳相连，并和试验电源的接地端子相连。试验电压可接到被试相导体便于引入的部位。

试验的判断依据如下：

（1）振荡型雷电波前时间不大于 15μs，峰值容许偏差不大于 3%。

（2）正、负极性的振荡型冲击电压试验应分别考核，连续 3 次 GIS 设备的每一部件均已耐受规定的试验电压而无击穿放电，则认为整个 GIS 设备试验通过。

（3）试验中，若发生 1 次击穿放电，应立即进行解体检查，查找击穿放电点，设备修复后，重新进行工频耐压试验，但不重复进行雷电冲击耐压试验。

再按以上步骤进行负极性振荡型雷电冲击试验。

2.5.6 现场冲击试验应用技术研究

根据国家电网有限公司科技合同要求，国网青海省电力公司电力科学研究院利用改造完成的 3600kV/360kJ 户外移动式冲击电压发生器对浙南 1000kV 变电站 1100kV GIS 设备开展了国内首次特高压 GIS 设备现场冲击试验。

此次试验针对浙南 1000kV 变电站 1100kV GIS 设备本期包括两个完整串（浙中

Ⅰ、Ⅱ回）和两个不完整串（福州Ⅰ、Ⅱ回）串内设备（不包括母线）分别进行，完整串和非完整串电容值分别为9.5nF和7.0nF。

1100kV GIS设备铭牌见表2-24。

表2-24　浙南1000kV变电站1100kV GIS设备铭牌

型　号	ZF17A-1100	额定短时耐受电流/kA	63
额定电压/kV	1100	额定峰值耐受电流/kA	170
额定电流/A	6300	额定短时工频耐受电压/kV	1100
出厂日期	2014.07	额定雷电冲击耐受电压/kV	2400
生产厂家	西安西电开关电气有限公司		

试验波形采用振荡型雷电冲击电压对被试GIS设备主回路进行冲击电压试验。试验电压施加于每相主回路和外壳之间，每次一相，分别对三相主回路施加出厂试验电压值80%的振荡型雷电冲击电压（对地），即试验电压值为1920kV，并采取隔离措施，使电磁式电压互感器避免施加试验电压。

试验时，首先施加50%正极性现场冲击耐受电压1～3次以调整电压波形，再施加80%正极性现场冲击耐受电压1次以校准冲击发生器效率；然后先将电压升至75%额定雷电冲击耐受电压值，进行1次正极性冲击试验；再将电压升至80%额定雷电冲击耐受电压值，进行正极性冲击试验3次。随后，按上述步骤进行负极性振荡型雷电冲击试验。如试验过程中不发生破坏性放电则认为整个GIS设备通过试验。试验中，若发生1次击穿放电，应立即进行解体检查，查找击穿放电点，设备修复后，重新进行工频耐压试验，但不重复进行雷电冲击耐压试验。试验数据见表2-25～表2-32，试验电压波形如图2-26～图2-29所示。

表2-25　浙南1000kV变电站1100kV GIS设备第一阶段（浙中Ⅰ回）正极性冲击试验数据

相别	充电电压/kV	波头时间/μs	峰值电压/kV	效率/%	结论
A	103.0	13.99	1874	121.3	合格
	103.0	13.85	1947	126.0	合格
	103.0	13.78	1944	125.8	合格
B	102.5	14.40	1897	123.4	合格
	102.5	14.25	1887	122.7	合格
	102.5	14.20	1918	124.7	合格
C	104.0	13.76	1951	125.1	合格
	103.0	13.79	1953	126.4	合格
	102.0	13.71	1933	126.3	合格

表 2-26　浙南 1000kV 变电站 1100kV GIS 设备第一阶段（浙中Ⅰ回）负极性冲击试验数据

相别	充电电压/kV	波头时间/μs	峰值电压/kV	效率/%	结论
A	−102.0	13.85	−1929	126.1	合格
	−102.0	13.90	−1929	126.1	合格
	−102.0	13.84	−1935	126.5	合格
B	−103.0	14.17	−1931	125.0	合格
	−103.0	14.25	−1912	123.8	合格
	−103.0	14.34	−1868	120.9	合格
C	−102.0	13.69	−1931	126.2	合格
	−102.0	13.78	−1939	126.7	合格
	−102.0	13.69	−1938	126.7	合格

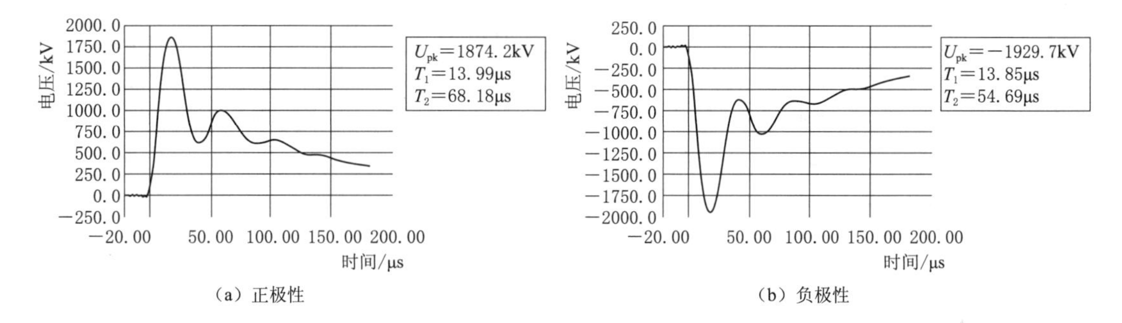

(a) 正极性　　(b) 负极性

图 2-26　浙南 1000kV 变电站 1100kV GIS 设备第一阶段（浙中Ⅰ回）振荡型雷电冲击电压波形

表 2-27　浙南 1000kV 变电站 1100kV GIS 设备第二阶段（浙中Ⅱ回）正极性冲击试验数据

相别	充电电压/kV	波头时间/μs	峰值电压/kV	效率/%	结论
A	107.0	14.78	1906	118.8	合格
	107.0	14.87	1917	119.4	合格
	107.0	14.79	1918	119.5	合格
B	105.0	14.62	1923	122.1	合格
	105.0	14.54	1942	123.3	合格
	104.0	14.44	1927	123.5	合格
C	102.0	13.63	1937	126.6	合格
	102.0	13.73	1931	126.2	合格
	102.0	13.75	1947	127.3	合格

表2-28　浙南1000kV变电站1100kV GIS设备第二阶段（浙中Ⅱ回）负极性冲击试验数据

相别	充电电压/kV	波头时间/μs	峰值电压/kV	效率/%	结论
A	−107.0	14.74	−1928	120.1	合格
	−107.0	14.75	−1928	120.1	合格
	−107.0	14.93	−1899	118.3	合格
B	−104.0	14.41	−1931	123.8	合格
	−104.0	14.42	−1931	123.8	合格
	−104.0	14.42	−1941	124.4	合格
C	−101.0	13.65	−1916	126.5	合格
	−101.0	13.70	−1927	127.2	合格
	−101.0	13.92	−1885	124.4	合格

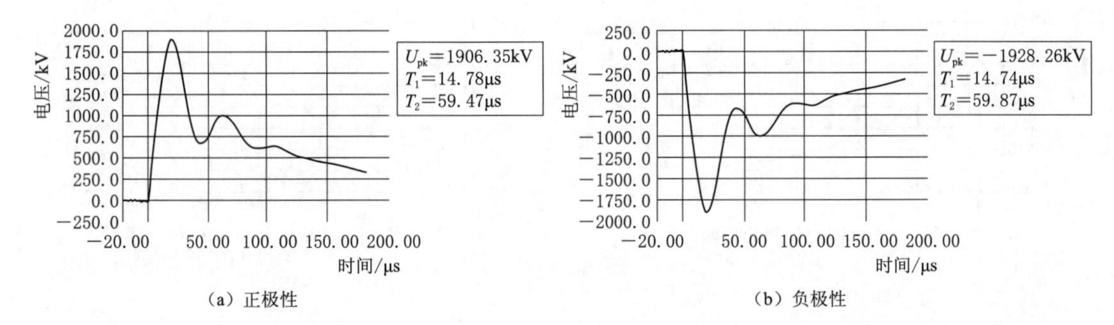

（a）正极性　　（b）负极性

图2-27　浙南1000kV变电站1100kV GIS设备第二阶段（浙中Ⅱ回）振荡型雷电冲击电压波形

表2-29　浙南1000kV变电站1100kV GIS设备第三阶段（福州Ⅰ回）正极性冲击试验数据

相别	充电电压/kV	波头时间/μs	峰值电压/kV	效率/%	结论
A	104.0	13.13	1914	122.7	合格
	104.0	13.11	1914	122.7	合格
	104.0	13.14	1922	123.2	合格
B	103.0	12.78	1933	125.1	合格
	103.0	12.74	1932	125.0	合格
	103.0	12.78	1934	125.2	合格
C	103.0	13.02	1930	124.9	合格
	103.0	13.05	1933	125.1	合格
	103.0	13.03	1933	125.1	合格

表 2-30　浙南 1000kV 变电站 1100kV GIS 设备第三阶段（福州Ⅰ回）负极性冲击试验数据

相别	充电电压/kV	波头时间/μs	峰值电压/kV	效率/%	结论
A	−104.0	13.08	−1925	123.4	合格
	−104.0	13.06	−1925	123.4	合格
	−104.0	13.05	−1920	123.1	合格
B	−103.0	12.72	−1936	125.3	合格
	−103.0	12.71	−1939	125.5	合格
	−103.0	12.71	−1946	125.9	合格
C	−103.0	12.97	−1932	125.0	合格
	−103.0	12.95	−1928	124.8	合格
	−103.0	12.96	−1930	124.9	合格

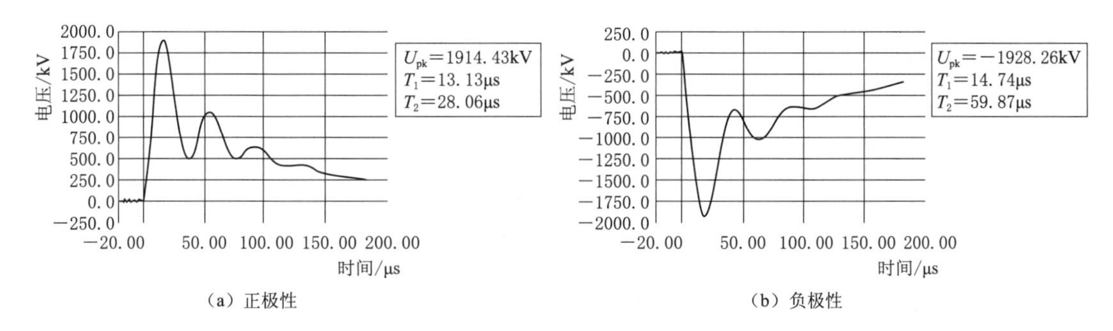

（a）正极性　　（b）负极性

图 2-28　浙南 1000kV 变电站 1100kV GIS 设备第三阶段（福州Ⅰ回）振荡型雷电冲击电压波形

表 2-31　浙南 1000kV 变电站 1100kV GIS 设备第四阶段（福州Ⅱ回）正极性冲击试验数据

相别	充电电压/kV	波头时间/μs	峰值电压/kV	效率/%	结论
A	106.0	13.09	1928	121.3	合格
	106.0	13.12	1927	121.2	合格
	106.0	13.13	1928	121.3	合格
B	107.0	13.28	1938	120.7	合格
	107.0	13.33	1942	121.0	合格
	107.0	13.26	1939	120.8	合格
C	107.0	13.62	1911	119.1	合格
	107.0	13.60	1924	119.9	合格
	107.0	13.61	1922	119.8	合格

表 2-32　浙南 1000kV 变电站 1100kV GIS 设备第四阶段（福州Ⅱ回）负极性冲击试验数据

相别	充电电压/kV	波头时间/μs	峰值电压/kV	效率/%	结论
A	−106.0	13.09	−1940	122.0	合格
	−106.0	13.12	−1954	122.9	合格
	−106.0	13.12	−1945	122.3	合格
B	−106.0	13.23	−1932	121.5	合格
	−106.0	13.25	−1935	121.7	合格
	−106.0	13.23	−1929	121.3	合格
C	−107.0	13.48	−1943	121.1	合格
	−107.0	13.47	−1941	121.0	合格
	−107.0	13.41	−1941	121.1	合格

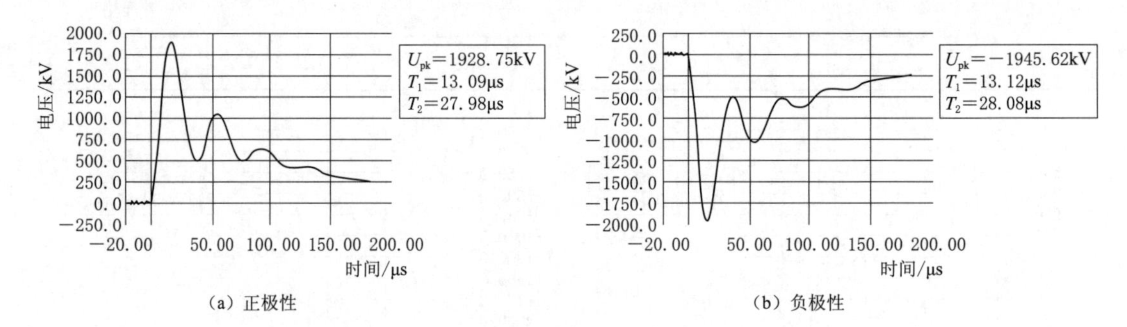

图 2-29　浙南 1000kV 变电站 1100kV GIS 设备第四阶段（福州Ⅱ回）振荡型雷电冲击电压波形

改造完成的 3600kV/360kJ 户外移动式冲击电压发生器振荡型雷电波输出效率均高于 116%，振荡型雷电波波头时间不大于 15μs，满足试验技术要求，试验获得圆满成功。此次试验完成标志着国网青海电科院已具备了 1100kV GIS 设备现场冲击电压试验能力，通过理论计算和实践证明利用冲击电压发生器在现场对大容量特高压 GIS 设备实施冲击电压试验是完全可行的。

第 3 章

冲击电压下的局部放电检测技术

研究表明，雷电冲击耐压试验对检测装配错误和电极损伤等导体尖端类缺陷更为有效，IEC 60060－3 和 GB/T 16927.3 指出，雷电冲击电压分为双指数型和振荡型两种，它们均适用于电力设备现场冲击耐压试验。但由于双指数型雷电冲击电压发生器设备庞大、不易移动、安装复杂，且现场调波困难；而振荡型雷电冲击波具有产生效率高、接近设备实际作用波形的优点，因而更适合现场使用。目前，利用振荡型雷电冲击试验方法，国网青海电科院已多次开展超高压、特高压 GIS 设备的现场振荡型雷电冲击耐压试验，成功发现多起 GIS 内部导体装配以及异物等缺陷，其推广应用对降低现场试验后设备故障率、提高设备运行可靠性具有重要意义。

3.1 振荡型冲击电压产生方法的仿真和试验研究

3.1.1 振荡型冲击电压的介绍

根据 IEC 60060－3，振荡型冲击电压分为两类：振荡型雷电冲击电压（Oscillating Lightning Impulse，OLI）和振荡型操作冲击电压（Oscillating Switching Impulse，OSI）。IEC 对这两种波形的参数做出了明确的规定，为构建振荡型冲击电压发生装置模型提供了理论基础和标准依据。

1. 振荡型雷电冲击电压

振荡型雷电冲击电压是一种振幅逐渐减小的周期型振荡脉冲，具体表现为自 0 点迅速上升至峰值后再下降至 0 点，之后可能衰减过 0 点或不过 0 点，其包络线为双指数冲击波。它的波前时间为 0.8～20μs，波尾时间（即半峰值时间）为 40～100μs，振荡频率为 15～400kHz，如图 3－1 所示。

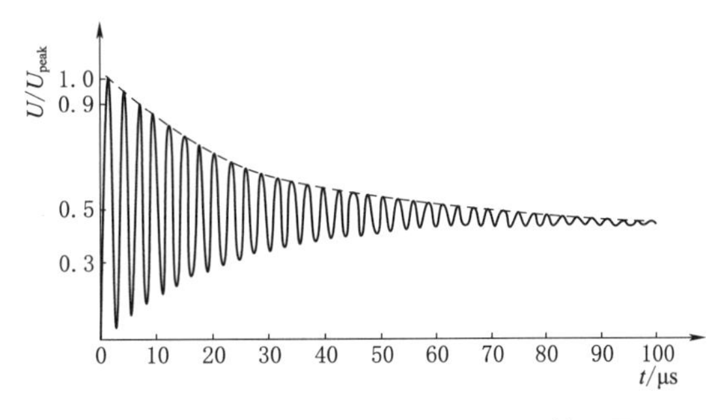

图 3－1　1.2μs/50μs、370kHz 振荡型雷电冲击电压波形

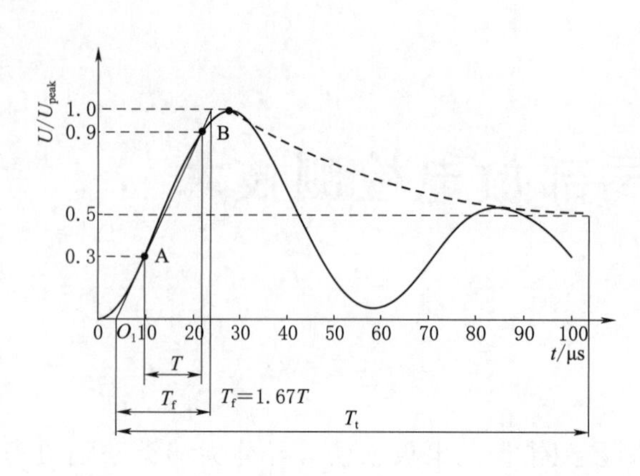

图3-2　20μs/100μs、16kHz振荡型雷电冲击电压波形

图3-1中0为原点。有时用示波器得到的波形，在0点附近往往模糊不清，或有起始之振荡。此时波形的原点（真正的起始点）在时间轴上不容易确定。有时电压波的峰值点比较平坦，在时间上也不易确定。

IEC 60060-3中采用了图3-2所示的办法来求得视在原点 O_1，再从 O_1 算起求出波前时间 T_f 和波尾时间 T_2。规定在波前时间 T_f 为 $1.67T$，T 为30%峰值电压和90%峰值电压之间的时间差（即A点和B点间时间间隔）。波尾时间 T_t 则规定为视在原点 O_1 和包络线上电压衰减至50%峰值电压时那一点的时间间隔。

测量雷电冲击电压峰值的不确定度为±5%；测量振荡型雷电冲击电压的时间参数和频率的不确定度为±10%；测量叠加在波形上的过冲量以确保其不超过±5%峰值。

2. 振荡型操作冲击电压

振荡型操作冲击电压是一种振幅逐渐减小的周期型振荡脉冲，具体表现为自0点迅速上升至峰值后再下降至0点，之后可能衰减过0点或不过0点，其包络线为双指数冲击波。其波前时间与波尾时间相比于振荡型雷电冲击电压而言要更加长一些，它的波前时间为20～400μs，波尾时间为1000～4000μs，振荡频率为1～15kHz，如图3-3所示。

如图3-4所示，波前时间 T_f 为自实际0点上升至峰值的时间，被规定为 $2.4T$，T 为30%值电压和90%峰值电压之间的时间差（即 A 点和 B 点间时间间隔）。波尾

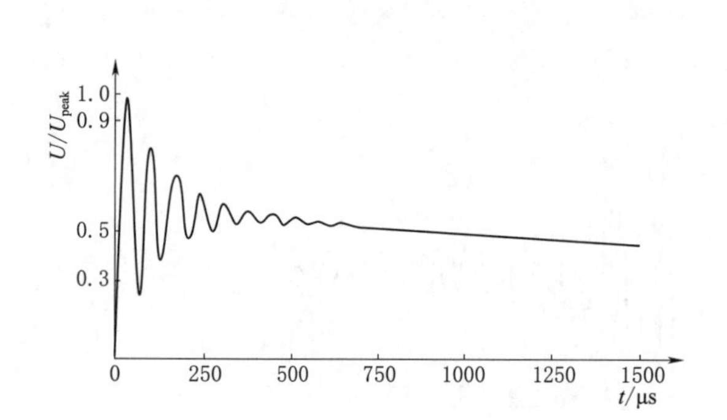

图3-3　20μs/1000μs、15kHz振荡型操作冲击电压

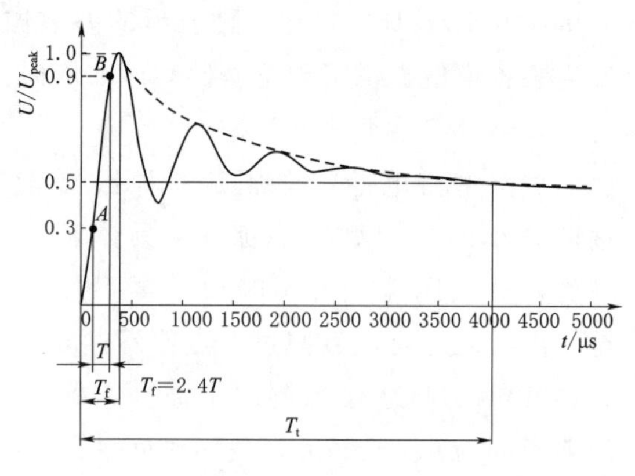

图3-4　400μs/4000μs、1250Hz振荡型操作冲击电压波形

时间 T_t 则规定为实际原点和包络线上电压衰减至50%峰值电压时那一点的时间间隔。

测量操作冲击电压峰值的不确定度为±5%；测量振荡型操作冲击电压的波形参数与振荡频率的不确定度为±10%。

综上所述，满足 IEC 60063-3 标准要求的振荡型冲击电压波形参数见表 3-1。

表 3-1　振荡型冲击电压波形参数

波　形	OLI	OSI
$T_f/\mu s$	0.8～20.0	20～400
$T_t/\mu s$	40～100	1000～4000
f/kHz	15～400	1～15

3.1.2 基于 MARX 回路的振荡型冲击电压产生方法研究

1. 基本回路分析和参数运算推导

振荡型冲击电压发生器模型如图 3-5 所示。振荡型冲击电压发生器的试验回路与双指数冲击电压发生器试验回路基本相似，只是在普通冲击电压发生器的高压回路中接入电感线圈，通过调整电路参数，达到产生振荡型冲击电压的目的。

图 3-5 中，T 为变压器；D 为高压硅堆；C 为充电电容；r 为保护电阻；R 为充电电阻；r_f、r_t 分别为波前电阻和波尾电阻；L 为调波电感；C_0 为试品。

T、D 构成整流电源，经过 r、R 向本体电容 C 充电，充电到 U_c，向点火球隙 g_1 的针极送去脉冲电压，则 g_1 放电，引起中间球隙和隔离球隙依次放电，经过 L 从而在试品上产生振荡性质的冲击波形，因而其输出电压大于冲击电压发生器各级充电电压总和，回路效率较高。

振荡型冲击电压发生器的等效电路图如图 3-6 所示，其中 r 为回路等效阻尼电阻。

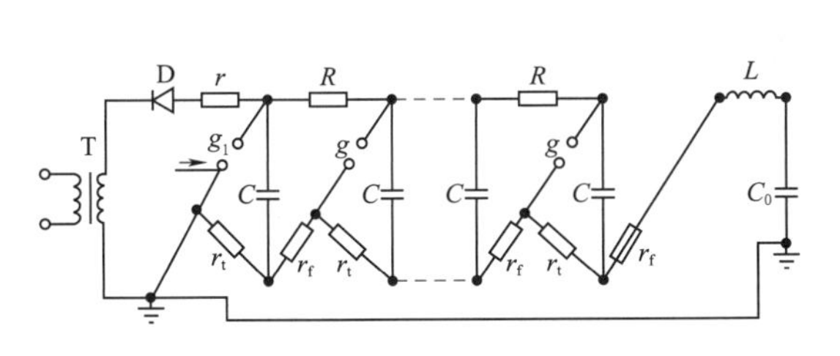

图 3-5　振荡型冲击波发生器模型

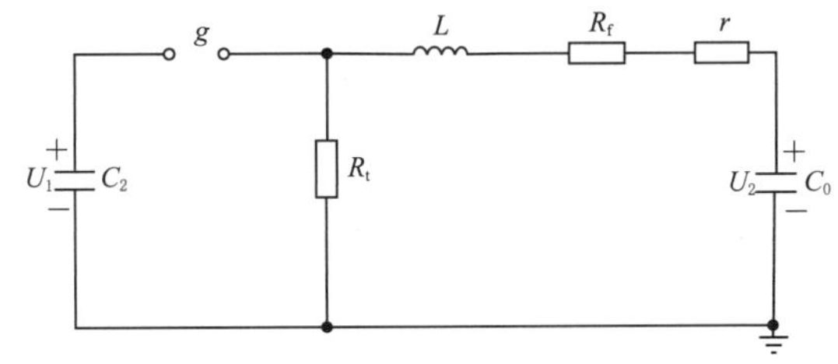

图 3-6　振荡型冲击电压发生器等效电路图

在图 3-6 的回路中，$R_t \gg R_f$，即波尾衰减相对非常慢，为了计算简便，可以分别利用波前的近似等效电路，如图 3-7 和包络线方程求出波前和波尾时间的解析表达式。

在图 3-7 回路中，令 $C=C_0C_2/(C_0+C_2)$，$R=r+R_f$。若使波形呈现出具有一定频率的衰减振荡，则图 3-6 所示电路须处于一定程度的欠阻尼状态，即 $R \ll$

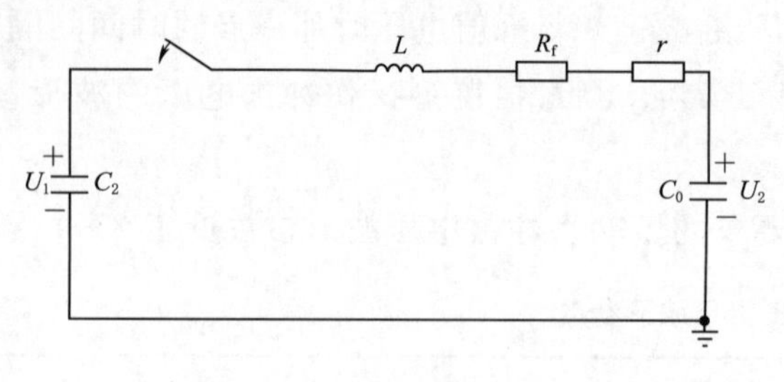

图3-7 波前的近似等效电路

$2\sqrt{L/C}$。

若C_2上初始充电电压为U_1，则电压U_2表达式为

$$u_2(t)=U[1-(\omega_0/\omega)\mathrm{e}^{-\alpha t}\sin(\omega t+\varphi)] \tag{3-1}$$

其中
$$U=C_2U_1/(C_2+C_0)$$
$$\alpha=R/(2L)$$
$$\omega_0=1/(LC)^{1/2}$$
$$\omega=(\omega_0^2-\alpha^2)^{1/2}$$
$$\varphi=\arctan(\omega/\alpha)$$

此时，求$u_2(t)$的最大值出现的时刻，令$\mathrm{d}u_2(t)/\mathrm{d}t=C$，得

$$\omega t=n\pi+\arctan(\omega/\alpha)-\varphi \tag{3-2}$$

由式（3-2）可知第一个最大值出现在$t=\pi/\omega$，即

$$T_\mathrm{f}=\pi/\omega=\pi/(\omega_0^2-\alpha^2)^{1/2} \tag{3-3}$$

由于$R\ll 2\sqrt{L/C}$，由此可推出$\omega\approx\omega_0$，所以

$$T_\mathrm{f}=\pi/\omega=\pi/(\omega_0^2-\alpha^2)^{1/2}\approx\pi\sqrt{LC} \tag{3-4}$$

则峰值电压为

$$U_{2\max}=U(1+\mathrm{e}^{-\alpha T_\mathrm{f}}) \tag{3-5}$$

回路的固有振荡频率f为

$$f=(\omega_0^2-\alpha^2)^{1/2}/(2\pi)\approx 1/2\pi\sqrt{LC} \tag{3-6}$$

效率η为

$$\eta=U_{2\max}/U_1=\frac{C_1}{C_1+C_2}(1+\mathrm{e}^{-\alpha T_\mathrm{f}}) \tag{3-7}$$

根据标准规定，波尾时间为其包络线峰值下降一半时的时间，包络线方程为

$$u(t)=2CU_1[1+\mathrm{e}^{\frac{-R'}{2L}}T_\mathrm{f}]\mathrm{e}^{\frac{-t}{R'(C_2+C_0)}} \tag{3-8}$$

其中
$$R'=R_\mathrm{t}+R_\mathrm{f}+r$$

为推求半峰值时间T_t，令$u(T_\mathrm{t})=\frac{1}{2}u_{\max}$，得

$$T_\mathrm{t}\approx 0.25R'(C_2+C_0) \tag{3-9}$$

通过以上分析推导得出波前时间T_f、波尾时间T_t、振荡频率f以及效率η与电路元件值的关系表达式。

由式（3-4）、式（3-6）、式（3-7）和式（3-9）可知：①波前时间和振荡频率受调波电感和负荷电容影响比较大；②波尾时间受主电容和波尾电阻影响比较大；

③减少回路中的阻尼电阻、增加主电容都可提高发生装置的效率。因此，针对不同的负荷电容，只有合理选择电路元件，才能获得符合 IEC 标准的电压波形。

2. 振荡型冲击电压发生器波形仿真与结果分析

根据式（3-4）、式（3-6）和式（3-9），设计电路元件参数取值，使之满足表 3-1 中规定的波形参数要求。

基本条件为假定主电容 C_2=0.011μF，负载电容 C_0=1500pF，充电电容 C_2 的初始电压值 U_1=30kV。

（1）1μs/50μs、370kHz 振荡型雷电冲击电压仿真。将波前时间 T_f 和频率 f 的值代入式（3-4）、式（3-6），计算得出电感 L 值为 0.077mH、0.140mH，由式（3-9）计算出总电阻值为 16kΩ，且 $R \ll 2\sqrt{L/C}$，经过多次仿真，以计算值为基准调节回路参数，最后根据 IEC 60060-3 关于振荡型雷电冲击的标准，确定选出最符合初始设计条件的回路参数值，见表 3-2。仿真得到波形如图 3-8 所示，其波形频谱如图 3-9 所示。

表 3-2　　1μs/50μs 振荡型雷电冲击回路参数

1μs/50μs 振荡型雷电冲击	L/mH	R_t/kΩ	R_f+r/Ω
选定取值	0.13	45	30

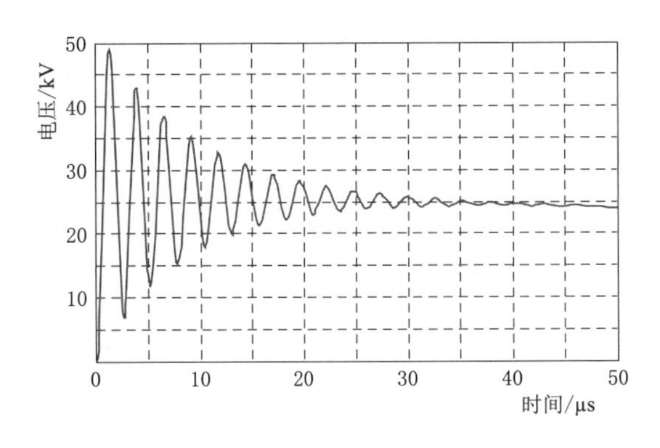

图 3-8　振荡型雷电冲击电压波形

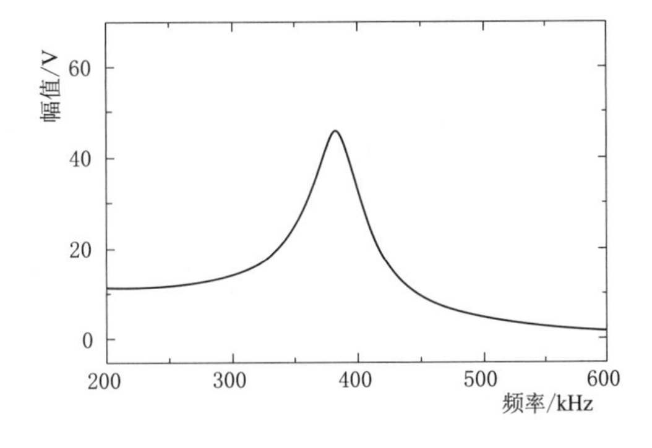

图 3-9　振荡型雷电冲击电压频谱

由图 3-8 和图 3-9 可知，仿真得到波形波前时间 T_f 为 1.31μs，波尾时间 T_t 为 46.03μs，振荡频率 f 为 382kHz，回路效率 η 为 1.635。

（2）20μs/100μs、16kHz 振荡型雷电冲击电压仿真。将波前时间 T_f 和频率 f 的值代入式（3-4）、式（3-6），计算得出电感 L 值为 30.73mH、75.04mH，由式（3-9）计算出总电阻值为 32kΩ，且 $R \ll 2\sqrt{L/C}$，经过多次仿真，以计算值为基准调节回路参数，最后根据 IEC 60060-3 关于振荡型雷电冲击的标准，确定选出最符合初始设计条件的回路参数值，见表 3-3。仿真得到波形如图 3-10 所示，其波形频谱如图 3-11 所示。

表3-3　　20μs/100μs振荡型雷电冲击回路参数

20μs/100μs振荡型雷电冲击	L/mH	R_t/kΩ	R_f+r/Ω
选定取值	30.73	15	1000

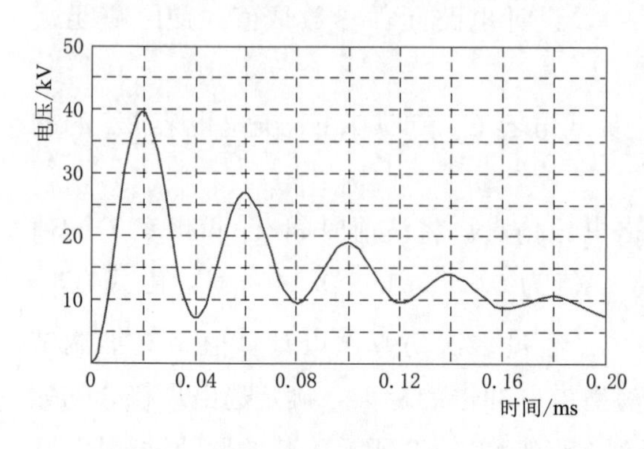

图3-10　仿真振荡型雷电冲击电压波形

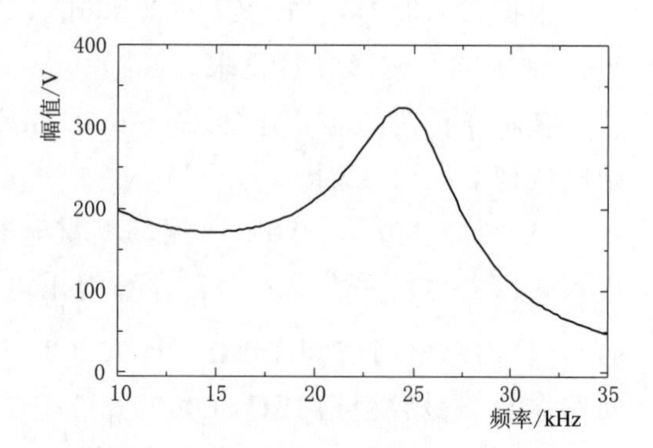

图3-11　仿真振荡型雷电冲击电压频谱

由图3-10和图3-11可知，仿真得到波形波前时间 T_f 为20μs，波尾时间 T_t 为97.8μs，振荡频率 f 为24.4kHz，回路效率 η 为1.43。

(3) 20μs/1000μs、15kHz振荡型操作冲击电压仿真。将波前时间 T_f 和频率 f 的值代入式(3-4)、式(3-6)，计算得出电感 L 值为85.29mH、30.73mH，由式(3-9)计算出总电阻值为320kΩ，且 $R \ll 2\sqrt{L/C}$，经过多次仿真，以计算值为基准调节回路参数，最后根据IEC 60060-3关于振荡型操作冲击的标准，确定选出最符合初始设计条件的回路参数值，见表3-4。仿真得到波形如图3-12所示，其波形频谱如图3-13所示。

表3-4　　20μs/1000μs振荡型操作冲击回路参数

20μs/1000μs振荡型操作冲击	L/mH	R_t/kΩ	R_f+r/Ω
选定取值	85.29	340	2600

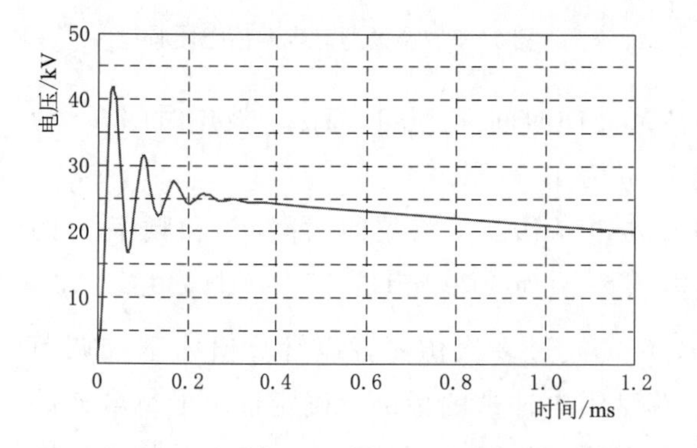

图3-12　仿真振荡型操作冲击电压波形

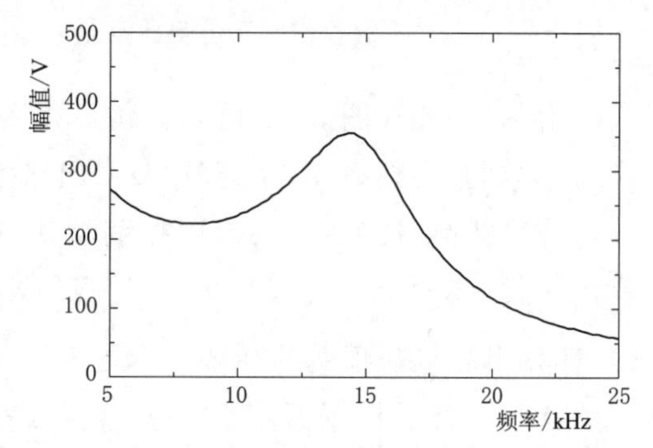

图3-13　仿真振荡型操作冲击电压频谱

由图 3-12、图 3-13 可知，仿真得到波形波前时间 T_f 为 33.58μs，波尾时间 T_t 为 976.21μs，振荡频率 f 为 14.4kHz，回路效率 η 为 1.40。

（4）400μs/4000μs，1250Hz 振荡型操作冲击电压仿真。将波前时间 T_f 和频率 f 的值代入式（3-4）、式（3-6），计算得出电感 L 值为 11712.4mH、12281.36mH，由式（3-9）计算出总电阻值为 1280kΩ，且 $R \ll 2\sqrt{L/C}$，经过多次仿真，以计算值为基准调节回路参数，最后根据 IEC 60060-3 关于振荡型操作冲击的标准，确定选出最符合初始设计条件的回路参数值，见表 3-5。仿真得到波形如图 3-14 所示，其波形频谱如图 3-15 所示。

表 3-5　400μs/4000μs 振荡型操作冲击波形参数

400μs/4000μs 振荡型操作冲击	L/mH	R_t/kΩ	R_f+r/Ω
选定取值	12281.36	1720	24000

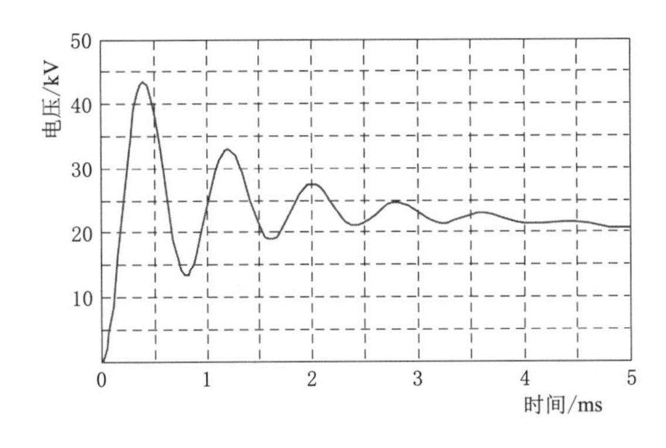

图 3-14　仿真振荡型操作冲击电压波形

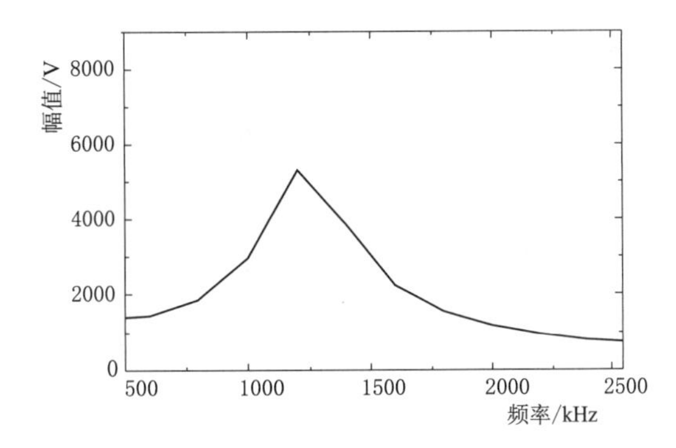

图 3-15　仿真振荡型操作冲击电压频谱

由图 3-14、图 3-15 可知，仿真得到波形波前时间 T_f 为 400.86μs，波尾时间 T_t 为 3975.2μs，振荡频率 f 为 1200Hz，回路效率 η 为 1.46。

综合分析上述仿真结果可知，由于本文推导出的是近似解析表达式，根据近似解析式算出的回路参数仿真的结果与原本设计的波形参数相比存在一定偏差，但整体上仍符合 IEC 60060-3 对振荡型雷电冲击电压的要求。

为了尽量消除偏差，获得更准确的仿真结果，建议以理论计算值为基准不断调节回路参数进行仿真，直到偏差最小为止。

3. 元件参数与效率的关系

（1）改变波前时间对回路效率的影响。假定主电容 $C_2=0.011\mu F$，负荷总电容 $C_0=1500pF$，主电容 C_2 初始电压 $U_1=30kV$，波尾电阻 $R_t=17271\Omega$。改变波前电阻值仿真得到数据见表 3-6，二者关系曲线如图 3-16 所示。

表 3-6 随波前电阻改变回路效率的变化

波前电阻 R_f/Ω	回路效率 η	输出电压 U_{max}/V
100	1.4151	42453
120	1.3634	40902
140	1.3159	39477
180	1.2319	36957
220	1.1604	34813
350	1.0478	29827
300	0.9942	31435

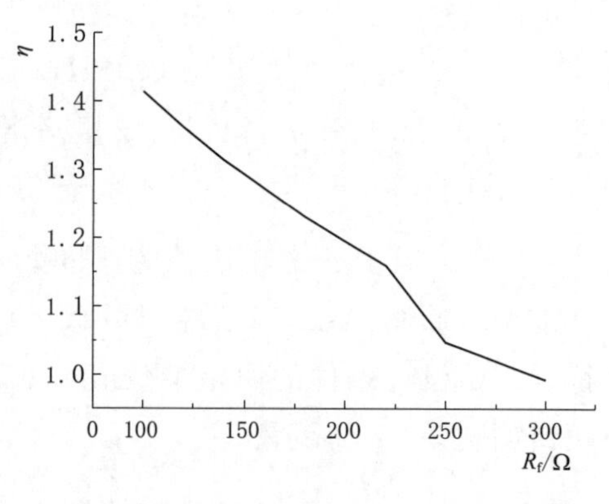

图 3-16 波前电阻 R_f 与回路效率 η 之间的关系

由图 3-16 可知，振荡型冲击电压发生器的回路效率 η 随着波前电阻阻值的增大而降低。这是由于在发生器简化放电回路中，波前电阻可看作是阻尼电阻，阻碍波形振荡，并消耗能量，波前电阻越大即阻尼越强，消耗能量越多，输出电压 U_2 越小，所以回路效率 $\eta=U_{2max}/U_1$ 减小。

(2) 改变负载电容对回路效率的影响。假定主电容 $C_2=0.011\mu F$，主电容 C_2 初始电压 $U_1=30kV$，波前电阻 $R_f=100\Omega$，波尾电阻 $R_t=17271\Omega$。改变负载电容值仿真得到数据见表 3-7，二者关系曲线如图 3-17 所示。

表 3-7 随负载电容改变回路效率的变化

负载电容 $C_0/\mu f$	回路效率 η	输出电压 U_{max}/V
0.0010	1.5233	45700
0.0015	1.4151	42453
0.0020	1.3268	39803
0.0025	1.2519	37558
0.0030	1.1869	35606

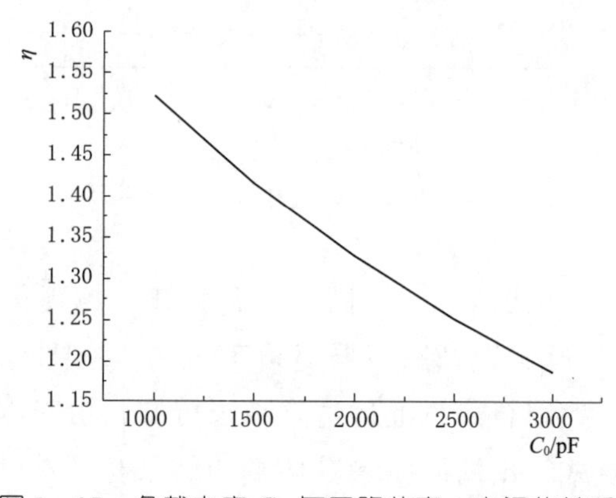

图 3-17 负载电容 C_0 与回路效率 η 之间的关系

由图 3-17 可知，振荡型冲击电压发生器的回路效率 η 随着负载电容值的增大而降低。

从图 3-6 可以看出原来负载电容 C_0 上是没有电压的，需主电容 C_2 通过电感和波前电阻向负载电容充电。如不考虑从波尾电阻流掉的电荷，忽略调波电感、波前电阻（值很小），则最后负载电容上的稳定电压应是 $U_1C_2/(C_2+C_0)$，所以回路效率 $\eta\approx C_2/(C_2+C_0)$ 随着负载电容增大而减小。

3.1.3 结论

本节介绍了IEC 60060-3标准中的振荡型冲击电压的波形特征，对其各项参数进行了介绍。仿真研究了基于MARX回路的振荡型冲击电压的产生方法，研究了元件参数对所产生电压波形的影响规律。

3.2 振荡型冲击电压下GIS设备局部放电的检测与分析方法的研究

为研究振荡型冲击电压下局部放电的特性，在进行了振荡型冲击电压下绝缘局部放电物理过程的理论分析和冲击电压下绝缘局部放电的计算机模拟的基础上，构建了振荡型冲击电压下的局部放电检测系统，为开展典型缺陷在振荡冲击电压下局部放电特性的研究工作提供了全方位的检测手段，并针对性地提出了振荡型冲击电压下局部放电结果的分析步骤和分析方法。

3.2.1 冲击电压下绝缘局部放电的物理过程

对于绝缘介质中的局部放电，通常采用三电容等值电路来解释交流电场作用下绝缘介质中缺陷（气隙）的放电过程。冲击条件下，介质中电场分布仍然是按照电容分布的，因此原三电容等值电路也可分析冲击下局部放电过程。图3-18中g代表缺陷，b是与缺陷串联部分的绝缘介质，a是除了b之外的其他绝缘介质。假定该介质处在平行板电极之间，在冲击电压作用下介质中缺陷的放电过程可以用图3-18（b）所示的等值电路模型来分析。

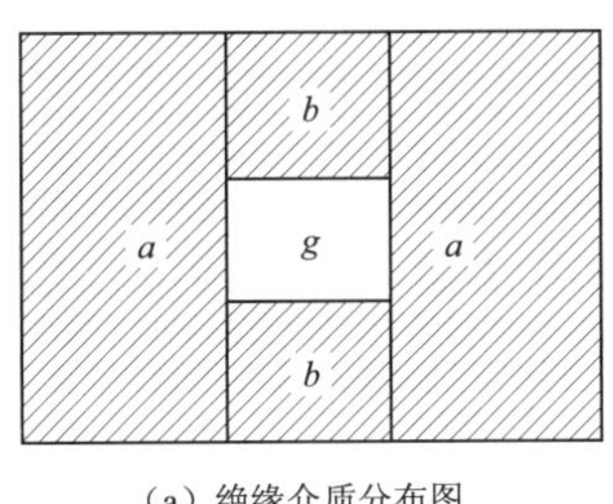

（a）绝缘介质分布图

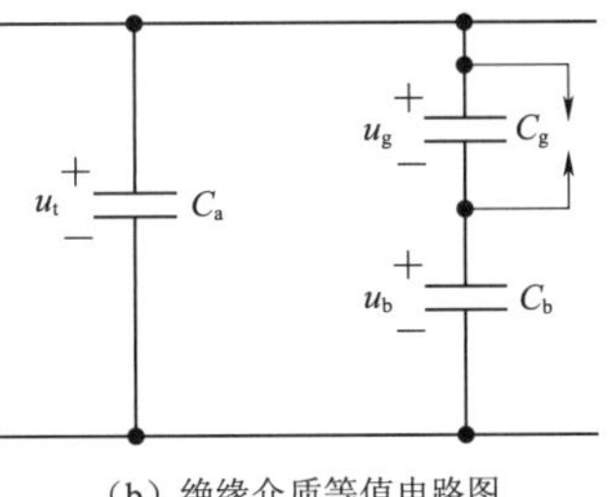

（b）绝缘介质等值电路图

图3-18　等值电路模型

当试品施加双指数冲击电压时，气隙上所承受的电压将随外施电压的上升而上升。一旦电压上升到气隙的击穿电压u_{CB}时气隙放电，放电产生的空间电荷在外加电场E_0的作用下向相反的方向运动，建立起反向电场E_q，如图3-19（a）所示，此时气隙在E_0和E_q联合作用下停止放电，气隙所承受的实际电压u_c也很快减小至残余电压u_r以下。由于气体发生击穿有赖于气体中存在的自由电子，在一个小气隙中，

在冲击电压作用的极短时间内，出现自由电子的机会很少，因此，在这一冲击电压下，气隙第一次的击穿电压就很高，这时整个气隙产生的放电也比较剧烈，并由此产生大量空间电荷，建立起很高的反向电压，如图 3-19（b）所示。之后，气隙上的电压随外施电压的下降向负极性上升，直到内部反向电压与外加电压之差达到反向的击穿电压 $-u'_{CB}$ 时，气隙又发生放电，如图 3-19（c）所示。$|-u'_{CB}| \ll u_{CB}$，在外加电压的波尾，有可能出现好几次放电。由此可见，在一次冲击电压作用下有可能发生多次放电。图 3-19（d）为多次反向逆放电后空间电荷运动及电场变化情况。

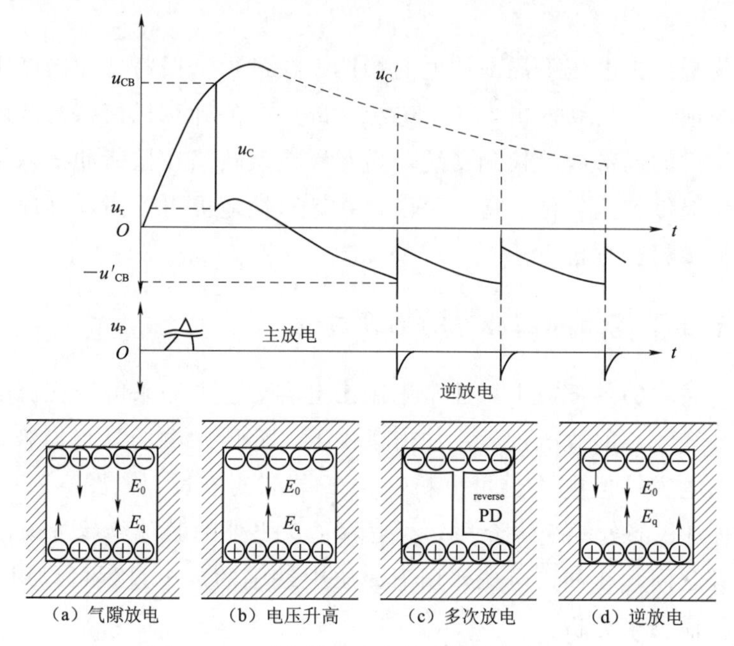

图 3-19　双指数冲击电压下气隙放电过程

以上分析了气隙在双指数冲击电压下的放电过程，当气隙在振荡型冲击电压作用下，主放电比以后的各次放电大，之后，由于振荡特性，外加电压迅速降低，主放电产生的自由电荷所形成的反向电场与外加电场之差已达到反向击穿的条件，就会产生若干次反向放电，这一点和工频电压作用时有些相似。当振荡型电压经过波谷后，电压又快速上升，气隙两端的外加电场增加，使气隙又发生正向放电，重复以上过程，直到气隙中实际电压达不到气隙的击穿电压，放电即停止，如图 3-20 所示。但是实际当中气隙放电具有随机性和分散性，因此，在整个实验过程中也采集到振荡的上升沿出现负极性放电

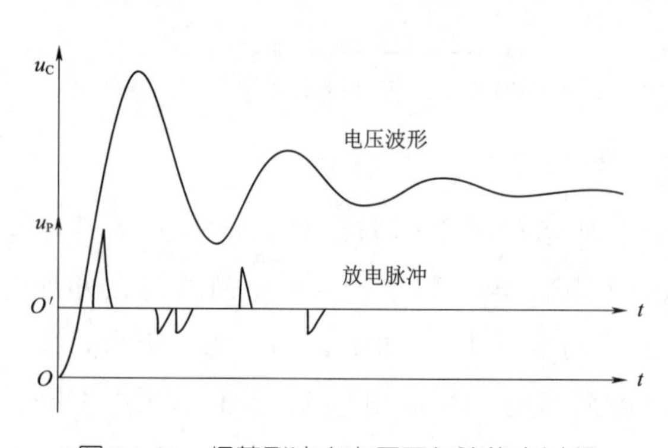

图 3-20　振荡型冲击电压下气隙放电过程

脉冲，而振荡的下降沿出现正极性放电脉冲。

3.2.2 冲击电压下绝缘局部放电模拟

为了研究冲击电压下气隙放电的物理过程，本节进行了计算机模拟工作。

1. 引发局部放电的初始条件

采用基于放电物理过程的单个气隙放电模型，进行数值计算并进行计算机模拟。根据实验条件，可以确定缺陷的几何尺寸，即气隙高度 $a=1\text{mm}$、横轴半径 $b=0.5\text{mm}$、试品厚度 $D=3\text{mm}$。

在气隙内发生一次局部放电，必须满足如下条件：①存在产生放电所需的初始电子；②气隙内的场强足以促使初始电子发展到电子崩，其由缺陷的尺寸结构、外施电场及介质的电气特性所决定。初始电子的产生具有随机性，即局部放电的随机性由初始电子产生的随机性决定。

初始电子的出现概率计算公式为

$$h(t)=h_0+h_1(t) \tag{3-10}$$

其中

$$h_1(t)=N_{SC}(t)\nu_0\exp\left[-\frac{\Psi-\sqrt{q^3|E(t)|/(4\pi\varepsilon_0)}}{KT}\right] \tag{3-11}$$

式中 h_0——气体光电离因素导致自由电子产生的概率；

$h_1(t)$——t 时刻由于之前放电产生的气隙壁沉积电荷脱陷产生自由电子的概率，其产生概率基本遵从表面电子热发射的 Richardson - Schottky 公式；

$N_{SC}(t)$——t 时刻可脱陷的气隙壁的空间电荷数，与 t 时刻气隙内全部空间电荷成正比关系；

Ψ——脱陷功函数；

q——电荷电量；

ν_0——基本光电频率；

K——波尔兹曼常数；

T——缺陷内温度；

$E(t)$——t 时刻气隙内的总电场强度—外施电压产生的电场 E_0 与空间电荷产生的反向电场 E_q 在 t 时刻之和。

针对条件②，气隙内的临界击穿场强计算公式为

$$E_{str}=(E/p)_{cr}p\left[1+\frac{B}{(2pa)^n}\right] \tag{3-12}$$

其中，p 为气隙内的气体压强，当气体为空气时，$(E/p)_{cr}=25.2\text{VPa}^{-1}\text{m}^{-1}$，$n=1/2$，$B=8.6\text{m}^{1/2}\text{Pa}^{1/2}$。则根据气隙的尺寸，可以确定气隙的临界击穿电压。

2. 两个时间常数及表面电导率

设 $N_{SC}(t)$ 是 t 时刻可脱陷的空间电荷总数，随着时间的增加，气隙壁的空间电

荷会逐渐入陷到介质内，而且入陷深度会越来越深，导致空间电荷数衰减，其衰减服从指数规律，即

$$N_{SC}(t_2)=N_{SC}(t_1)e^{-\frac{\Delta t}{\tau_1}} \tag{3-13}$$

$$\Delta t=t_2-t_1 \tag{3-14}$$

式中　Δt——两次放电之间的时间间隔；

τ_1——可脱陷空间电荷的衰减时间常数。

此外，空间电荷在介质内的入陷还会表现为脱陷功函数 Ψ 的增加，其变化可表达为

$$\Psi(t_2)=\Psi(t_1)+\Delta\Psi(1-e^{-\frac{\Delta t}{\tau_2}}) \tag{3-15}$$

$$\Delta t=t_2-t_1 \tag{3-16}$$

τ_2 表征了由于入陷电荷导致的功函数的增加速度，τ_2 越小，则增加速度越快，τ_2 越大，则增加速度越慢，$\Delta\Psi=0.2\text{eV}$。

介质的表面电导率变大会使放电产生的空间电荷在介质表面流失加速，因此导致由空间电荷引起的空间电场发生变化，空间电荷变化公式为

$$dq=-\left(\frac{\pi}{2}\right)k_s E_{2a}dt \tag{3-17}$$

式中　k_s——表面电导率；

E_{2a}——t 时刻的气隙承受的电压。

3. 放电量及残余场强

气隙内放电产生的真实放电量 q 由气隙内放电前后的电场差 ΔE 决定，其计算公式为

$$\begin{aligned}\pm q&=\varepsilon_0\pi b^2\left[1+\varepsilon_r\left(K\cdot\frac{a}{b}-1\right)\right]\Delta E\\ \Delta E&=E_0+E_q-E_{res}\end{aligned} \tag{3-18}$$

式中　ε_0——真空中的介电常数；

ε_r——介质的相对介电常数；

$K(a/b)$——与缺陷几何尺寸相关的无量纲函数。

$$K=\begin{cases}-1 & a/b\ll 1\\ 3 & a/b=1\\ -4a/b & -1<a/b<10\end{cases} \tag{3-19}$$

视在放电量 q' 可表示为

$$q'=\frac{4}{3}\pi ab^2\varepsilon_0\varepsilon_r K(a/b)\Delta E\frac{1}{D} \tag{3-20}$$

放电之后气隙内的残余场强为

$$E_{res}=E_{ch}=\gamma E_{cr}=\gamma(E/P)_{cr}p \tag{3-21}$$

$$\gamma=0.35 \tag{3-22}$$

4. 初始放电参数

在进行计算机模拟之前，需要确定模拟初始参数。根据以上的分析可以看出，需要确定的初始参数分别为初始功函数 Ψ，时间常数 τ_1、τ_2，表面电导率 k_s 和缺陷内气压 P。其中纸板初始表面电导率 $k_s=1.13\times10^{-13}$S，缺陷内初始气压 $P=0.1$MPa。初始功函数 Ψ，时间常数 τ_1、τ_2 无法通过实验确定，其初始值根据参考文献进行选择：$\Psi=0.945$eV，$\tau_1=65$ms，$\tau_2=1$ms。

5. 基于蒙特-卡洛法的模拟过程

基于蒙特-卡洛法的模拟过程为：

（1）根据实验及试品条件确定模拟模型中参数 Ψ、τ_1、τ_2、k_s 和 P 的初始值。

（2）使用蒙特-卡洛法进行计算机模拟，生成模拟谱图。

蒙特-卡洛法模拟步骤为：

（1）根据公式 $P(t)=h(t)\cdot\Delta t$ 确定在时间间隔 $[t, t+\Delta t]$ 内的电子产生率 $P(t)$。

（2）在 [0，1] 内产生随机数 u。

（3）计算 t 时刻气隙内的总电场 $E(t)$。

（4）如果在时间间隔 $[t, t+\Delta t]$ 内，$u<h(t)$ 且 $E(t)>E_{str}$，则发生一次放电，根据式计算视在放电量、真实放电量，由于 ΔE 的不同，对于不同时刻发生的放电，其放电量会有差异。如不满足条件，则不发生放电，认为放电量为零。

（5）Δt 步长之后，计算当前气隙内残余空间电荷数，返回步骤（1）继续。

6. 放电谱图模拟结果

按照以上模型及计算方法进行了计算机模拟，模拟结果如图 3-21、图 3-22 所示，图中圆点表示单次冲击电压作用下气隙放电脉冲个数及放电脉冲峰值。

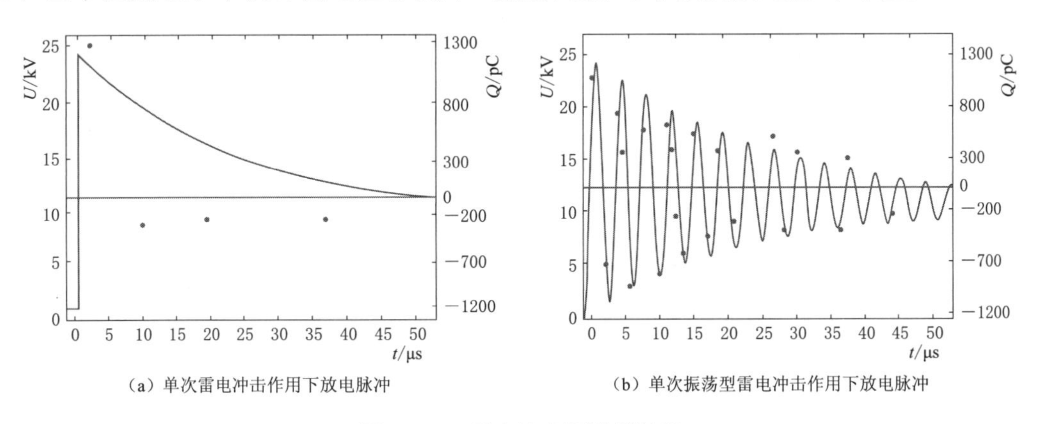

（a）单次雷电冲击作用下放电脉冲　　（b）单次振荡型雷电冲击作用下放电脉冲

图 3-21　雷电冲击下模拟结果

从图 3-21 及图 3-22 可以看出，相比传统的双指数冲击电压，由于振荡型冲击电压的振荡特性，其更容易激发缺陷产生局部放电，对绝缘的考核更加严格，也更有利于局部放电的检测。

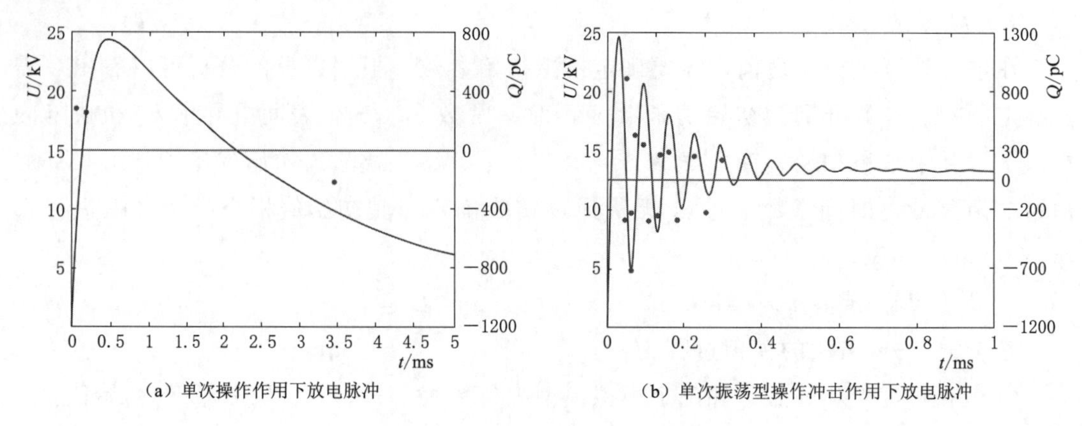

(a) 单次操作作用下放电脉冲　　(b) 单次振荡型操作冲击作用下放电脉冲

图3-22　操作冲击下模拟结果

3.2.3　构建冲击电压下局部放电检测系统

工频电压作用下基于脉冲电流法的局部放电测量中，由于源电压频率低，不会在试品上引起很大的位移电流和干扰，使得局部放电信号易于提取。然而，冲击电压本身上升时间非常短，一般为微秒级，有时甚至达到纳秒级，这使得冲击电压下局部放电信号的提取需要克服冲击电压产生的大位移电流对传感器及检测系统的损坏，还要考虑大电流信号下弱局部放电脉冲信号的精确获取问题。因此，冲击电压下局部放电测量变得非常复杂。到目前为止，国内外学者对此有一些研究报道，主要采用电学、光学方法来检测冲击作用下的局部放电信号。为了在冲击电压下检测到真正的局部放电信号，本书采用宽带测量阻抗和高频电流传感器，在此基础上，搭建了一套冲击电压下局部放电测量系统，测量系统如图3-23所示。

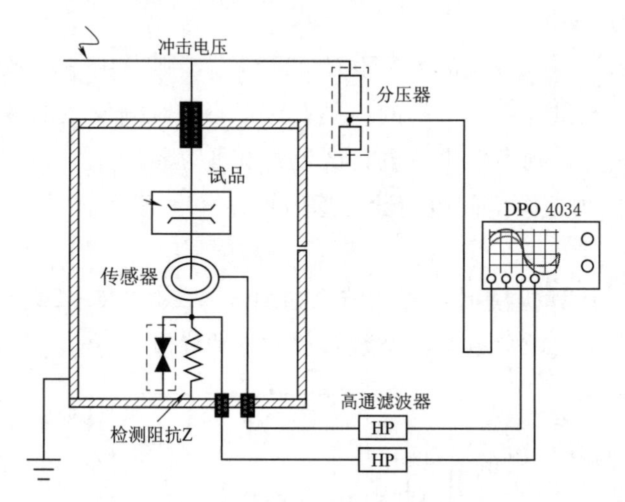

图3-23　冲击电压下局部放电测量系统

测量系统中，采用无感电阻和高频电流传感器对冲击电压下试品局部放电信号进行采集，通过高通滤波器将采集信号中冲击源引起的位移电流和起始时刻的干扰信号滤掉，最后通过示波器记录局部放电信号。下面分别进行介绍系统的关键组成部分。

另外，为了防止试品击穿时损坏示波器，将一保护间隙与检测阻抗并联，封装在一屏蔽铜管内。为检验测量阻抗 Z 的频率响应特性，利用阶跃波信号的陡下降沿作为输入信号，并与经测量电阻后的响应输出信号进行比较。检验系统的原理图如图

3-24所示。

阶跃波原始下降沿信号波形与经过测量电阻后的信号波形如图3-25所示，图中幅值大的为阶跃波信号，而幅值小的为测量电阻获取的信号。示波器测得阶跃波的下降沿为2ns，而经过测量电阻后的下降沿约为3ns，等效上限频率约为117MHz，据此，可知测量电阻的性能满足宽带局部放电脉冲波形的测量要求。

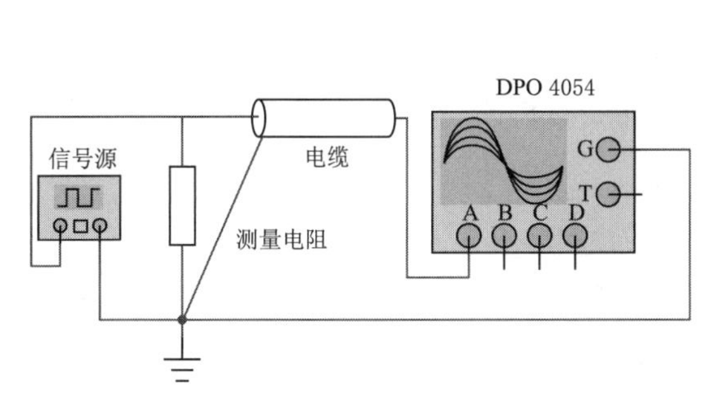

图3-24 测量电阻频率响应校验原理图

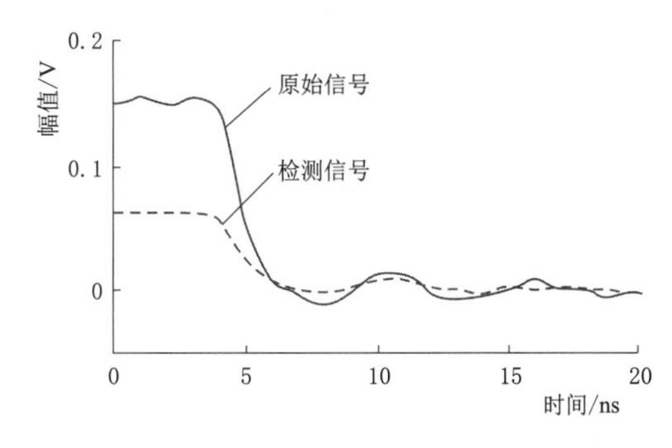

图3-25 校验脉冲和经测量系统传输后脉冲对比

为了进一步检验整个测量系统能否准确测量到局部放电脉冲，对针板缺陷试品进行了测量，同时用无缺陷的试品作对照，分别对两试品施加双指数雷电冲击电压，试验结果如图3-26所示。试验发现在同等级电压作用下无缺陷的试品没有局部放电信号产生［图3-26（a）］，而针板缺陷试品有局部放电信号产生［图3-26（b）］，通过这两幅图的比较可以看出，本书所搭建的冲击电压下局部放电测量系统可行。

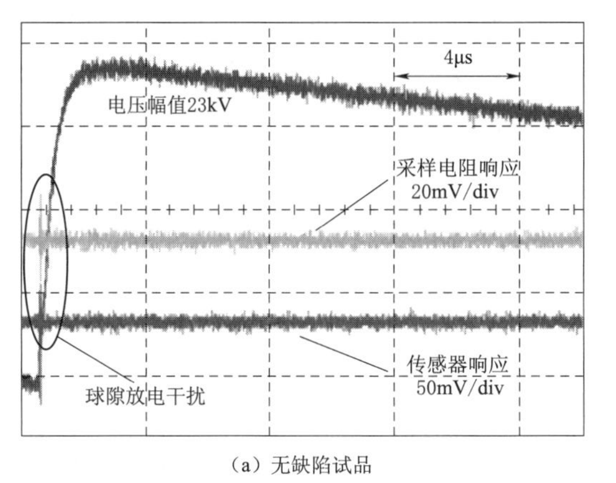

（a）无缺陷试品

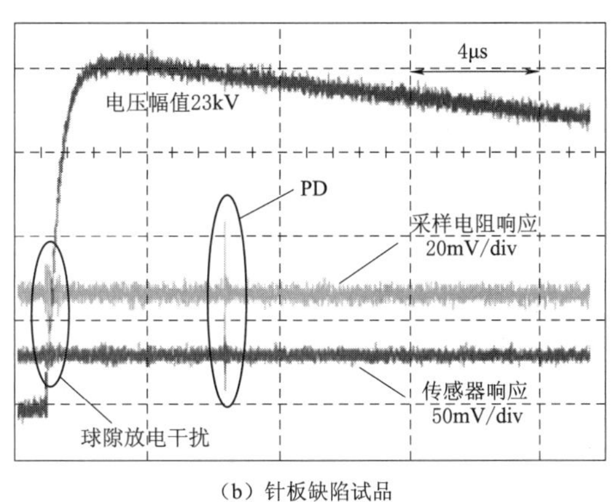

（b）针板缺陷试品

图3-26 1.2/50μs双指数雷电冲击电压下局部放电测量结果

此外，实验室中为了有效抑制和消除来自空间的电磁信号和实验室内存在的各种脉冲放电对测量系统的干扰，主要采取了以下接地措施：

（1）系统一点接地，将强电和弱电进行隔离，使示波器不受冲击源引入的地线干扰影响。

(2) 将高频电流传感器和滤波器置于屏蔽壳内，信号传输线采用双层屏蔽线，有效消除了测量回路对空间高频信号的耦合。

针对局部放电检测方法，还进行了特高频检测和超声波检测，但试验中发现，对于超声波检测，由于超声波持续时间很长，达到了毫秒级别，因此位移电流产生的超声波信号已经淹没在了整个冲击电压作用的时间内，对放电信号无法做到有效检测。而特高频检测则由于检测得到的是振荡信号，无法进行极性的判别，给后续的分析带来了极大的不利，因此采用脉冲电流进行局部放电的检测信号。

3.2.4 振荡型冲击电压下局部放电的分析方法

目前工频电压下局部放电的分析多采用基于相位分析的谱图，即 PRPD 谱图，而振荡型冲击电压下局部放电的测量目前还未见专门的分析方法，针对此情况提出了两种谱图进行振荡型冲击电压下局部放电特性的分析：①对各类试品进行工频局部放电测量，得到工频电压下各类试品的 PRPD 谱图，分析各类试品在工频电压下的局部放电幅值和相位特征；②采用电压升降法确定各类试品在各种冲击电压作用下的局部放电起始电压，然后从此局部放电起始电压值开始升压，测量在不同冲击电压幅值下各类试品的局部放电时间序列谱图，统计各类试品在不同冲击电压下，局部放电个数和平均幅值的变化规律。

根据工频局部放电的 PRPD 谱图和振荡型雷电冲击电压的分解图，绘制振荡型冲击局部放电 OPRPD 谱图。

振荡型冲击电压是由一个指数函数和两个按指数函数衰减的余弦函数叠加而得到的，而这两个按指数函数衰减的余弦函数一个幅值很大，是振荡电压的主要部分，而另一个幅值很小，可忽略不计。一个内部气隙缺陷的正极性振荡型雷电冲击电压及其电压分解波形图如图 3-27 所示。

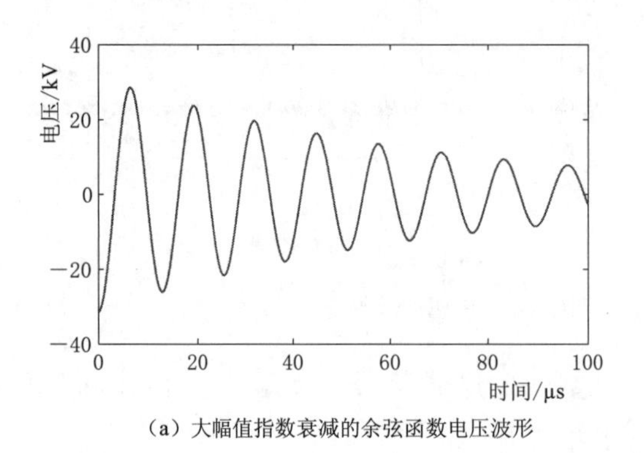

(a) 大幅值指数衰减的余弦函数电压波形

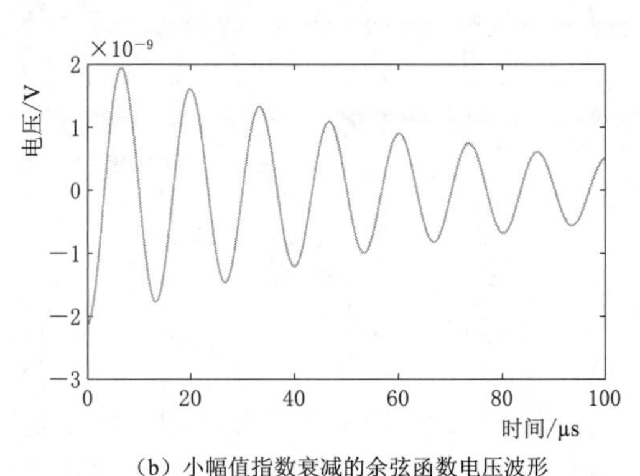

(b) 小幅值指数衰减的余弦函数电压波形

图 3-27（一） 幅值为 58.9kV 的正极性振荡型雷电冲击电压及其分解波形图

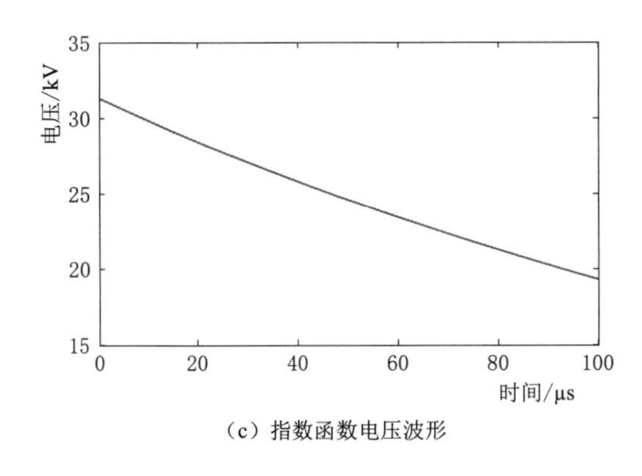

(c) 指数函数电压波形

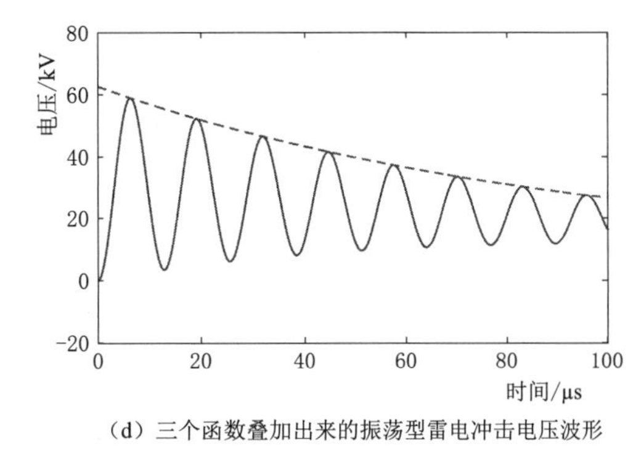

(d) 三个函数叠加出来的振荡型雷电冲击电压波形

图 3-27(二) 幅值为 58.9kV 的正极性振荡型雷电冲击电压及其分解波形图

根据工频局部放电的 PRPD 谱图和图 3-27 中振荡型雷电冲击电压的分解图，可以绘制振荡型冲击局部放电 OPRPD 谱图。振荡型冲击局部放电 OPRPD 谱图是把单次振荡型冲击电压下的所有局部放电换算到一个振荡频率周期下的放电谱图，可用于分析振荡型冲击局部放电特性，典型的 OPRPD 谱图如图 3-28 所示。

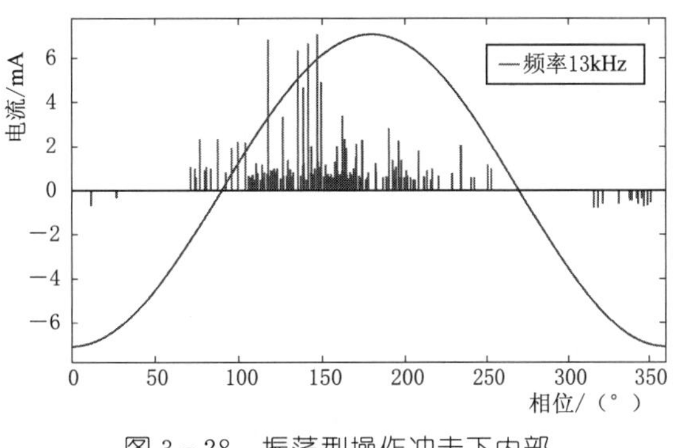

图 3-28 振荡型操作冲击下内部气隙缺陷的 OPRPD 谱图

3.2.5 结论

针对振荡型冲击电压下局部放电进行了理论分析和仿真模拟，结果表明振荡型冲击电压下可以激发绝缘产生更多的放电，对局部放电的检测是更有利的。基于此构建了振荡型冲击电压下的局部放电检测系统，提出了振荡型冲击电压下的局部放电分析方法。为下一步进行振荡型冲击电压下 GIS 典型绝缘缺陷的局部放电特性研究工作做好了准备工作。同时进行了振荡频率对放电特性影响的研究工作，结果表明在标准所规定的振荡频率范围内，放电幅值及放电起始电压均对频率不敏感，这也说明了标准所给出的振荡频率下可以认为其对局部放电而言均是等效的。

3.3 振荡型冲击电压下 GIS 设备典型绝缘缺陷的局部放电特性研究

本部分利用振荡型冲击电压下的局部放电检测系统和振荡型冲击电压产生装置，对典型 GIS 缺陷模型在振荡型冲击电压下的局部放电进行了检测，分别分析了其局部放电特性。

3.3.1 GIS 设备内部缺陷种类

GIS 设备内部发生故障的原因往往是多方面的，GIS 在制造和组装过程中，不可避免会留下小的缺陷。在 GIS 设备中引起局部放电最常见的缺陷有固定突起、自由金属微粒、浮动电位电极、绝缘子内部缺陷和绝缘子与电极接触面缺陷等，GIS 设备中常见的绝缘缺陷种类如图 3-29 所示。

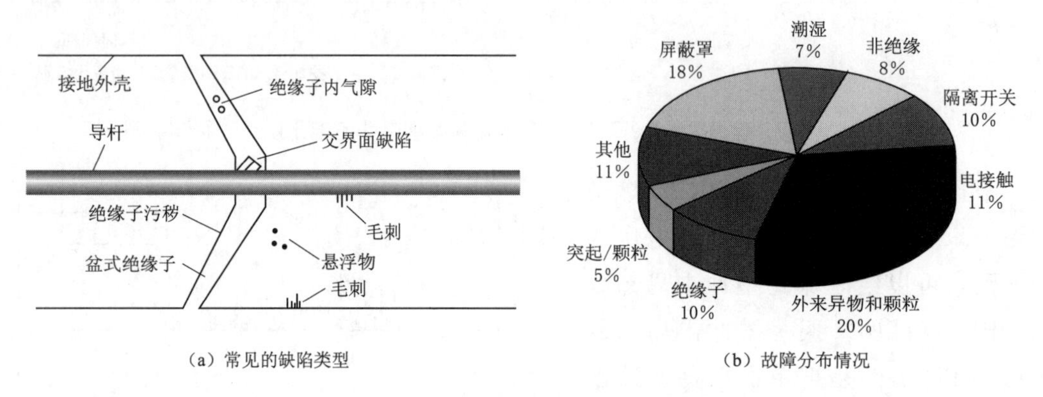

(a) 常见的缺陷类型　(b) 故障分布情况

图 3-29　GIS 设备内常见的缺陷种类

1. 外来异物和颗粒

从图 3-29 (b) 可以看到，外来异物和颗粒引起的故障占到 20%，其产生的主要原因为现场安装条件不如生产工厂优越，无法彻底清除 GIS 设备内部的微粒及异物，此外也可能由开关触头动作产生以及设备内部某些物质分解产生。GIS 中的自由金属微粒在电压作用下获得电荷并发生移动，当电压超过一定值时，这些微粒就能在接地外壳和高压导体之间跳动，并可能发生局部放电。微粒的运动特性取决于微粒的材料、形状等因素，而当微粒靠近而未接触高压导体时更容易发生局部放电。

2. 接触不良

在 GIS 内部，静电屏蔽广泛用来控制危险地区的电场强度。屏蔽电极与高压导体或接地导体间的电场连接通常是轻负载接触。在实际运行中，有些用于改变电场的金属部件并不通过负荷电流。这些部件经常使用的是铝制的弹性触头与外壳或高压导体进行电气连接，运行中可能因老化或松动而导致接触不良，形成电位浮动电极。这些接触不良部件的电位取决于它与导体间的耦合电容，对于大多数电位浮动电极所形成的充电电容导致的局部放电量都在 1000pC 以上，并会产生较强的电信号、声信号。这样，该部件和外壳或高压导体间的微小间隙便会很快击穿。这样的多次放电不仅会侵蚀触头弹簧，也产生了金属微粒、氟化铝及其他杂质等，最终会导致 GIS 设备的内部闪络。

3. 金属突起物

金属突起缺陷包括高压导体上的尖刺和腔体表面的突起，高压导体上的尖刺占故障总体的5%，这些突起物通常是加工不良、机械破坏或组装时的擦刮等因素引起的，从而形成绝缘气体中的高场强区。这些尖刺在工频电压下电晕比较稳定，因而在稳态工作条件下一般不会击穿。然而在快速暂态条件下，譬如在雷电波尤其是快速暂态过电压情况下，这些缺陷就会引起故障。

4. 绝缘子缺陷

绝缘子上击穿故障占10%，因为大多数故障是由于绝缘子空穴问题造成的，因此固体绝缘的缺陷常发生在固体绝缘的表面和内部。绝缘子表面缺陷通常是由其他类型缺陷引起的二次效应，比如局部放电产生的分解物、金属微粒引起的破坏。

5. 其他因素

由其他因素造成的故障占11%，例如，GIS设备的器件体积大、重量大，在搬运过程中，因机械振动、组件的互相碰撞等外力作用，常使固件松动、元件变形损伤。另外，GIS设备装配工作是一个复杂的过程，组件的连接和密封工艺要求很高，稍有不慎就会造成绝缘损伤、电极错位等严重后果，给今后的GIS运行带来了后患。

3.3.2 GIS设备局部放电检测方法

对于GIS设备局部放电研究的结果表明，在各种局部放电情况下，具有非常快的上升前沿的局部放电脉冲激励的电磁波在GIS气室传播，微小的火花和电晕放电时紧跟着有离子化气体通道的扩展，产生声波，同时也伴随着被激励的分子的返迁发光及化学反应产物。因此局部放电发生时会有物理、化学、电的效应。从原理上讲，任何一种现象都可用来揭示局部放电现象，局部放电检测的研究手段也就出现了电气的方法和非电的方法。

3.3.2.1 非电的方法

(1) 光学的方法是利用GIS设备上的视窗来观察GIS设备内部的放电。测试局部放电时的光输出理应是所有诊断技术中最敏感的，因为一个光电倍增管可以测到一个光子的发射，但由于射线会被SF_6气体、绝缘子等强烈地吸引，而且会有“死角”出现，以及GIS设备内壁光滑而引起的反射所带来的影响，光学方法的灵敏度不够高。如果光纤引入GIS内部，需在器壁上打孔且有密封问题。

(2) 化学的方法是基于分析GIS设备局部放电引起的气体生成物的含量。GIS设备中的吸附剂和干燥剂可能会严重影响化学方法的测量，还有断路器动作时产生的电弧也会影响测量；然而短脉冲放电不一定产生足够的分解物。因此化学方法的灵敏度也不高，但化学方法对很小的气室来说是一种有价值的诊断方法。

(3) 机械的方法是利用导体或支撑绝缘子的局部放电引起外壳的振动，这种情况下的振动加速度是很微小的，必须用灵敏的检测仪进行测量，可采用加速度传感器或超声波探头等，其优点是传感器与设备的电气回路无任何联系，不用考虑电气方面的干扰。虽然除了局部放电以外，还有不少原因可能引起外壳振动，而且有的振动还很强烈，但不同原因引起的振动频率特性不同，因此可采用带通滤波器来减小噪声的影响。

总的来说，非电的方法检测灵敏度还不够高。

3.3.2.2 电气检测方法

（1）外贴电极法。就是用贴于GIS设备外壳上的电容电极耦合，探测内部放电引起在导电芯上的电压变化。优点是结构简单，但最小检测量受地线影响。

（2）测量流向地线的电流。当GIS设备内部产生局部放电时，接地线上有高频电流通过，因此可利用罗可夫斯基线圈作为传感器，来测量此高频信号。优点是精心制作的传感器可以在很宽的频率范围内保持良好的传输特性，但地线需穿过线圈，现场使用不便。

（3）在绝缘子内预埋电极。可利用事先已埋在绝缘子里的电极作为探头进行内部局部放电的测量。因为预先埋入的电极处于金属容器内，所以抗干扰性较好，灵敏度高。但传感器探头必须事先安装在支撑绝缘子里，必须在制造时设计预埋电极，而且必须考虑预埋电极对绝缘子性能的影响。

（4）IEC 60270局部放电检测方法。脉冲电流法是通过检测阻抗来检测GIS发生局部放电时引起的脉冲电流，获得一些局部放电的基本量（如视在放电量、放电次数以及放电相位）。它是研究最早、应用最广泛的一种检测方法，IEC对此制订了专门的标准。该方法灵敏度高，可以定量测量局部放电的特征参数，可以与声信号一起通过电声定位的方法确定局部放电的位置等。但是脉冲电流法的检测灵敏度随着试品电容的增加而下降，其在实验室内的测量精度极限为$1000\sqrt{C}$，其中C为所检测的试品的电容量，因此在测量大容量电容器时，有时会出现灵敏度下降到无法检测的地步。还由于测试频率低、频带窄，一般设置频带小于1MHz（IEC 60270标准和我国国家标准的推荐检测频带为数千赫兹到数百千赫兹），这样得到的信息量较少，且容易受电磁干扰。

（5）超高频（UHF）法。这种方法的理论依据是：在高气压的SF_6中，局部放电总是在很小的范围内发生的，因此具有击穿时间极短的特征，这种具有快速上升时沿的局部放电脉冲包含有从直流到超过3GHz的频率成分。GIS设备的同轴结构是一个良好的波导，超高频（300～3000MHz）电磁波可在内部有效地传播。电力系统中的电晕放电等主要电磁干扰信号的频率较低，一般在300MHz以下，而且因其在空气中的传播衰减更快，因此选择超高频段的电磁信号作为检测信号，可以避开常规电气测试方法中难以识别的电力系统中的干扰，显著提高局部放电检测的信噪比（S/N）。

3.3.3 GIS典型缺陷模型

GIS设备中局部放电包括悬浮电位放电模型、内部气隙放电模型、尖端放电模型、沿面放电模型和自由金属微粒模型。

1. 悬浮电位放电模型

高压电极为直径10mm铜棒，一端接高压，另一端打磨成锥状，金属悬浮为一端打磨成锥状的直径10mm短铜棒，其与高压电极之间的空气间隙约为1mm，如图3-30所示。

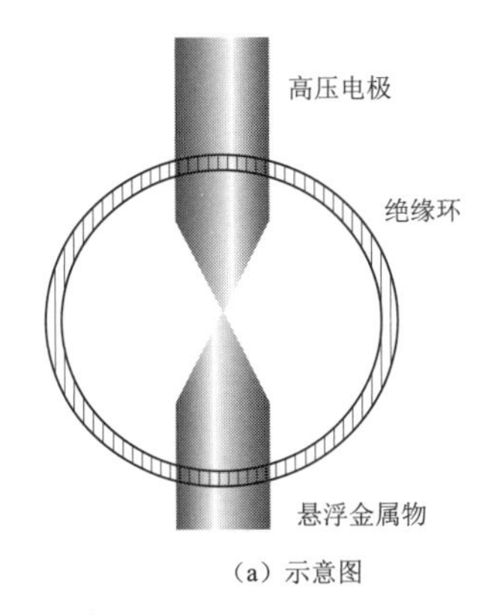

(a) 示意图

(b) 实物图

图3-30 悬浮电位放电模型

2. 沿面放电模型

高压电极为端部打磨成圆形的直径20mm铜棒，地电极为直径40mm的厚铜板，其上安置一厚3mm的直径40mm环氧板，高压电极圆形端部紧紧顶在环氧板中心位置，如图3-31所示。

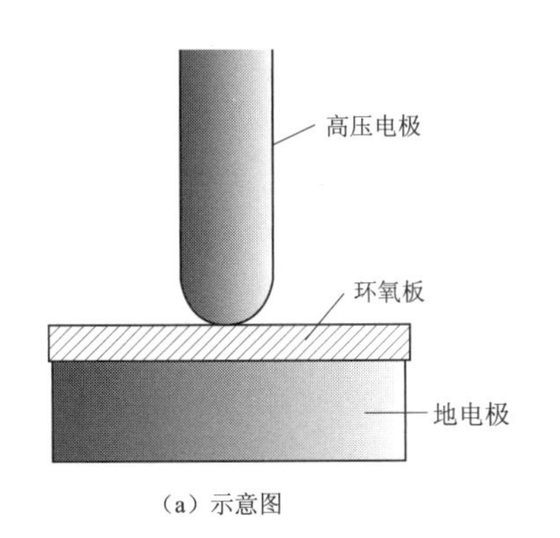

(a) 示意图

(b) 实物图

图3-31 沿面放电模型

3. 针板放电模型

高压电极为端部打磨成锥状的直径10mm铜棒，其与地电极之间的距离约为10mm，如图3-32所示。

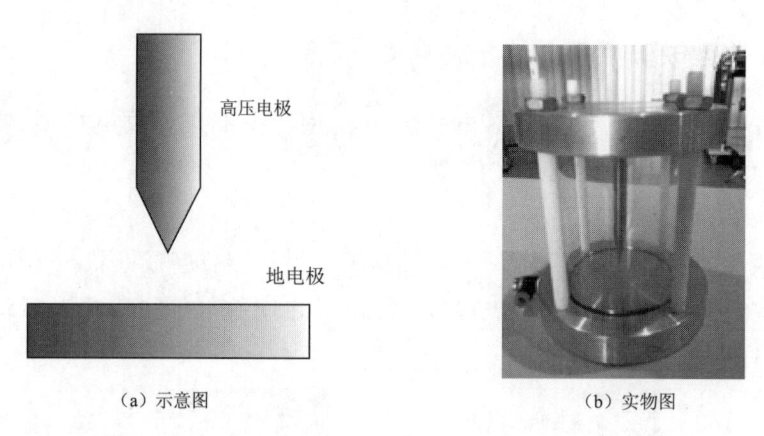

(a) 示意图　　(b) 实物图

图3-32　针板放电模型

4. 内部气隙放电模型

高压电极和地电极均为直径20mm的铜棒，两电极之间夹有一3mm的厚环氧板，环氧板由三层1mm厚环氧板粘黏而成，中间存在一直径6mm的圆形气孔，如图3-33所示。

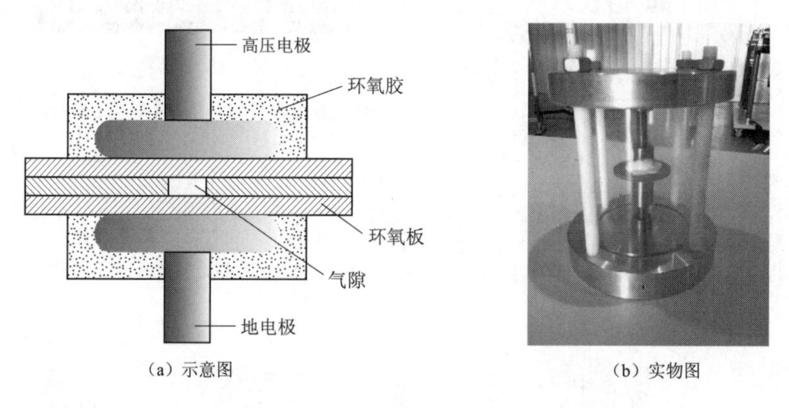

(a) 示意图　　(b) 实物图

图3-33　内部气隙放电模型

3.3.4　振荡型冲击电压下典型缺陷模型放电特性

对模型局部放电进行了测量，分别记录振荡型雷电和振荡型操作冲击电压下放电起始电压、放电幅值、放电次数等，分析各统计量随外施电压变化的规律，比较不同放电类型之间的异同。

3.3.4.1　悬浮电位放电

振荡型雷电冲击电压作用下放电起始电压为24.9kV，振荡型操作冲击电压作用下放电起始电压为24.8kV，放电起始电压相差很小。

振荡型雷电冲击电压作用下，不同外加电压下的时域波形如图3-34所示。

振荡型操作冲击电压作用下，放电时域波形如图3-35所示。

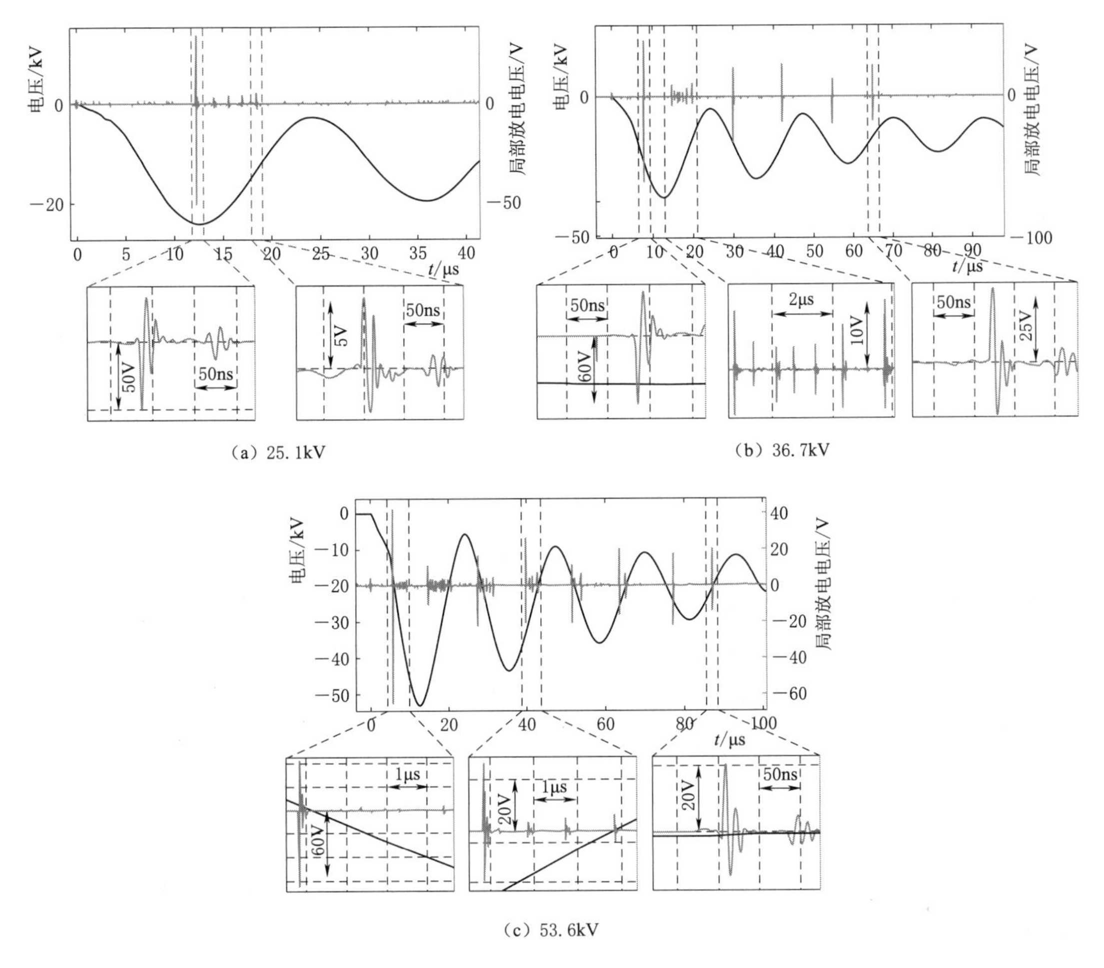

(a) 25.1kV (b) 36.7kV

(c) 53.6kV

图 3-34 悬浮电位放电时域波形（振荡型雷电）

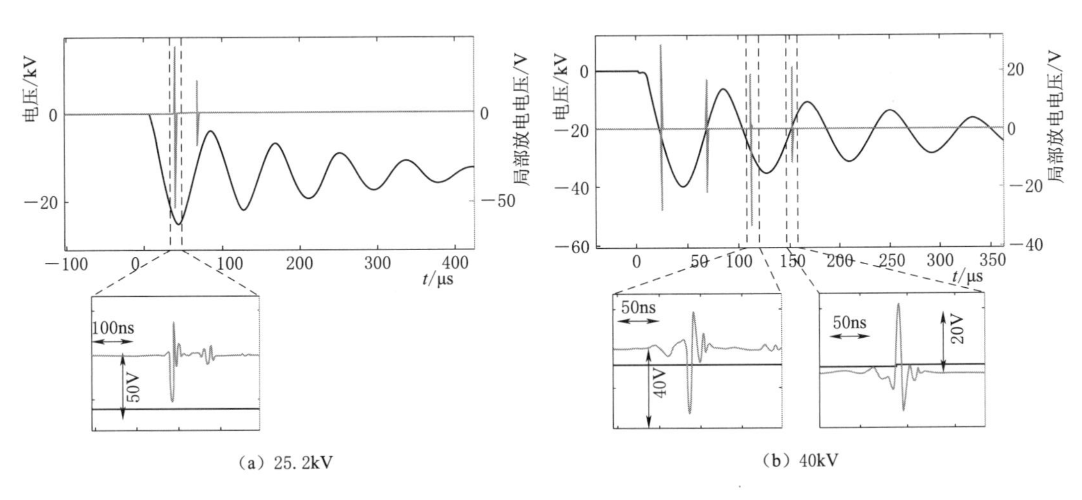

(a) 25.2kV (b) 40kV

图 3-35（一） 悬浮电位放电时域波形（振荡型操作）

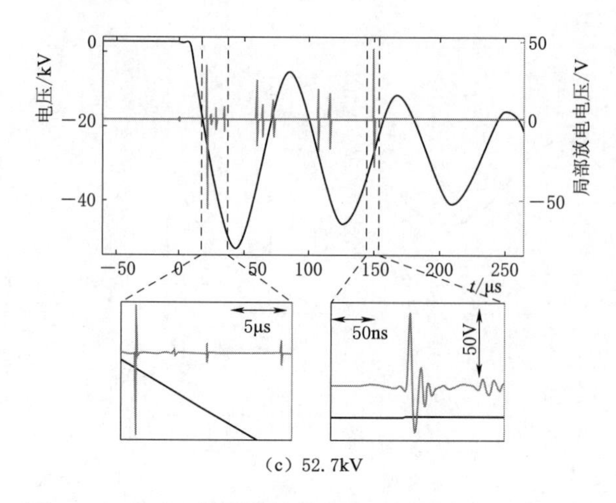

（c）52.7kV

图3-35（二） 悬浮电位放电时域波形（振荡型操作）

由图3-34和图3-35可知，振荡型冲击电压作用下，悬浮电位放电发生在外施电压的下降沿和上升沿处。放电首先出现在第一下降沿处，随着外施电压升高，第一上升沿、第二下降沿依次出现放电。存在大幅值放电，但数目较少，对于振荡型雷电冲击电压，还存在小幅值的放电，而对于振荡型操作冲击电压，只有电压较高时才出现小幅值放电，且其放电密集型比振荡型雷电冲击电压小。

振荡型雷电冲击电压作用下，将3次施压下悬浮电位放电OPRPD谱图叠加，如图3-36所示。

由图3-36可知，放电发生在外施电压下降沿和上升沿处，下降沿放电均为负极性，放电幅值大，上升沿放电均为正极性，放电幅值小。下降沿放电数目少，分布相位窄，上升沿放电数目多，分布相位宽，随着电压的升高，下降沿和上升沿放电数目、放电相位分布差异变小。

振荡型操作冲击电压作用下，悬浮电位放电OPRPD谱图如图3-37所示。

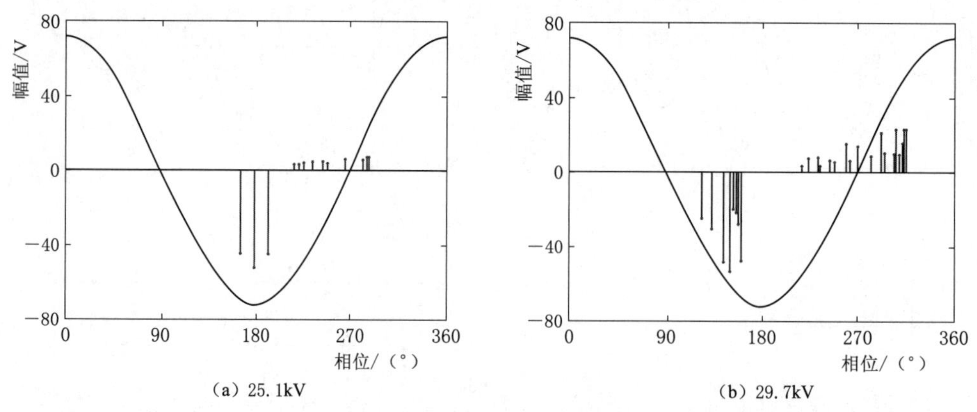

（a）25.1kV （b）29.7kV

图3-36（一） 悬浮电位放电OPRPD谱图（3次叠加）

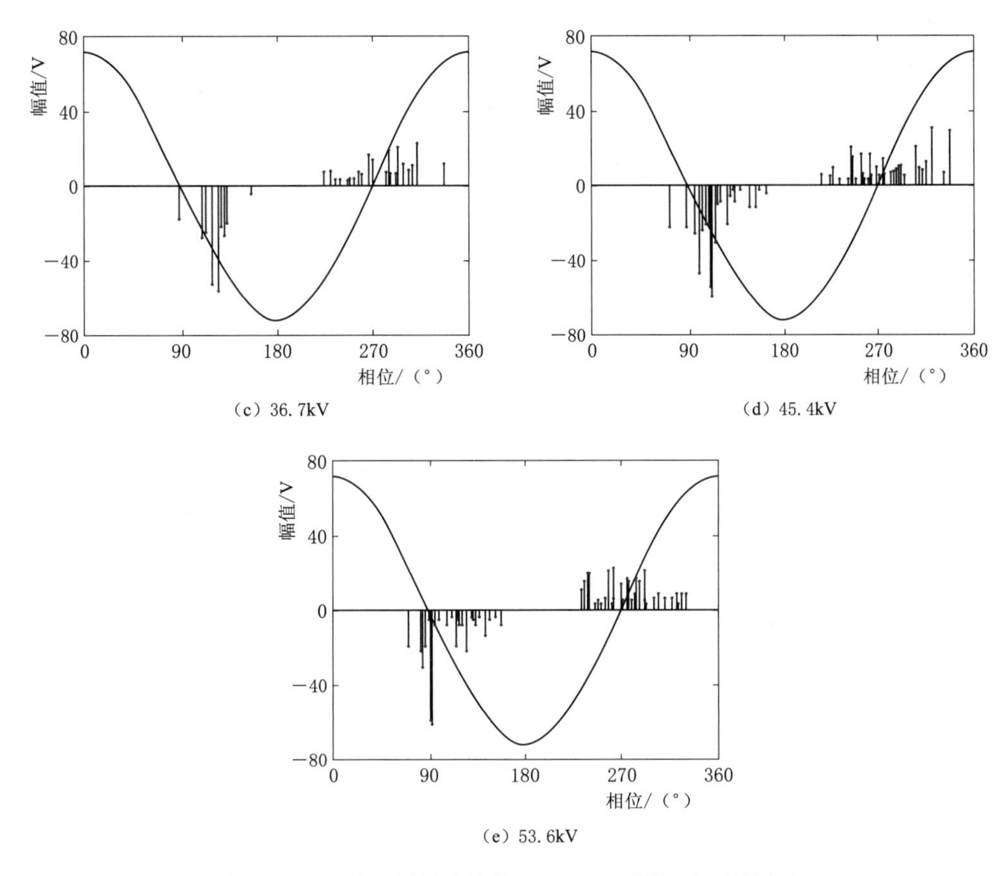

(c) 36.7kV
(d) 45.4kV
(e) 53.6kV

图3-36(二) 悬浮电位放电OPRPD谱图(3次叠加)

振荡型操作冲击电压作用下，放电仍发生在下降沿和上升沿处，下降沿放电均为负极性，上升沿放电均为正极性，下降沿放电幅值大于上升沿放电幅值。与振荡型雷电冲击电压下放电相比，图3-37中放电数目减少，分布稀疏。

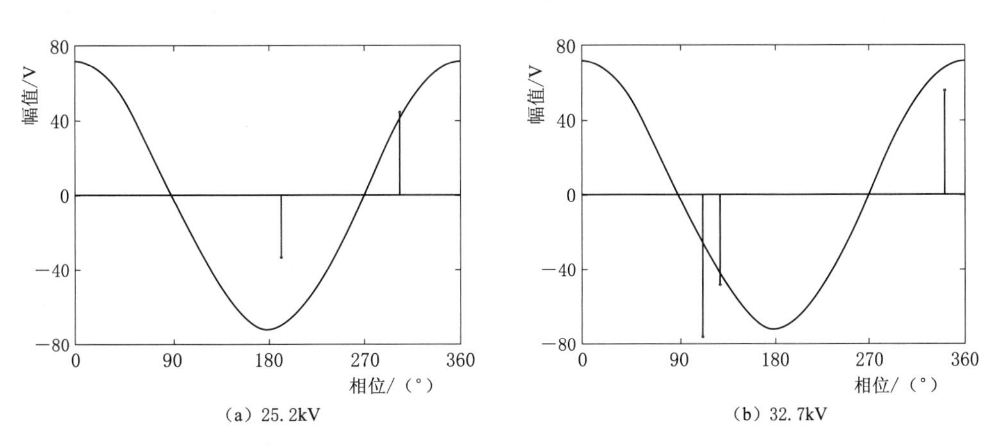

(a) 25.2kV
(b) 32.7kV

图3-37(一) 悬浮电位放电OPRPD谱图(振荡型操作)

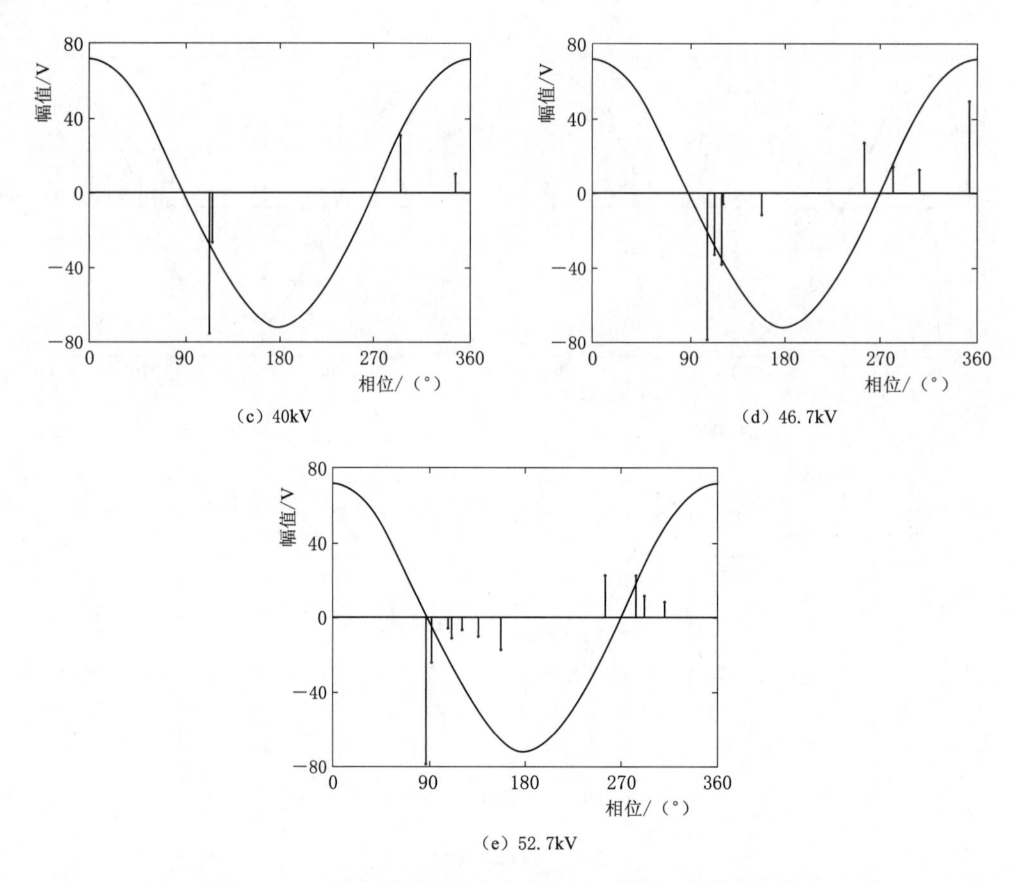

图3-37(二) 悬浮电位放电 OPRPD 谱图(振荡型操作)

将振荡型雷电冲击电压作用下和振荡型操作冲击电压作用下的最大放电幅值对比，如图3-38所示。

由图3-38可知，振荡型雷电和振荡型操作电压下最大放电幅值接近，随着外施电压的升高，放电幅值增大，但出现放电后，电压增加1倍时，最大放电幅值只增加了15%。

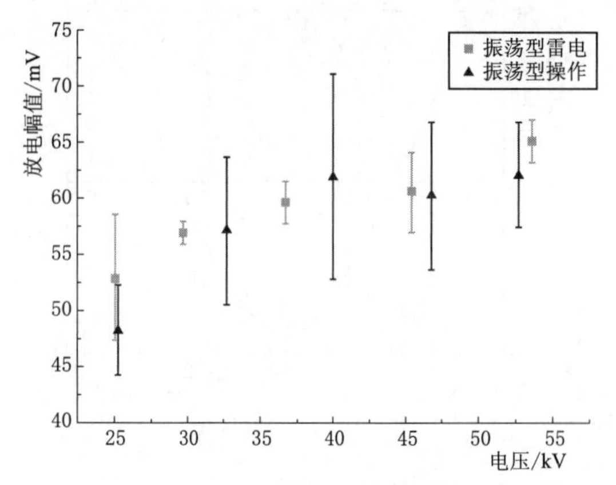

图3-38 悬浮电位最大放电幅值

将振荡型雷电冲击电压作用下和振荡型操作冲击电压作用下的一次冲击电压作用下放电次数进行对比，如图3-39所示。

根据图3-39可以看出，随着电压的升高，放电次数增多，同一电压下，振荡型雷电冲击电压作用下放电次数明显多于振荡型操作冲击电压，这与时域图和 OPRPD 谱图中观察结果一致。

在一次冲击电压作用下，记录第一个放电出现的时刻，结果如图3-40所示。

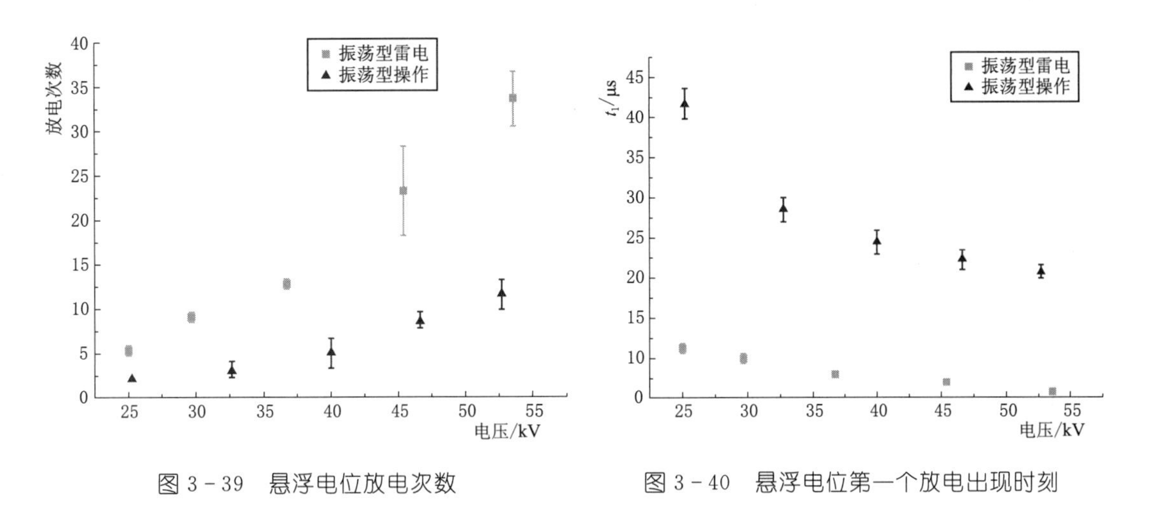

图3-39　悬浮电位放电次数

图3-40　悬浮电位第一个放电出现时刻

随着电压的升高，第一个放电出现的时刻减小，振荡型操作冲击电压下 t_1 值大于振荡型雷电冲击电压下对应值，这主要是由于两种电压振荡频率存在较大差异。

3.3.4.2　沿面放电

振荡型雷电和操作冲击电压作用下，放电起始电压分别为26.1kV、24.8kV。振荡型雷电冲击电压作用下，沿面放电时域波形如图3-41所示。

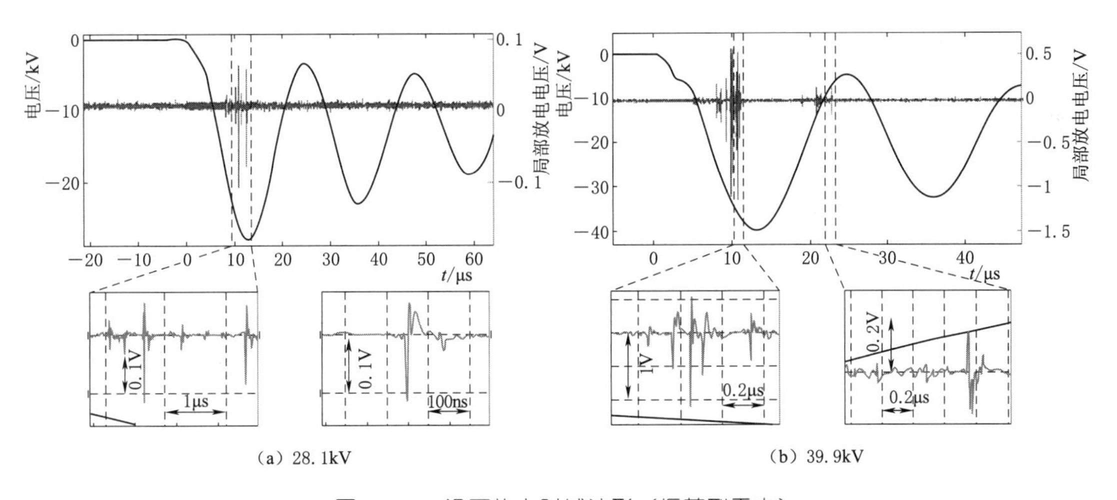

图3-41　沿面放电时域波形（振荡型雷电）

振荡型操作冲击电压下，放电时域波形如图3-42所示。

由图3-41和图3-42可知，放电发生在外施电压波形的下降沿和上升沿，在放电的起始阶段（低电压），放电只发生在第一振荡周期的下降沿，放电均为负极性，随着电压的升高，第一上升沿出现正极性放电，放电幅值比第一下降沿小。

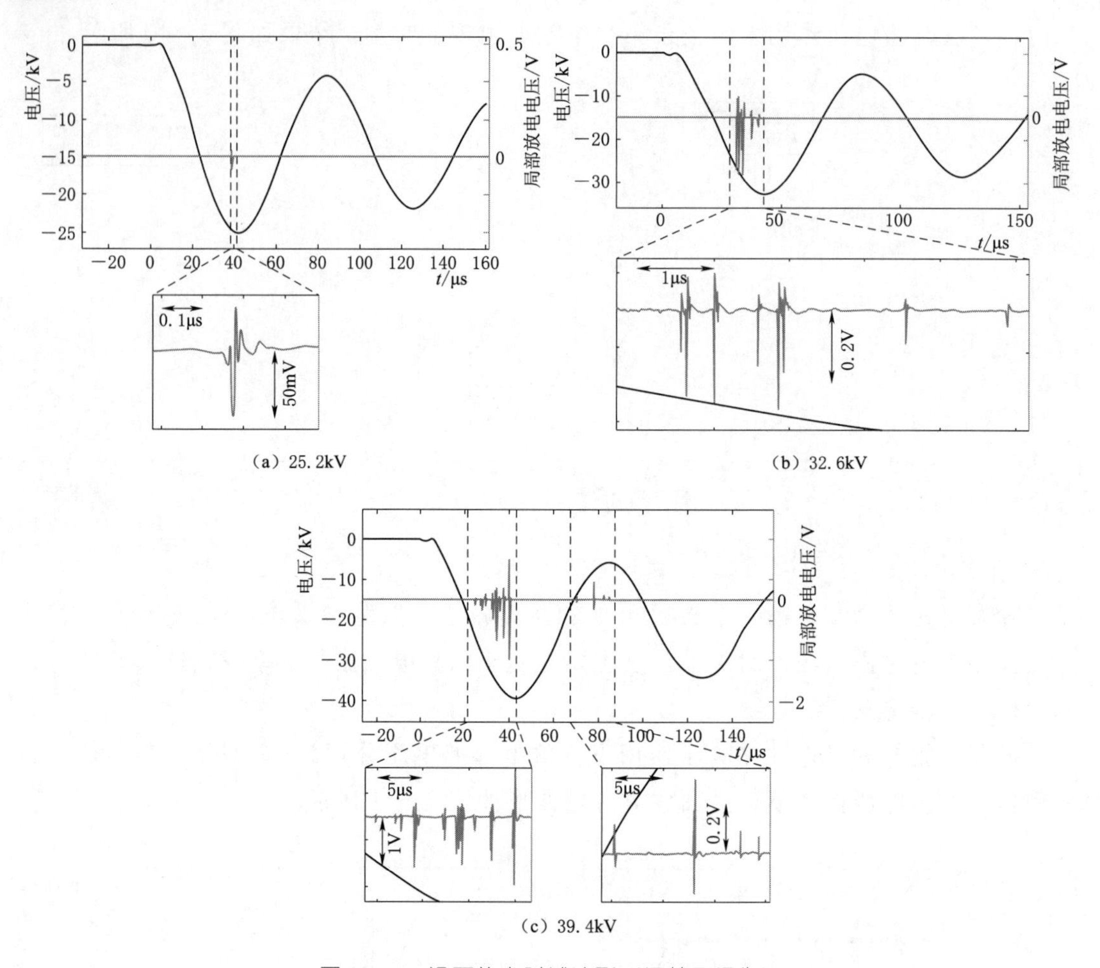

（a）25.2kV

（b）32.6kV

（c）39.4kV

图 3-42　沿面放电时域波形（振荡型操作）

振荡型雷电冲击电压作用下，将 3 次冲击电压作用下放电数据叠加，沿面放电 OPRPD 谱图如图 3-43 所示。

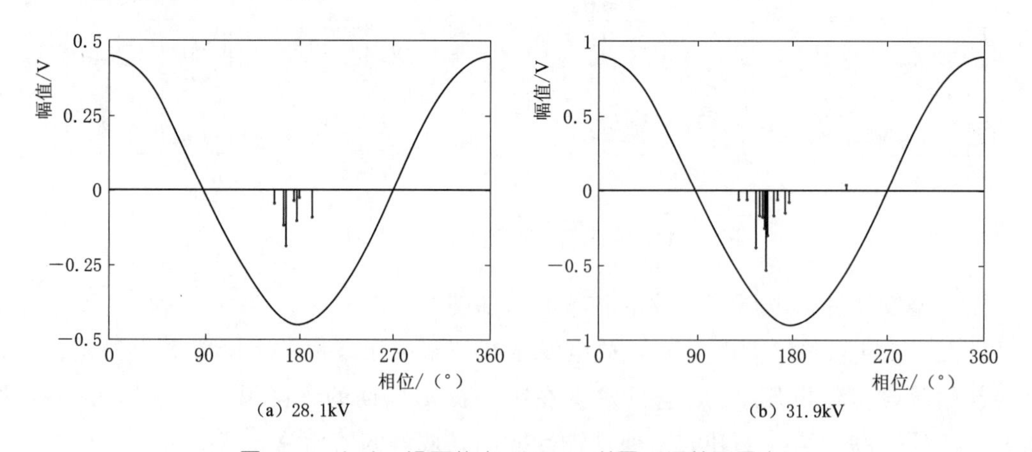

（a）28.1kV

（b）31.9kV

图 3-43（一）　沿面放电 OPRPD 谱图（振荡型雷电）

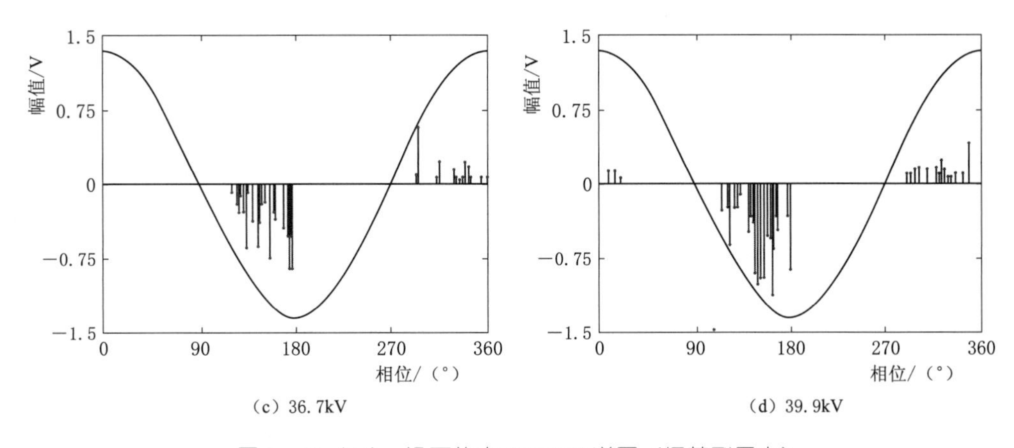

图 3-43(二) 沿面放电 OPRPD 谱图(振荡型雷电)

振荡型操作冲击电压作用下，沿面放电 OPRPD 谱图如图 3-44 所示。

由图 3-43 和图 3-44 可知，放电发生在外施电压的下降沿和上升沿，刚开始只有下降沿出现放电，随着电压的升高，上升沿开始出现放电。下降沿放电均为负极性，上升沿放电均为正极性。下降沿放电（负极性放电）多于上升沿放电（正极性放

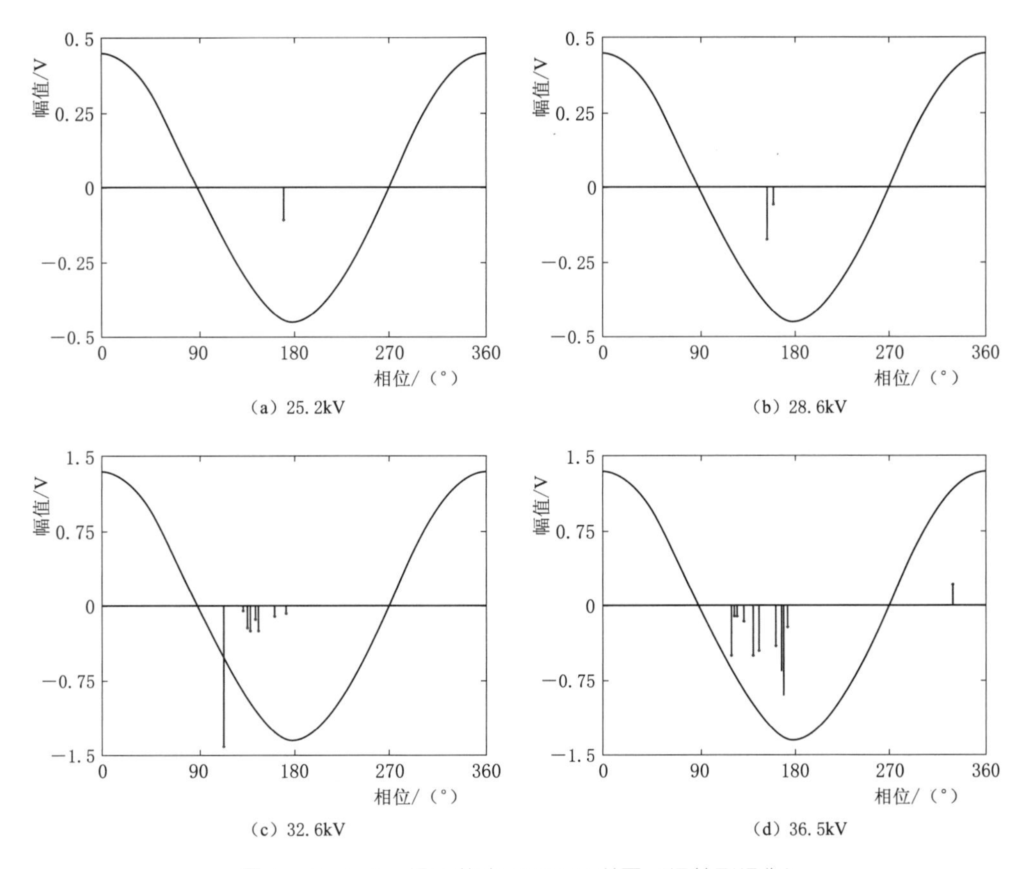

图 3-44(一) 沿面放电 OPRPD 谱图(振荡型操作)

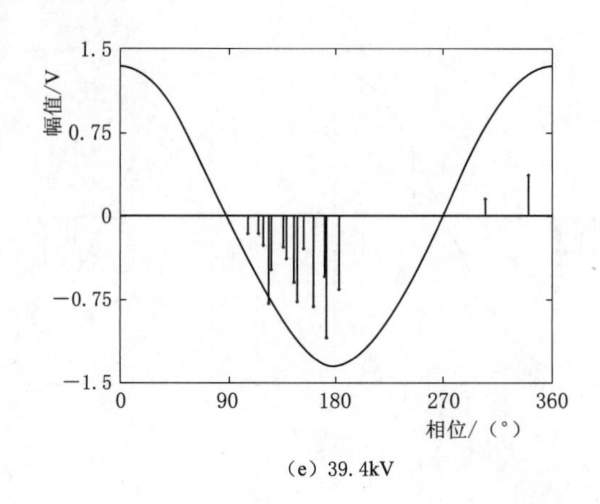

（e）39.4kV

图3-44（二） 沿面放电OPRPD谱图（振荡型操作）

电），前者幅值大于后者。沿面放电最大放电幅值如图3-45所示。

由图3-45可知，最大放电幅值随着外施电压的升高而增大，振荡型雷电和振荡型操作冲击电压作用下，最大放电幅值之间不存在明显差异。

一次冲击电压作用下，沿面放电次数如图3-46所示。

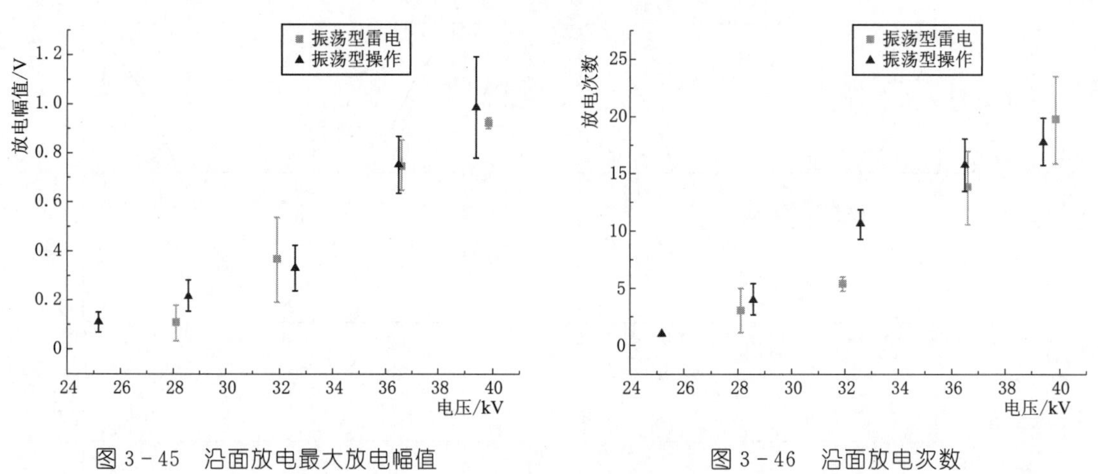

图3-45 沿面放电最大放电幅值

图3-46 沿面放电次数

根据图3-46可以看出，放电次数同样随电压的升高而增多，且振荡型雷电、振荡型操作冲击电压下，放电次数不存在明显差异。综合图3-45和图3-46可知，最大放电幅值和放电次数对外施电压类型（振荡频率）不敏感。

一次冲击电压作用下，第一个沿面放电出现的时刻如图3-47所示。

3.3.4.3 针板放电

振荡型雷电、振荡型操作冲击电压作用下，针板放电起始电压分别为26kV、24kV，放电时域波形分别如图3-48和图3-49所示。

尖端放电只发生在外施电压波形波谷附近，放电多，放电幅值小，且均为负极性。

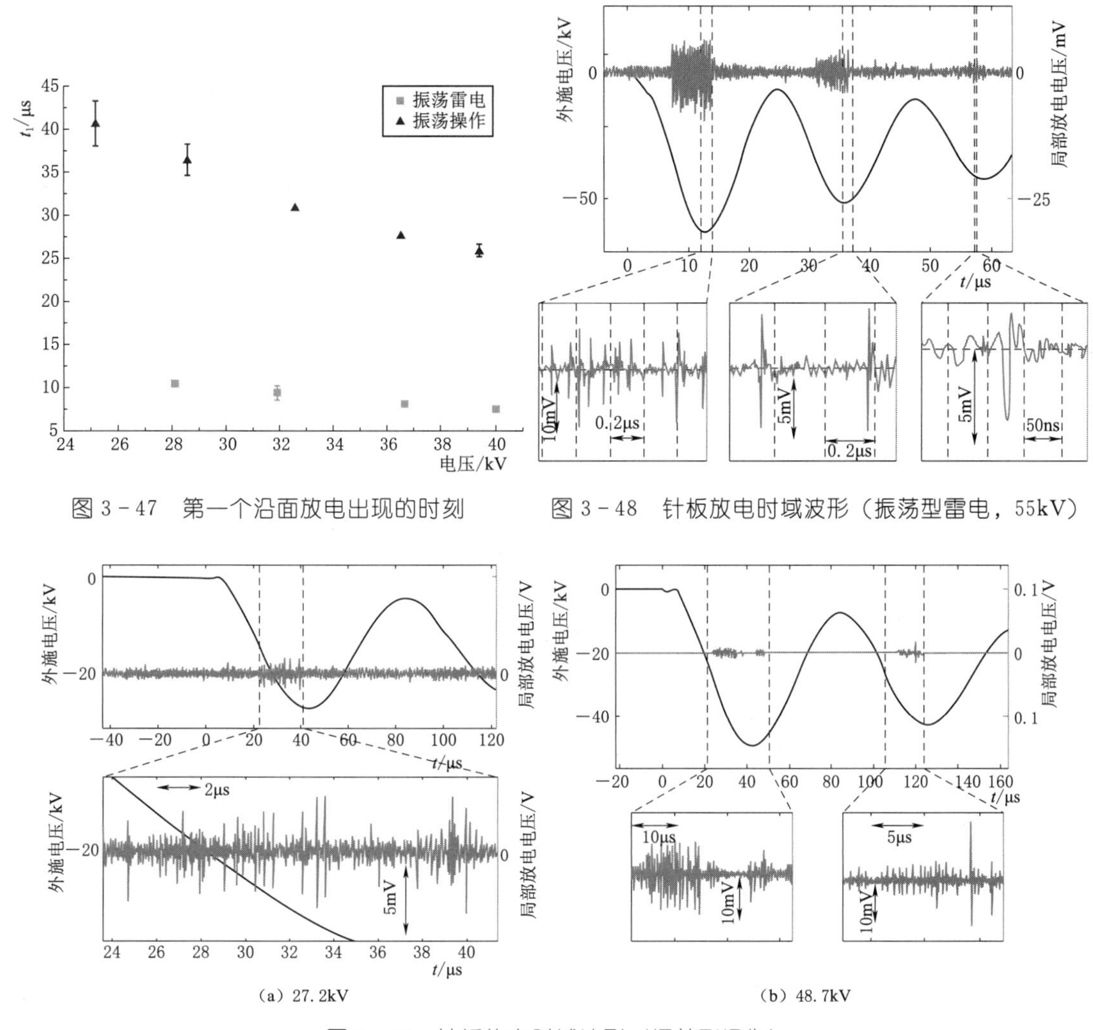

图 3-47　第一个沿面放电出现的时刻

图 3-48　针板放电时域波形（振荡型雷电，55kV）

图 3-49　针板放电时域波形（振荡型操作）

振荡型雷电冲击电压作用下，放电 OPRPD 谱图如图 3-50 所示。

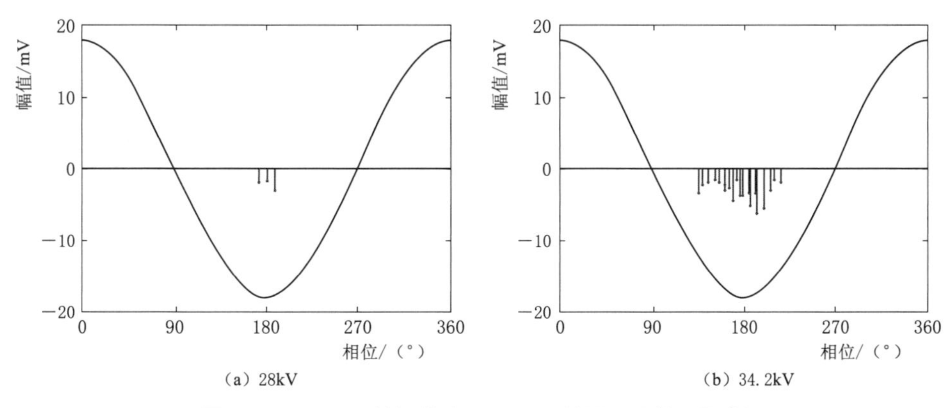

图 3-50（一）　针板放电 OPRPD 谱图（振荡型雷电）

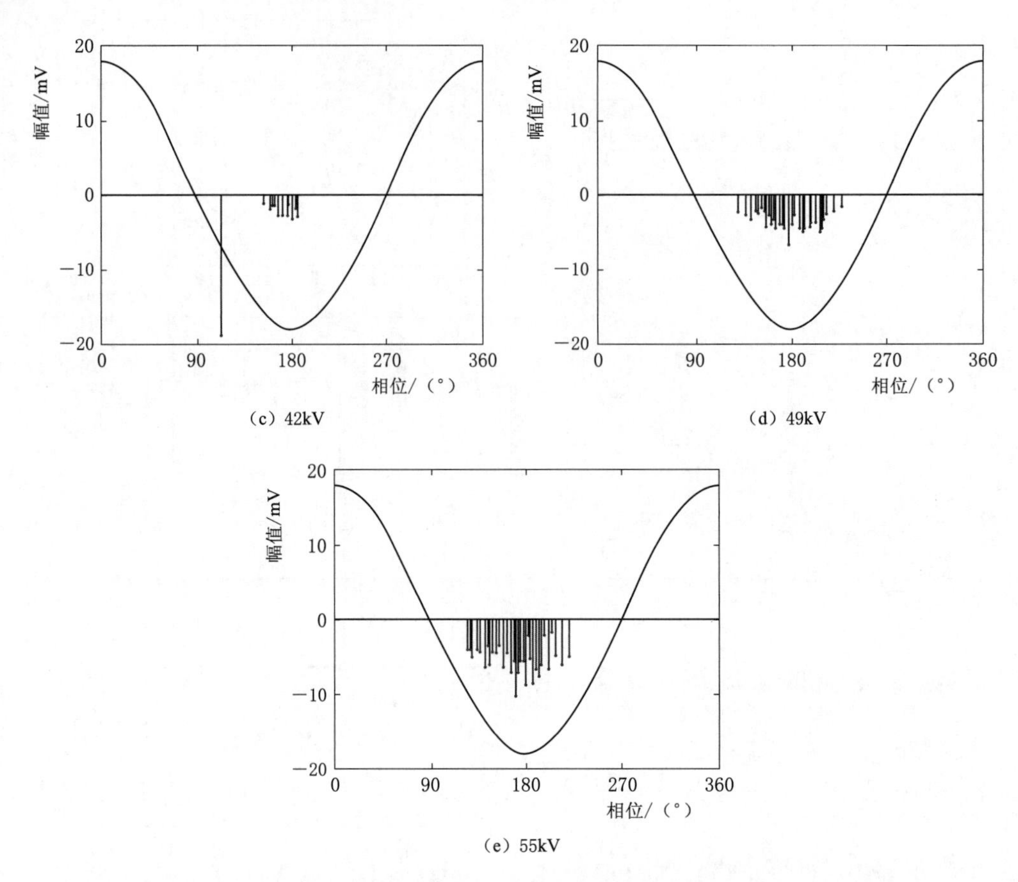

图3-50(二) 针板放电OPRPD谱图(振荡型雷电)

振荡型操作冲击电压作用下,放电OPRPD谱图如图3-51所示。

从图3-51可以看出,针板放电幅值小,所有放电均为负极性,集中在相位180°附近,最大放电幅值如图3-52所示。

由图3-52知,随着电压的升高,最大放电幅值增大,但始终较小(<10mV)。此

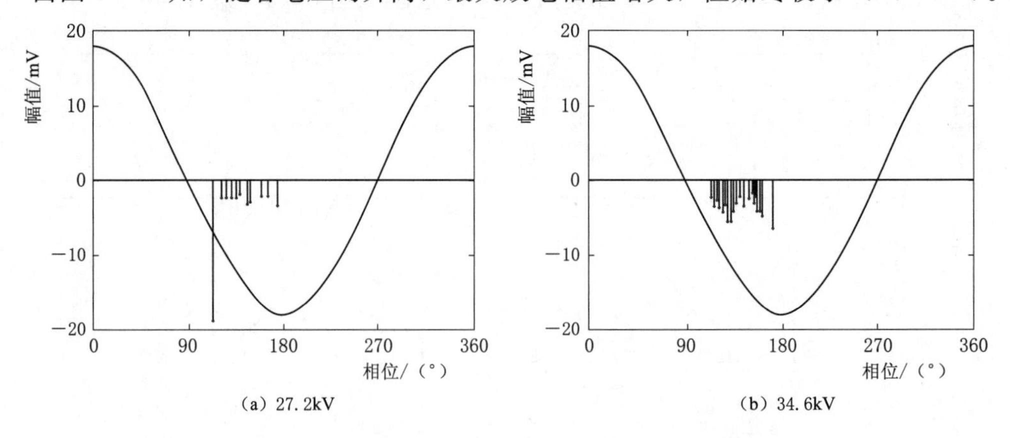

图3-51(一) 针板放电OPRPD谱图(振荡型操作)

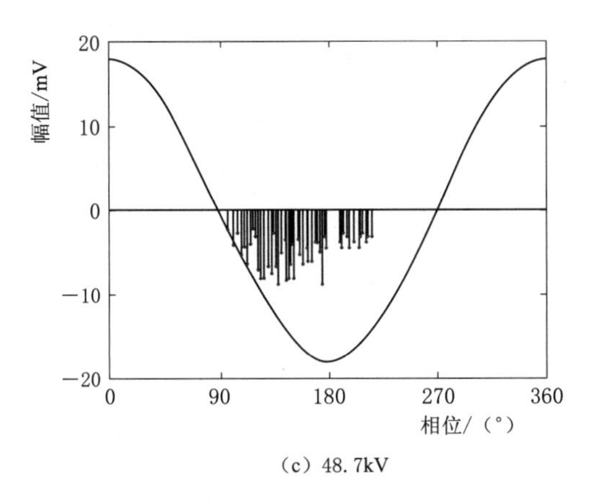

(c) 48.7kV

图 3-51(二) 针板放电 OPRPD 谱图(振荡型操作)

外,振荡型操作冲击电压作用下最大放电幅值大于振荡型雷电冲击电压下最大放电幅值。

一次冲击电压作用下针板放电次数如图 3-53 所示。

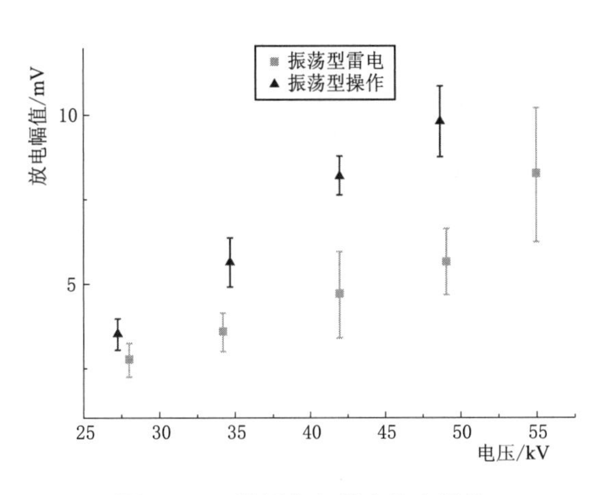

图 3-52 针板放电最大放电幅值

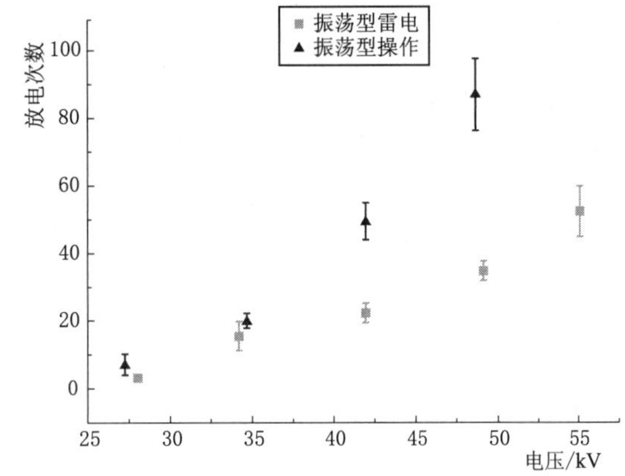

图 3-53 针板放电次数

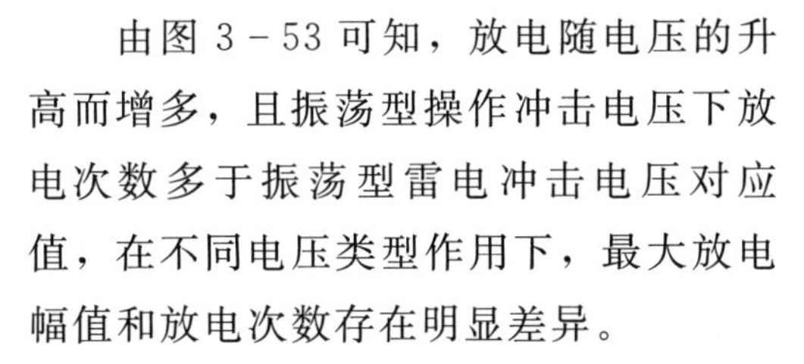

由图 3-53 可知,放电随电压的升高而增多,且振荡型操作冲击电压下放电次数多于振荡型雷电冲击电压对应值,在不同电压类型作用下,最大放电幅值和放电次数存在明显差异。

针板第一个放电出现时刻如图 3-54 所示。

3.3.4.4 内部放电

振荡型雷电、振荡型操作冲击电压作用下,针板放电起始电压分别为

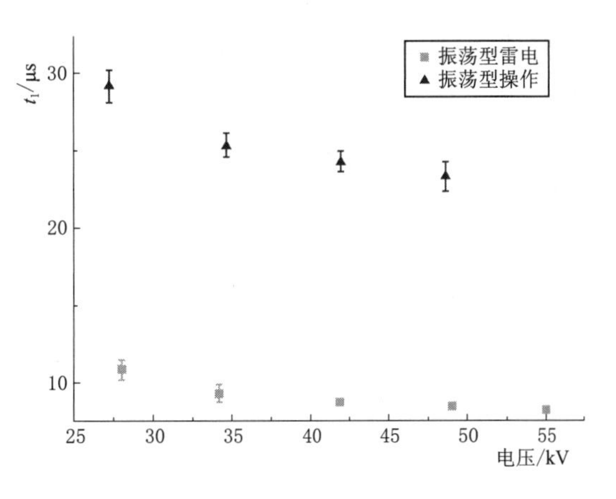

图 3-54 针板第一个放电出现时刻

6.8kV、6.3kV。振荡型雷电冲击电压下，内部放电时域波形如图3-55所示。

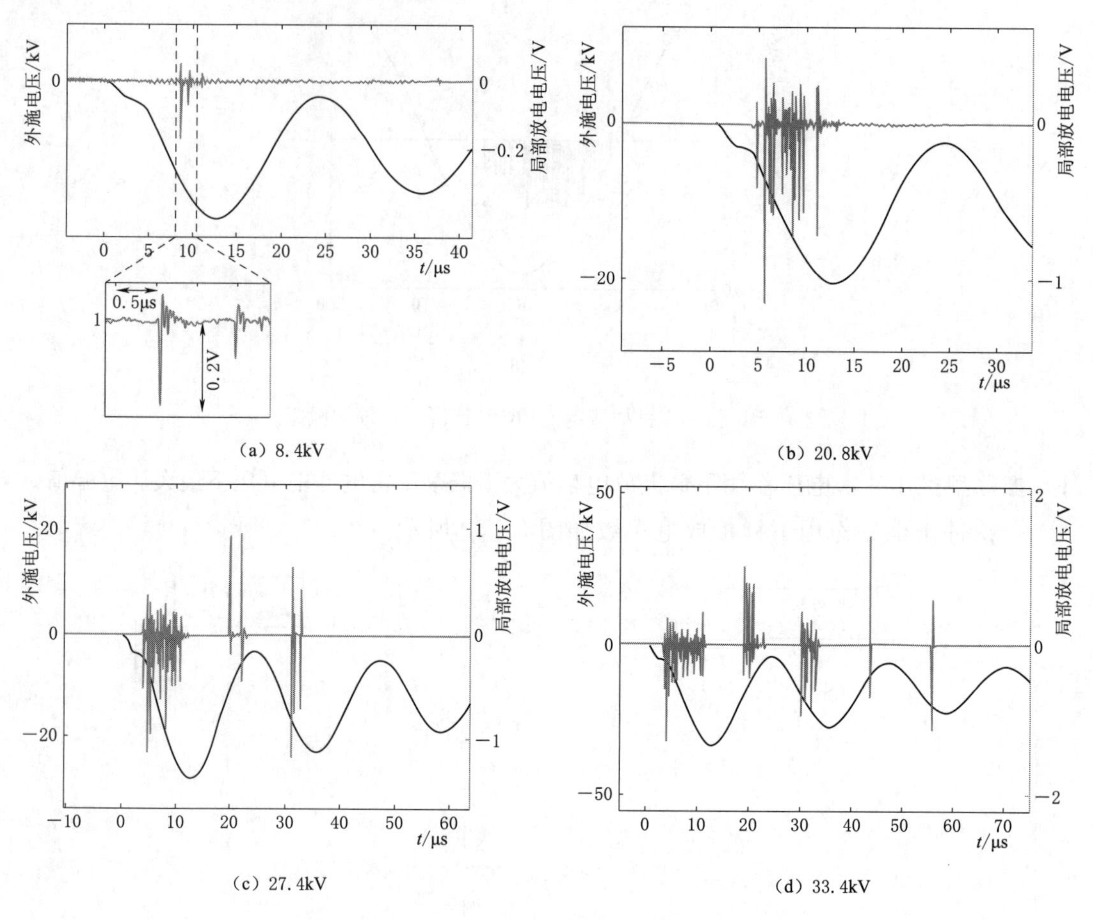

(a) 8.4kV　(b) 20.8kV　(c) 27.4kV　(d) 33.4kV

图3-55　内部放电时域波形（振荡型雷电）

由图3-55可知，内部放电出现在外施电压波形的上升沿和下降沿，下降沿放电为负极性，上升沿放电为正极性。刚开始时，放电出现在第一下降沿，电压升高，第一上升沿、第二下降沿依次出现放电，且各上升沿、下降沿最大放电幅值差异不大，这和沿面放电不同。

振荡型操作冲击电压作用下，内部放电时域波形如图3-56所示。

图3-56（a）～图3-56（d）中，只在外施电压波形下降沿处存在放电，且放电均为负极性，而当电压升至33.4kV［图3-56（e）］，上升沿放电也只存在一个放电脉冲，这与振荡型雷电冲击电压下放电不同。

内部放电OPRPD谱图如图3-57和图3-58所示。

内部放电最大放电幅值如图3-59所示。

一次冲击电压作用下，内部放电次数如图3-60所示。

最大放电幅值和放电次数均随外施电压的升高而增大，分别在振荡型雷电和振荡

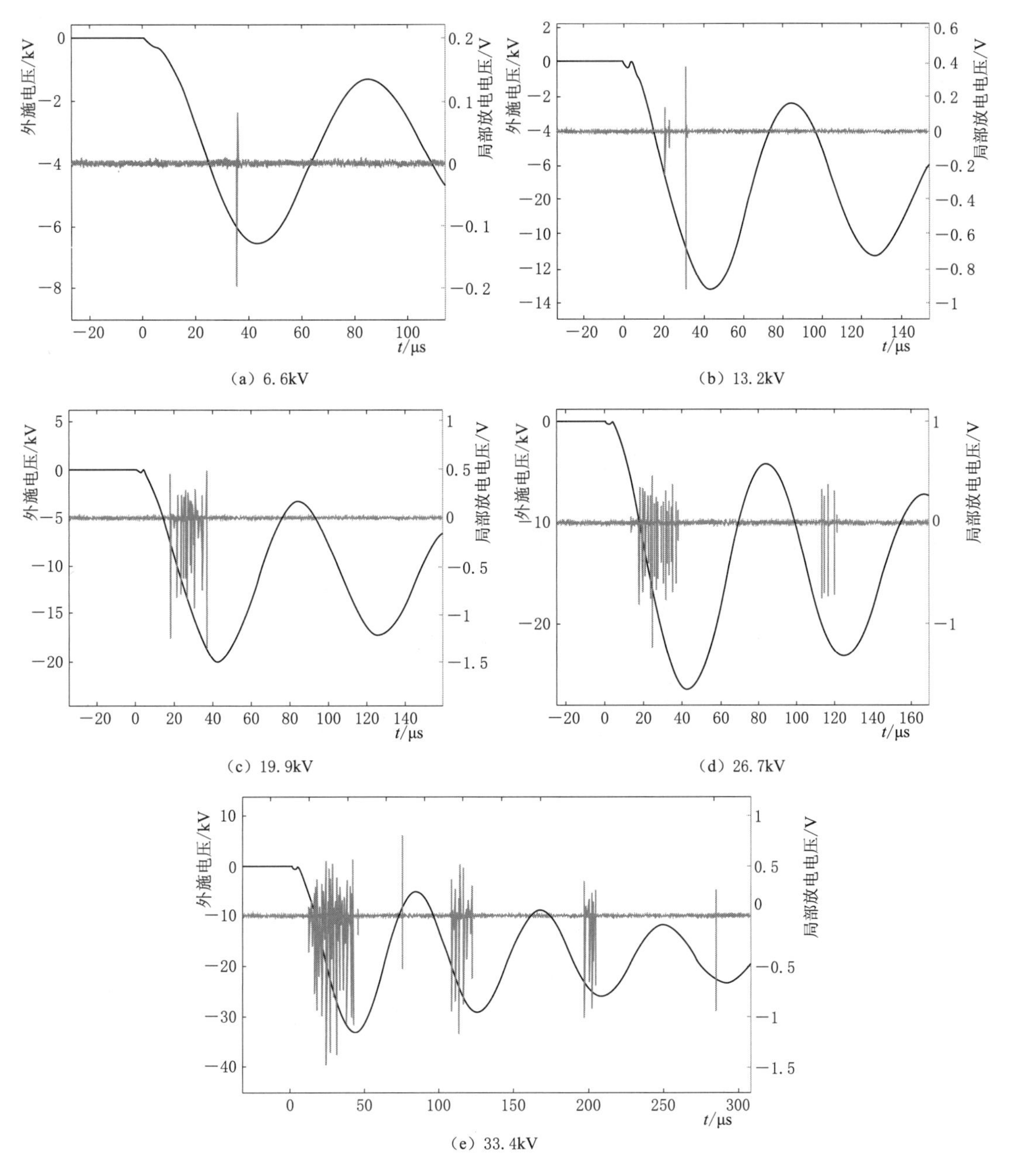

图3-56 内部放电时域波形（振荡型操作）

型操作冲击电压作用下，最大放电幅值没有表现出明显变化，而在后者作用下，放电次数略有增大。

从图3-61可以看出，随着外加电压的增加，振荡型雷电和振荡型操作冲击电压表现出不同的特性，操作电压下的放电时延要大于振荡型雷电冲击电压作用下的放电时延。

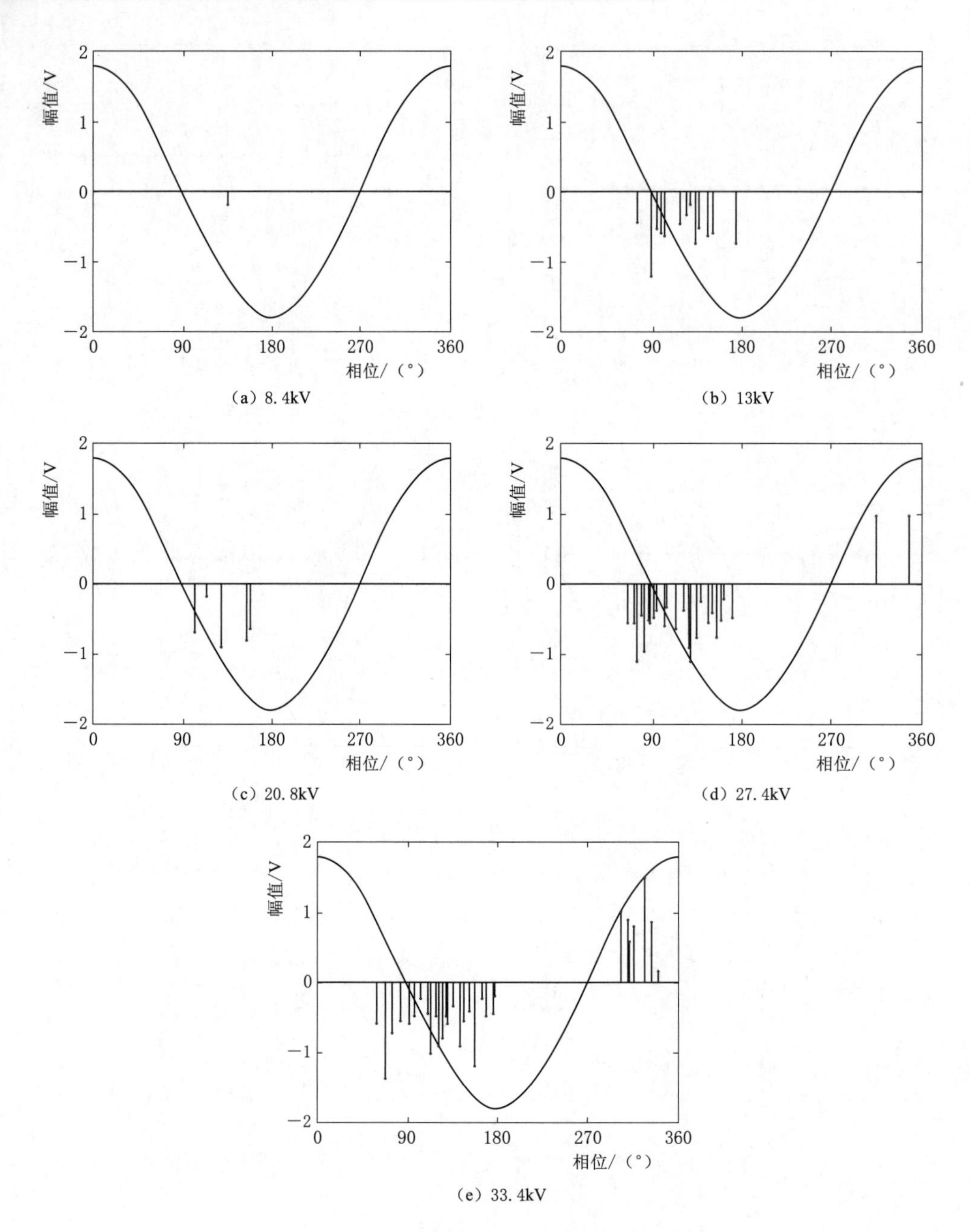

图3-57　内部放电OPRPD谱图（振荡型雷电）

3.3.5　振荡频率对放电特性的影响

振荡型雷电冲击电压的频率范围很广，为了研究振荡频率对放电特性的影响，搭建了能够产生不同振荡频率的试验平台，平台能产生3种频率振荡型雷电冲击电压波形，电路元件参数见表3-8。

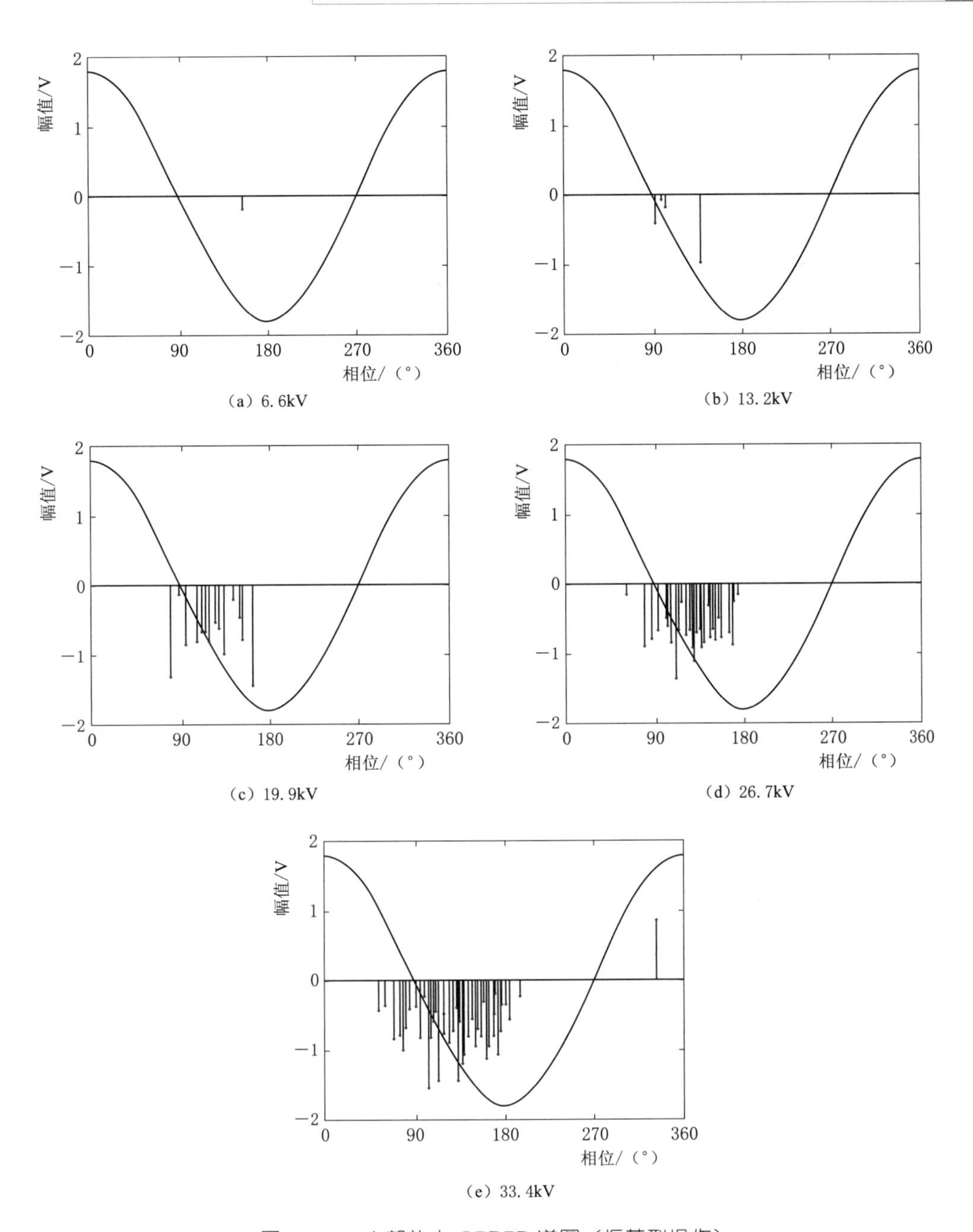

图3-58 内部放电OPRPD谱图(振荡型操作)

表3-8 电路元件参数

序号	主电容/pF	负载电容/pF	电感/mH	波头电阻/Ω	波尾电阻/kΩ
1	9600	895	9.11	375.00	13.33
2	9600	465	4.05	145.00	28.37
3	9600	465	1.50	40.92	32.00

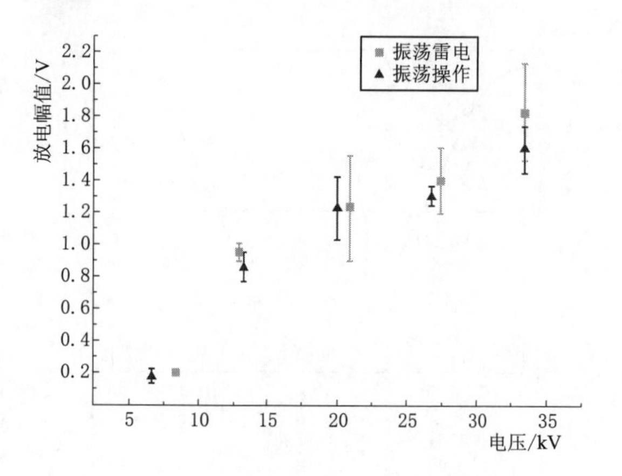

图3-59　内部放电最大放电幅值

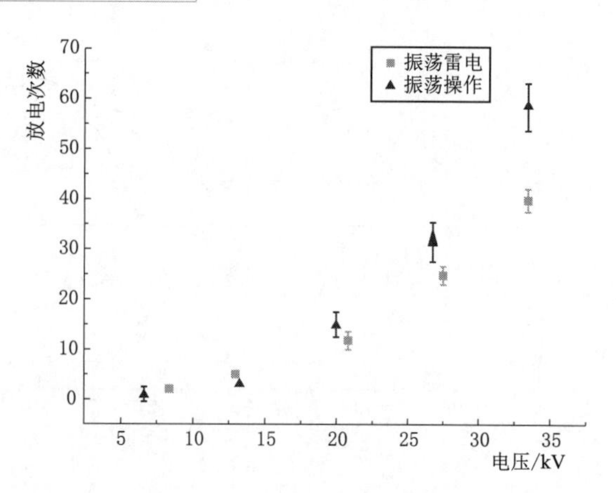

图3-60　内部放电次数

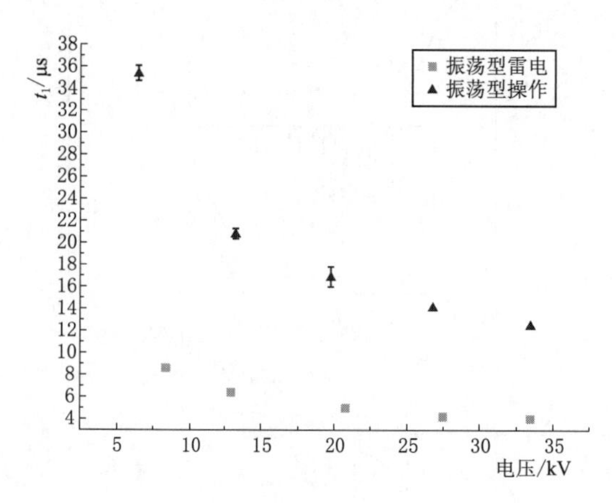

图3-61　内部第一个放电出现时刻

仿真电压波形和实测电压波形如图3-62所示。

由图3-62中实测电压波形，可得3种频率下电压波形参数见表3-9～表3-11。

表3-9～表3-11中，U_1 代表充电电压，$+U_1$ 表示充电电压为正，$-U_1$ 表示充电电压为负。3种频率下，波形的波尾时间都保持在60μs左右。

采用悬浮电位缺陷作为研究对象，工频电压下，记录局部放电的PRPD谱图，由于局放仪带宽有限，采用50Ω无感电阻作为采样电阻，用数字示波器采集局放电流脉冲波形。实验时，外施电压从零缓慢升高，当出现明显的局部放电信号时，记录外施电压的幅值，作为放电起始电压。继续升高电压，直至放电达到一定的剧烈程度，期间记录各电压等级下放电的PRPD谱图和放电脉冲波形，用以分析局部放电特性。各电压下放电的PRPD谱图如图3-63所示。

表3-9　波形参数（57.5kHz）

U_1/kV	U_2/kV	f/kHz	T_1/μs	T_2/μs	η/%
+17.9	+30.95	57.45	6.09	57.46	172.91
+22	+38.16	57.58	6.16	57.68	173.45
+26.5	+46.74	57.55	6.14	59.05	176.38
−19.9	−30.89	57.43	6.10	55.36	155.23
−23.7	−37.79	57.51	6.12	57.49	159.45
−28.5	−46.87	57.52	6.16	58.02	164.46

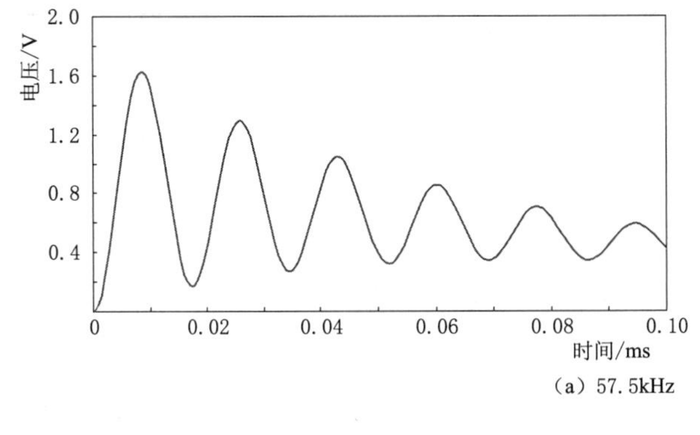

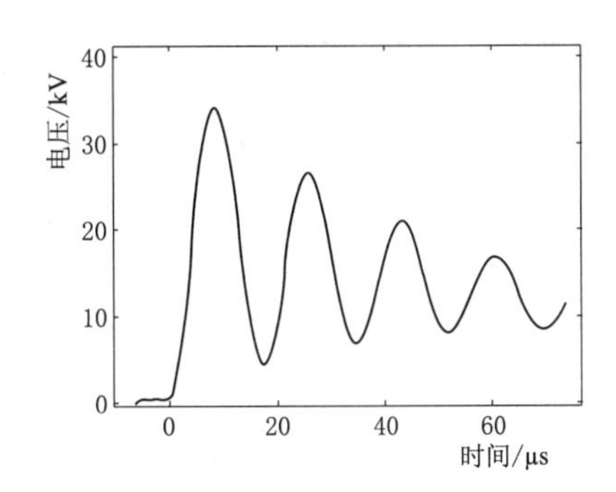

（a）57.5kHz

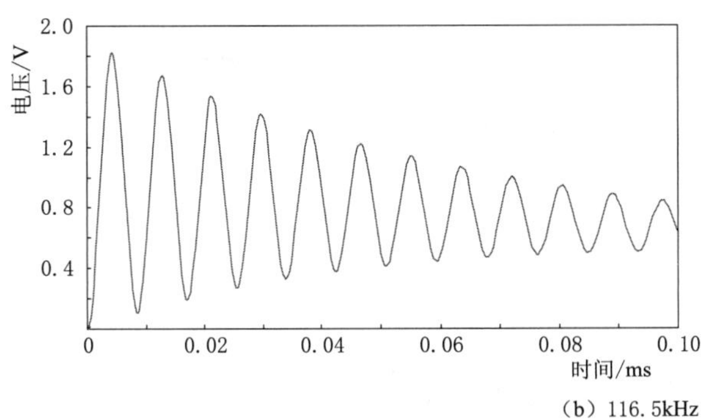

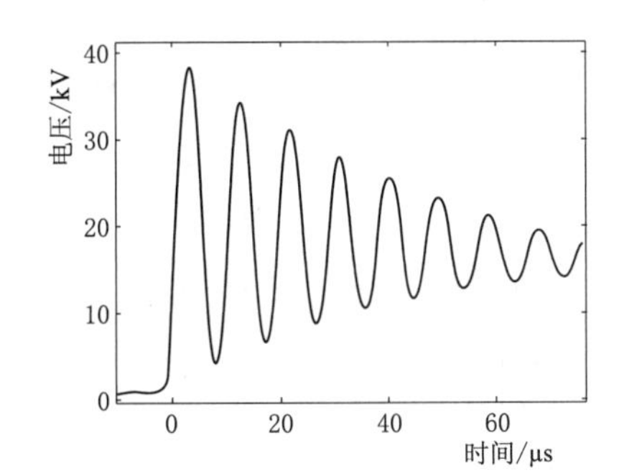

（b）116.5kHz

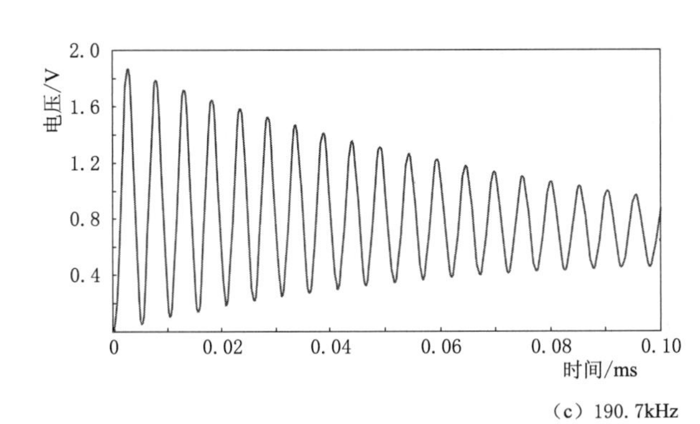

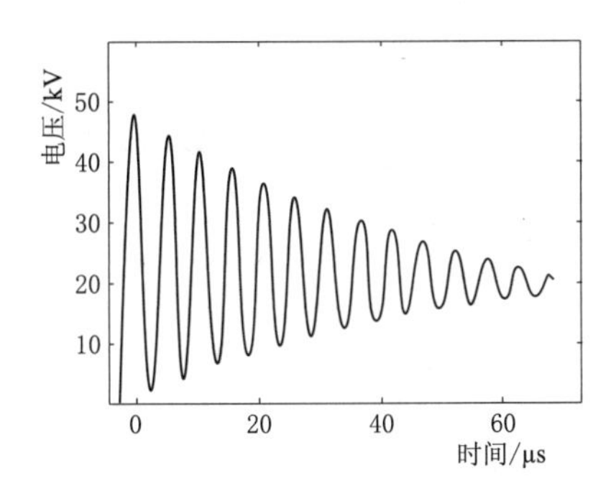

（c）190.7kHz

图 3-62　振荡型雷电冲击电压波形

表 3-10　　波形参数（116.5kHz）

U_1/kV	U_2/kV	f/kHz	T_1/μs	T_2/μs	η/%
+17.6	+33.22	116.43	2.98	62.38	188.75
+19.6	+37.42	116.54	3.03	62.71	190.92
+23.6	+46.46	116.48	3.05	64.36	194.39
−19.8	−33.57	116.43	2.99	55.53	169.55
−22.1	−37.87	116.52	3.02	58.07	171.36
−26.3	−47.19	116.54	3.06	60.82	179.43

表 3-11　　波形参数（190.7kHz）

U_1/kV	U_2/kV	f/kHz	T_1/μs	T_2/μs	η/%
+18.0	+34.66	190.69	1.86	57.06	192.56
+20.5	+39.85	190.86	1.87	61.40	194.39
+23.7	+46.01	190.68	1.88	62.78	194.14
−18.9	−33.31	190.59	1.86	51.28	176.24
−21.1	−37.77	190.59	1.86	55.14	179.00
−26.3	−47.57	190.77	1.88	59.90	180.87

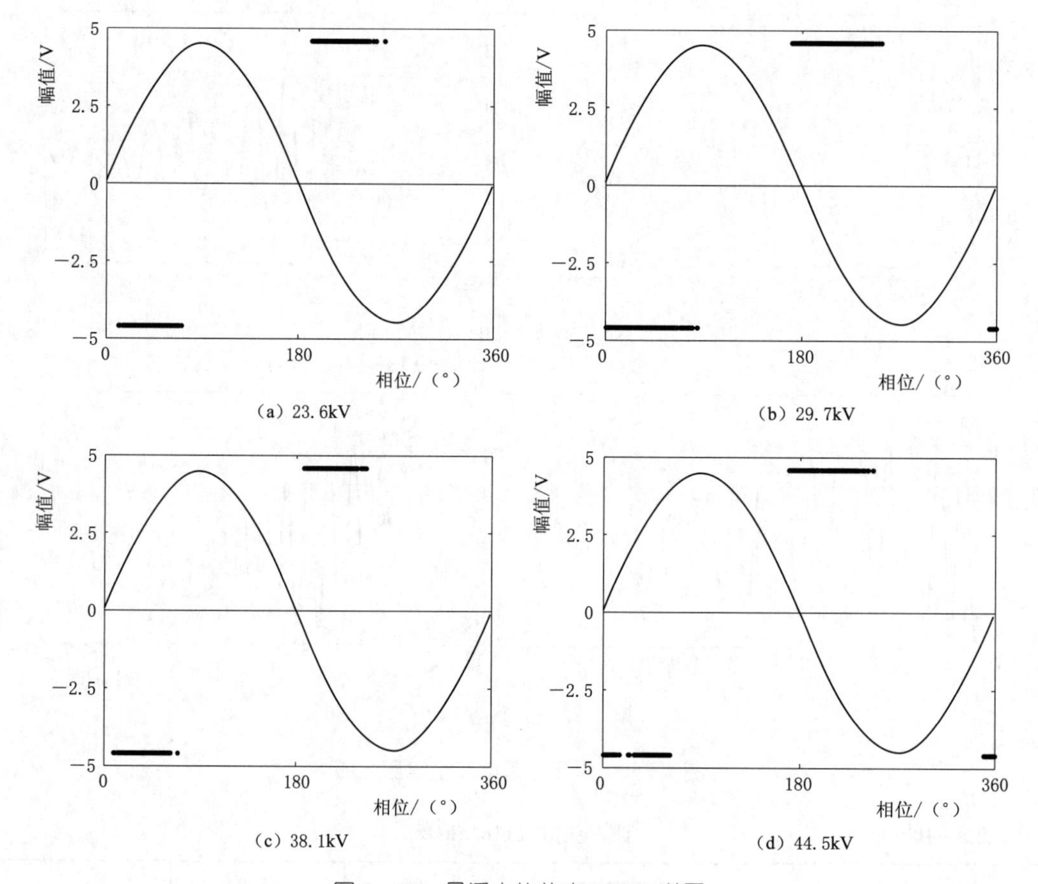

图 3-63　悬浮电位放电 PRPD 谱图

悬浮电位模型放电起始电压为 23.6kV，由图 3-63（a）可知，放电一开始就呈现出大幅值，放电谱图呈直线形（由于局部放电测量系统的量程限制，导致谱图呈直线，实际应为条状矩形），正负半周放电对称，无放电的极性效应。随着外施电压的升高，放电相位变宽，当电压升高到 44.5kV 时，放电发生在−15°～74°和 165°～245°相位范围内。

在记录 PRPD 谱图的同时，还记录了各电压下的每秒放电次数，放电重复率如图 3-64 所示。

由图 3-64 可知，刚开始出现放电时，每秒只有 20 次放电，随着外施电压的升高，每秒放电次数显著增多，当外施电压达到 44.5kV 时，放电重复率高达 200 次/s。

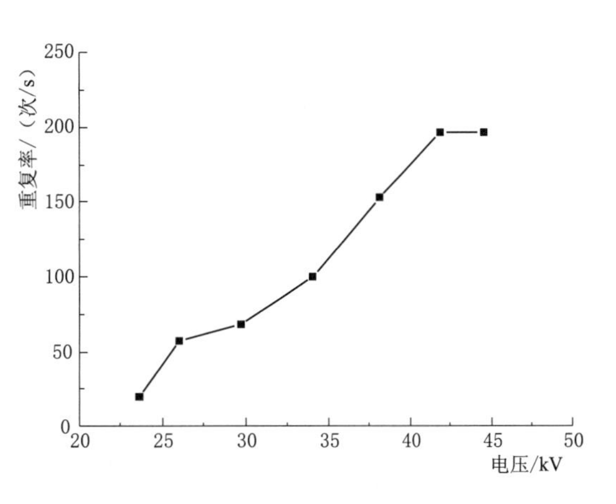

图 3-64　悬浮电位放电重复率

在各电压等级下，示波器采集了 50Ω 采样电阻上的脉冲电压信号，通过 V-I 转换，可得局部放电脉冲电流信号，如图 3-65 所示。

对每一电压等级下放电脉冲进行统计，可得工频电压作用下正负极性局部放电最大放电幅值，如图 3-66 所示。

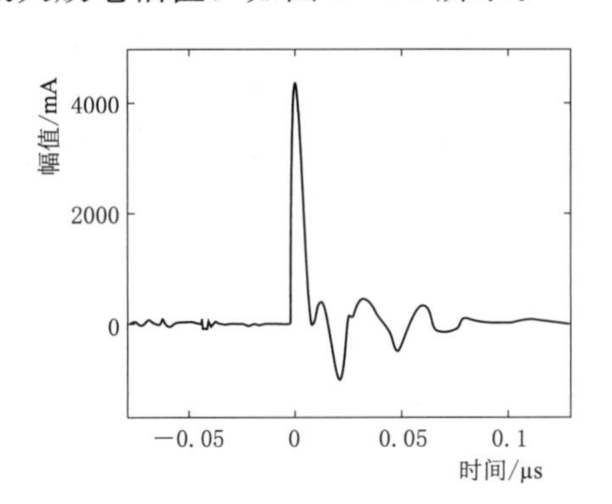

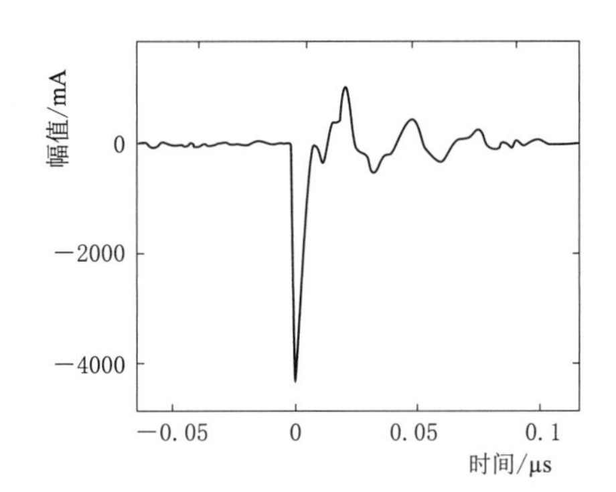

图 3-65　悬浮电位典型放电脉冲波形

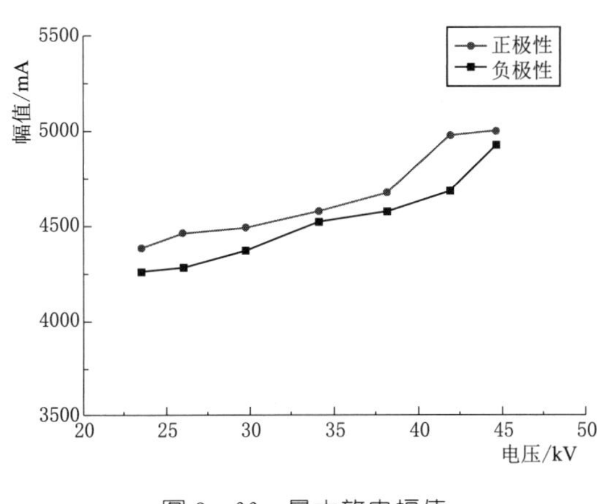

图 3-66　最大放电幅值

由图 3-66 可知，悬浮电位放电幅值非常大，正极性放电幅值略大于负极性。

工频电压下，出现明显的局部放电时，外施电压峰值为 23.6kV。冲击电压下，升降法测放电起始电压，每次充电电压改变 1kV，连续测量 10 次，当出现 4～6 次放电时，施压平均值记为放电起始电压。57.5kHz 频率下的放电起始电压为：正极性 34.4kV，负极性 32.4kV；116.5kHz 频率下的放电起始电压为：正极性 35.1kV，负极性 32.5kV；190.7kHz 频率下的放电起始电压为：正极性 35.2kV，负极性 34.2kV，如图 3-67 所示。

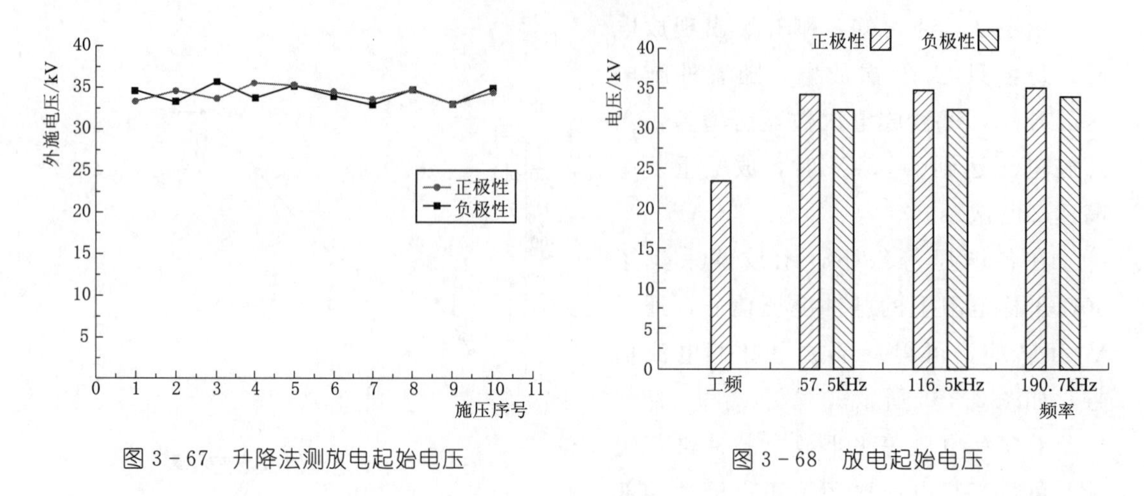

图 3-67 升降法测放电起始电压

图 3-68 放电起始电压

由图 3-68 可知，工频放电起始电压明显较低，而冲击电压下放电起始电压约为工频下的 1.5 倍，这是由于工频电压频率只有 50Hz，是 57.5kHz 的 1/1150，因此它们的电压变化率差异较大，这也导致它们放电起始电压不同。3 种频率下，负极性放电起始电压低于正极性放电起始电压。频率升高时，正负极性放电起始电压均略有升高。

正负极性振荡型雷电冲击电压下，悬浮电位最大放电幅值如图 3-69 所示。

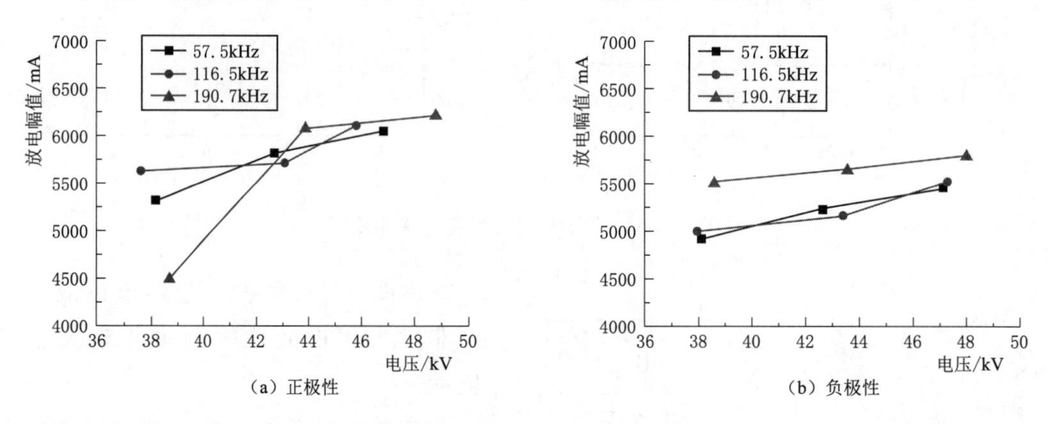

图 3-69 悬浮电位最大放电幅值

由图 3-69 可知，随着电压的升高，最大放电幅值线性增大，且正极性放电幅值始终略大于负极性放电幅值，这与工频下规律一致。频率变化时，正极性放电幅值并没有发生多大变化，负极性放电幅值在 190.7kHz 时相对较大，但也只是比 57.5kHz 和 116.5kHz 对应值大 10%。可知，悬浮电位放电一旦出现，即表现为大幅值放电，电压升高后，最大放电幅值略有增大，其对频率变化的反应并不敏感。

可以看出，在标准所规定的振荡频率范围内，放电幅值及放电起始电压均对频率不敏感，这也说明了标准所给出的振荡频率下可以认为其对局部放电而言均是等效的。

3.3.6 结论

通过对典型绝缘缺陷局部放电特性的研究，表明在标准规定的振荡频率下，放电幅值和放电起始电压没有明显变化，这也说明了现场使用的波形只要满足标准的要求，均可作为试验电压使用，其对局部放电的检测的评判而言均可接受。

3.4 GIS 设备冲击电压下局部放电的检测装置实用化试验研究

利用国网青海电科院高海拔高电压实验室 363kV GIS 故障仿真试验平台开展 GIS 冲击电压下局部放电试验研究，移动式振荡型雷电冲击电压发生器等效电路如图 3-70 所示，电路参数见表 3-12。

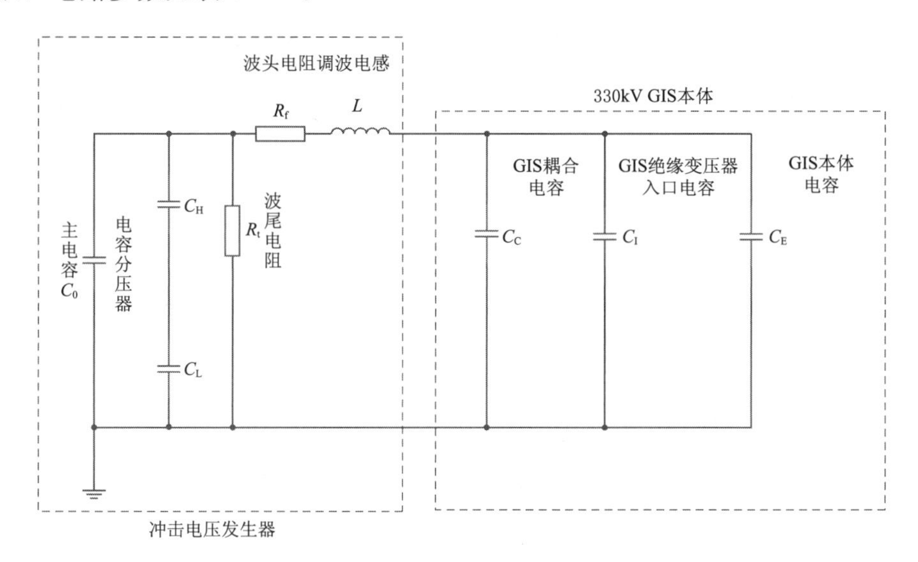

图 3-70 移动式振荡型雷电冲击电压发生器等效电路

表 3-12 移动式振荡型雷电冲击电压发生器电路参数

参数	主电容 C_0	电容分压器高压臂电容 C_H	电容分压器低压臂电容 C_L	波尾电阻 R_t	波头电阻 R_f	调波电感 L	GIS 本体总电容 $C=C_C+C_I+C_E$
单位	nF	pF	nF	Ω	Ω	mH	pF
数值	166.67	444	592	423	16	0.5	3158

移动式振荡型雷电冲击电压发生器由 6 级组成，每级由两个 2μF、100kV 电容组成，充电方式为双边充电。移动式冲击电压发生器产生的振荡型雷电冲击电压波形图

如图3-71所示。移动式振荡型雷电冲击电压发生器产生的振荡型雷电冲击电压波形参数见表3-13。

表3-13 移动式振荡型雷电冲击电压发生器产生的振荡型雷电冲击电压波形参数

充电电压/kV	峰值/kV	振荡频率/kHz	波头时间/s	半峰值时间/s	效率/%
120	159.7	119	4.56	25.95	133.08

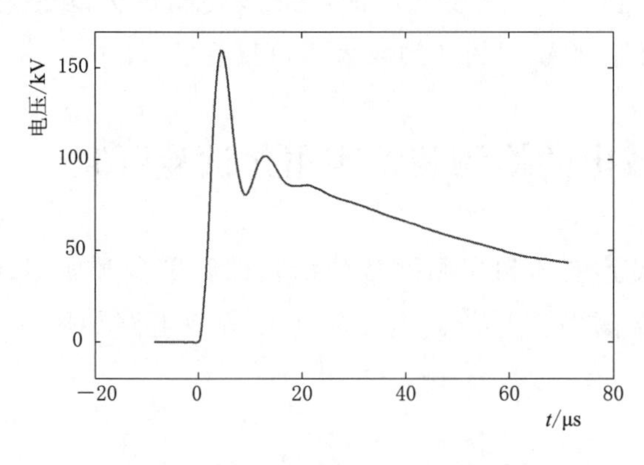

图3-71 移动式振荡型雷电冲击电压发生器产生的振荡型雷电冲击电压波形图

从试验振荡型雷电冲击电压的波形参数可知，半峰值时间不满足IEC 60060-3标准的要求，但是新的国家标准不要求波尾时间，只要求波头时间不能超过20μs。振荡型雷电冲击电压发生器的效率不高和振荡不剧烈主要是由于调波电感L的电感量太小而负载电容又较大。

3.4.1 缺陷设置及检测方法

在实体GIS设备中设置高压端尖刺、高压端悬浮电位和绝缘子沿面导电颗粒3种典型缺陷类型。

振荡型雷电冲击电压局部放电测量方法主要有以下4种：

(1) 利用实体GIS设备中自带的耦合电容下安装电容型检测阻抗C_z测量局部放电，检测阻抗C_z测量局部放电的同时也能测量到施加在GIS设备上的冲击电压波形。

(2) 离缺陷最近位置上加装地线，在地线上安装高频罗氏线圈测量局部放电。

(3) 在总接地线上安装高频罗氏线圈测量局部放电。

(4) 利用实体GIS设备中内置的超高频传感器测量局部放电。

振荡型雷电冲击电压下，局部放电测量的原理图如图3-72所示。

示波器模拟带宽500MHz，采样率最大为2.5GS/s，局部放电测量时用500MHz模拟带宽，采样率为1.25GS/s。示波器CH1通道测量检测阻抗C_z上的局部放电信号，同时测量冲击电压波形，因为冲击电压幅值较大，使用了20倍衰减；示波器的CH2通道测量离缺陷最近的接地线上的局部放电信号，由于位移电流较大，使用了TVS（瞬态二极管）进行电压钳位；示波器的CH3通道测量总接地线上的局部放电信号，使用30MHz高通滤波器滤掉低频的位移电流；示波器的CH4通道测量内置超高频传感器上的局部放电超高频信号，使用50Ω匹配电阻进行末端匹配。所有测量电缆的特性阻抗为50Ω，长度为20m。

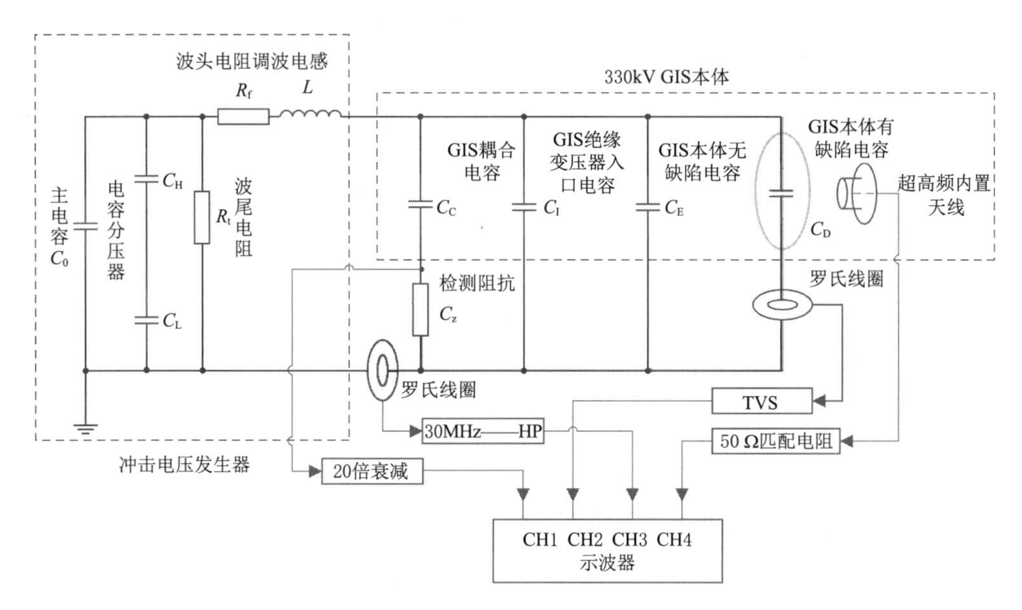

图3-72　冲击电压下，GIS设备局部放电测量的原理图

工频电压下，局部放电测量利用传统的脉冲电流法，局部放电测量原理图如图3-73所示。

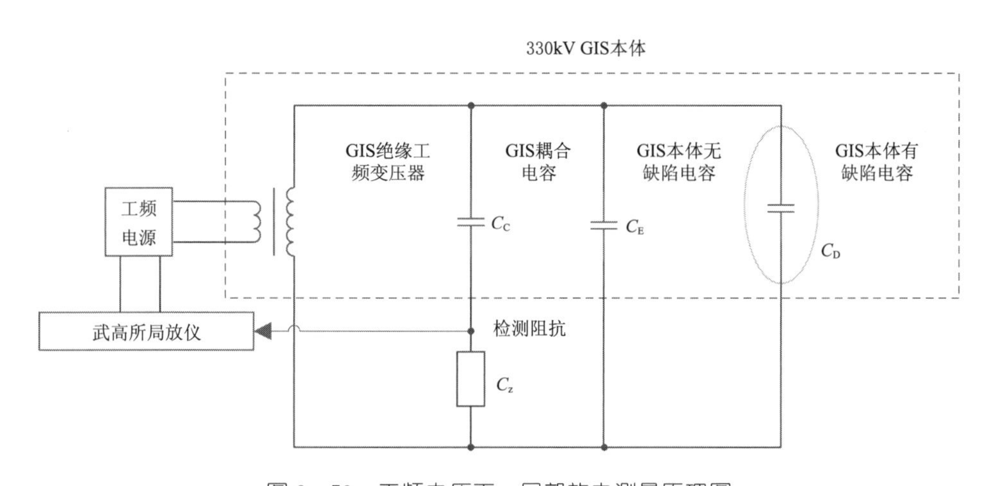

图3-73　工频电压下，局部放电测量原理图

实体GIS设备中放入缺陷后，先进行工频局部放电测量，记录局部放电起始电压和放电谱图。工频局部放电测量完成后，继续进行振荡型雷电冲击局部放电测量，在施加振荡型雷电冲击电压前，利用方波源对四路局部放电测量传感器进行标定，记录幅值和对应的局放，然后对GIS设备施加负极性振荡型雷电冲击电压，从低幅值逐步升压，直至测量到局部放电，记录此时的振荡型雷电冲击电压幅值为局部放电起始放电电压，继续提高振荡型雷电冲击电压幅值，测量局部放电。出现局部放电后，每个

冲击电压下测量6次数据。负极性振荡型雷电冲击局部放电测量完成后，进行正极性振荡型雷电冲击局部放电测量，测量方法与负极性的相同。

3.4.2 实体GIS设备高压端悬浮电位局部放电测量

工频电压下，实体GIS设备高压端悬浮电位局部放电起始电压为70kV，70kV时工频局部放电的PRPD谱图如图3-74所示。

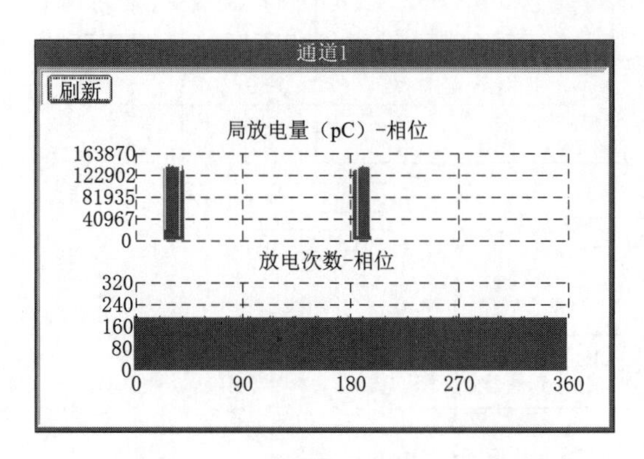

图3-74　工频电压70kV时PRPD谱图

从PRPD谱图中可以看到，工频电压下，实体GIS设备高压端悬浮电位局部放电表现为大幅值放电，放电幅值已达130000pC，放电位置集中在工频电压过零点以后，峰值以前。

振荡型雷电冲击局部放电测量前，先对四路局部放电测量通道进行标定，标定源为方波源，从高压端注入500pC的电荷量，四路局部放电标定脉冲响应波形图如图3-75所示。四路局部放电标定脉冲响应的幅值和比例系数见表3-14。

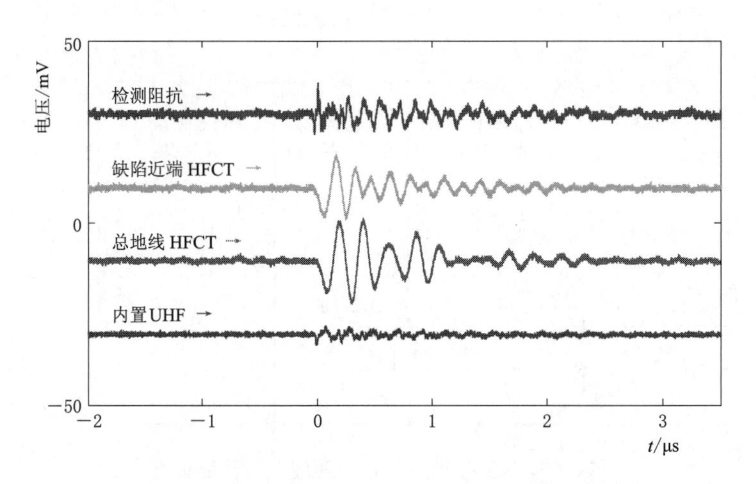

图3-75　四路局部放电标定脉冲响应波形图

表3-14　四路局部放电标定脉冲响应的幅值和比例系数

参　数	检测阻抗	缺陷近端HFCT	总地线HFCT	内置UHF
标定脉冲幅值/mV	5.8	7.2	8.2	3.1
比例系数/(mV/100pC)	1.16	1.40	1.64	0.62

注　四路局部放电测量通道同时测量局部放电，触发通道为通道1。

3.4.2.1 内置 UHF 传感器测量信号分析

内置 UHF 传感器测量的电压波形图如图 3－76 所示。从图中可以看到内置 UHF 传感器输出中包含有低频位移电压信号。

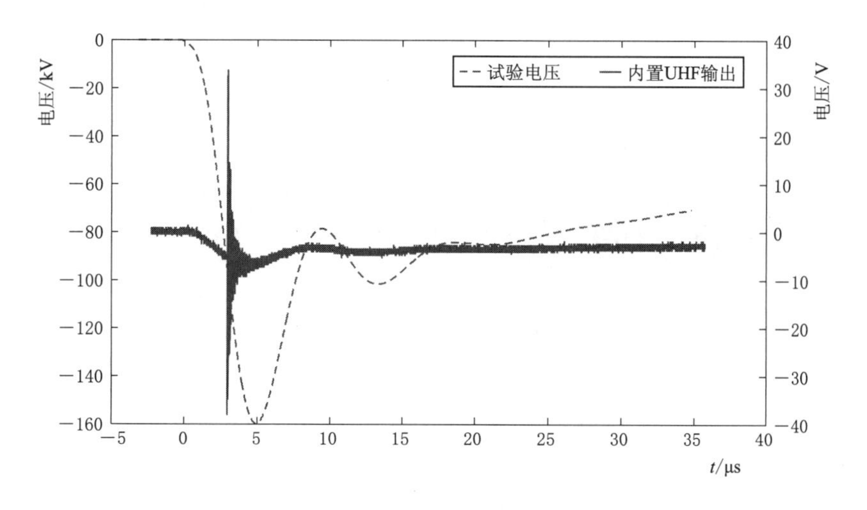

图 3－76　内置 UHF 传感器的电压波形图

内置 UHF 传感器输出经数字高通滤波后的波形图如图 3－77 所示。从图中可以看出：一方面，低频位移电流被数字高通滤波器滤除；另一方面，球隙干扰脉冲并没有在内置 UHF 传感器输出中出现，这是由于高压端悬浮放电的幅值很大，局部放电信号的幅值远远大于球隙干扰脉冲的幅值，也就是这种 GIS 设备缺陷的局部放电信号的信噪比高。局部放电信号的局部放大波形图如图 3－78 所示。

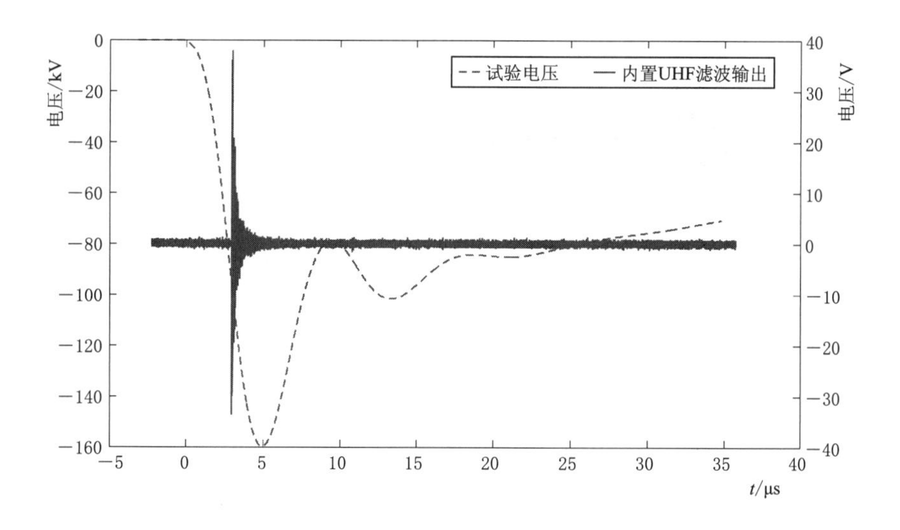

图 3－77　内置 UHF 传感器输出经数字高通滤波后的波形图

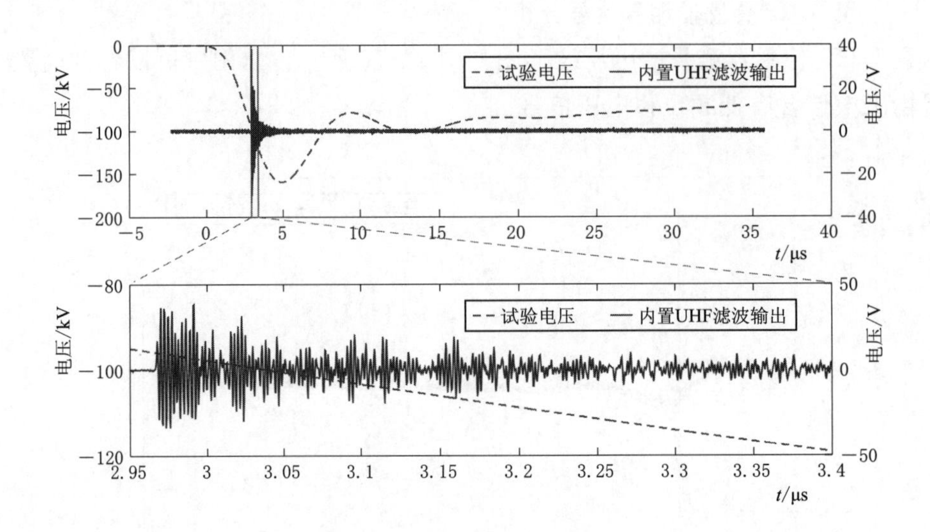

图3-78 内置UHF传感器测量局部放电信号的波形图

3.4.2.2 总接地线HFCT测量信号分析

总接地线HFCT测量的脉冲电流波形图如图3-79所示。从图中可以看到总接地线HFCT输出中基本不包含低频位移电流，这是由于总接地线HFCT输出通过了硬件的高通滤波器，把低频的位移电流信号滤掉了。脉冲电流的局部放大图如图3-80所示。

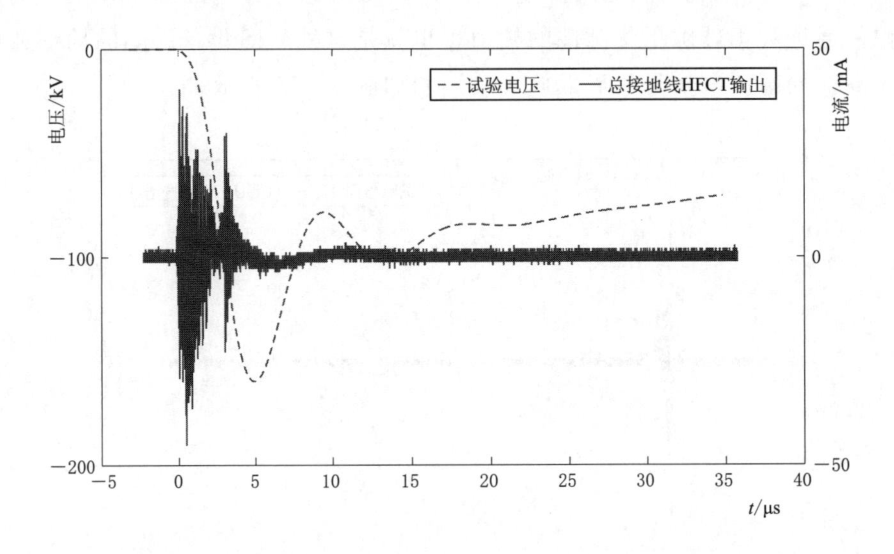

图3-79 总接地线HFCT测量的脉冲电流波形图

3.4.2.3 离缺陷最近HFCT测量信号分析

离缺陷最近HFCT测量的脉冲电流波形和脉冲电流局部放大图如图3-81所示。

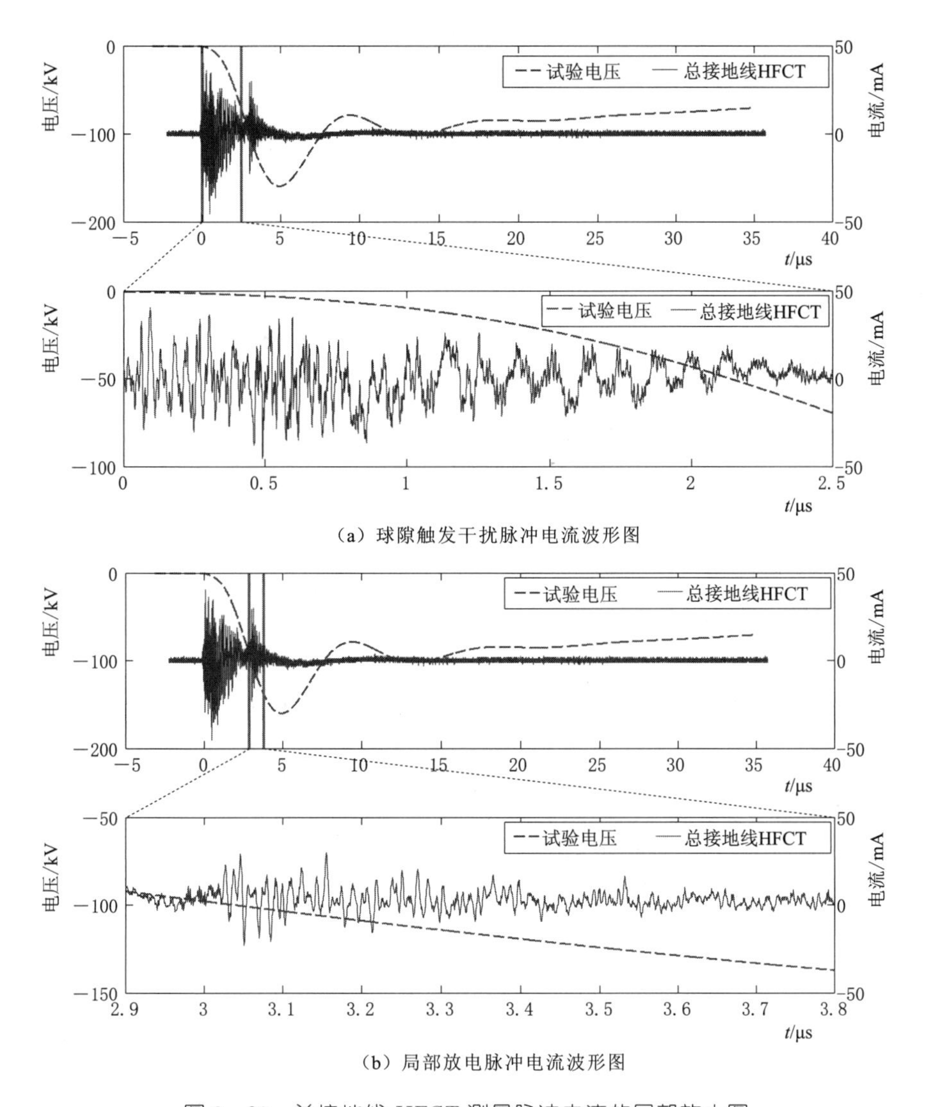

（a）球隙触发干扰脉冲电流波形图

（b）局部放电脉冲电流波形图

图 3-80　总接地线 HFCT 测量脉冲电流的局部放大图

从图中可以看出，低频位移电流很大，足以让 TVS 钳位，球隙触发干扰脉冲电流幅值不大，同时局部放电脉冲电流的幅值也不大，在高压端悬浮放电幅值很大的情况下表现出很差的灵敏度。

3.4.2.4　检测阻抗 C_z 测量信号分析

检测阻抗 C_z 的输出信号，经数字低通滤波后得到施加在实体 GIS 上的振荡型雷电冲击电压波形，经数字高通滤波器后得到脉冲电流信号，脉冲电流信号中有球隙干扰信号和局部放电信号。检测阻抗 C_z 输出的原始信号和经数字滤波后的振荡型雷电冲击电压波形与脉冲电流波形如图 3-82 所示。脉冲电流波形的局部图像如图 3-83 所示。

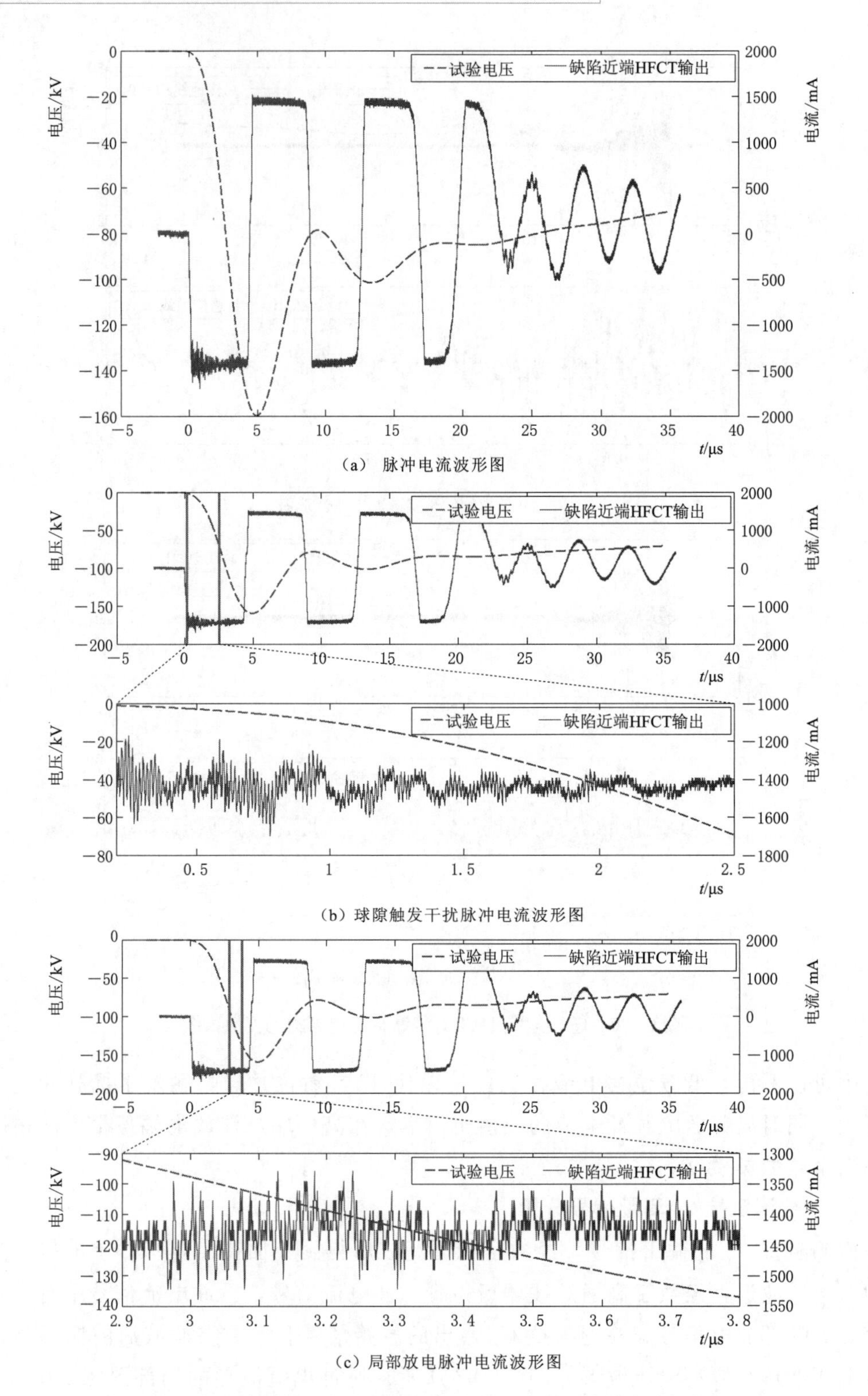

（a） 脉冲电流波形图

（b）球隙触发干扰脉冲电流波形图

（c）局部放电脉冲电流波形图

图 3 - 81　离缺陷最近 HFCT 测量的脉冲电流波形和脉冲电流局部放大图

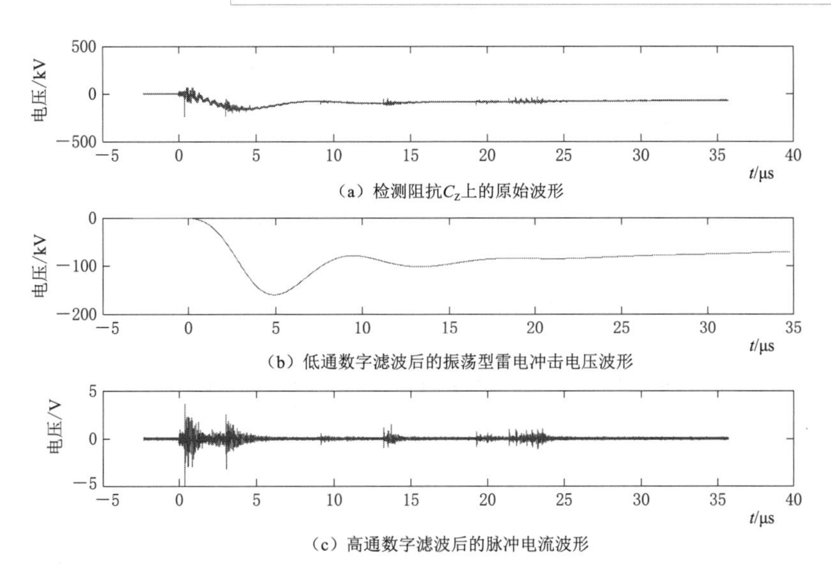

图 3-82 检测阻抗输出的原始信号和经数字滤波后的波形与脉冲电流波形

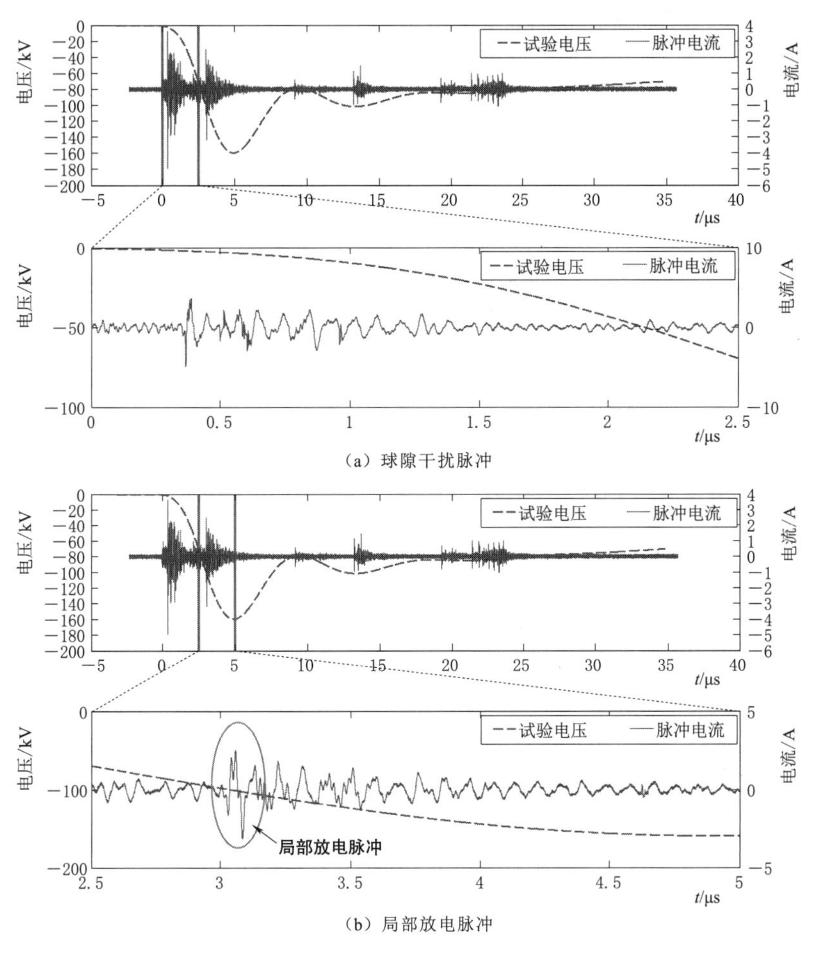

图 3-83(一) 脉冲电流波形的局部图像

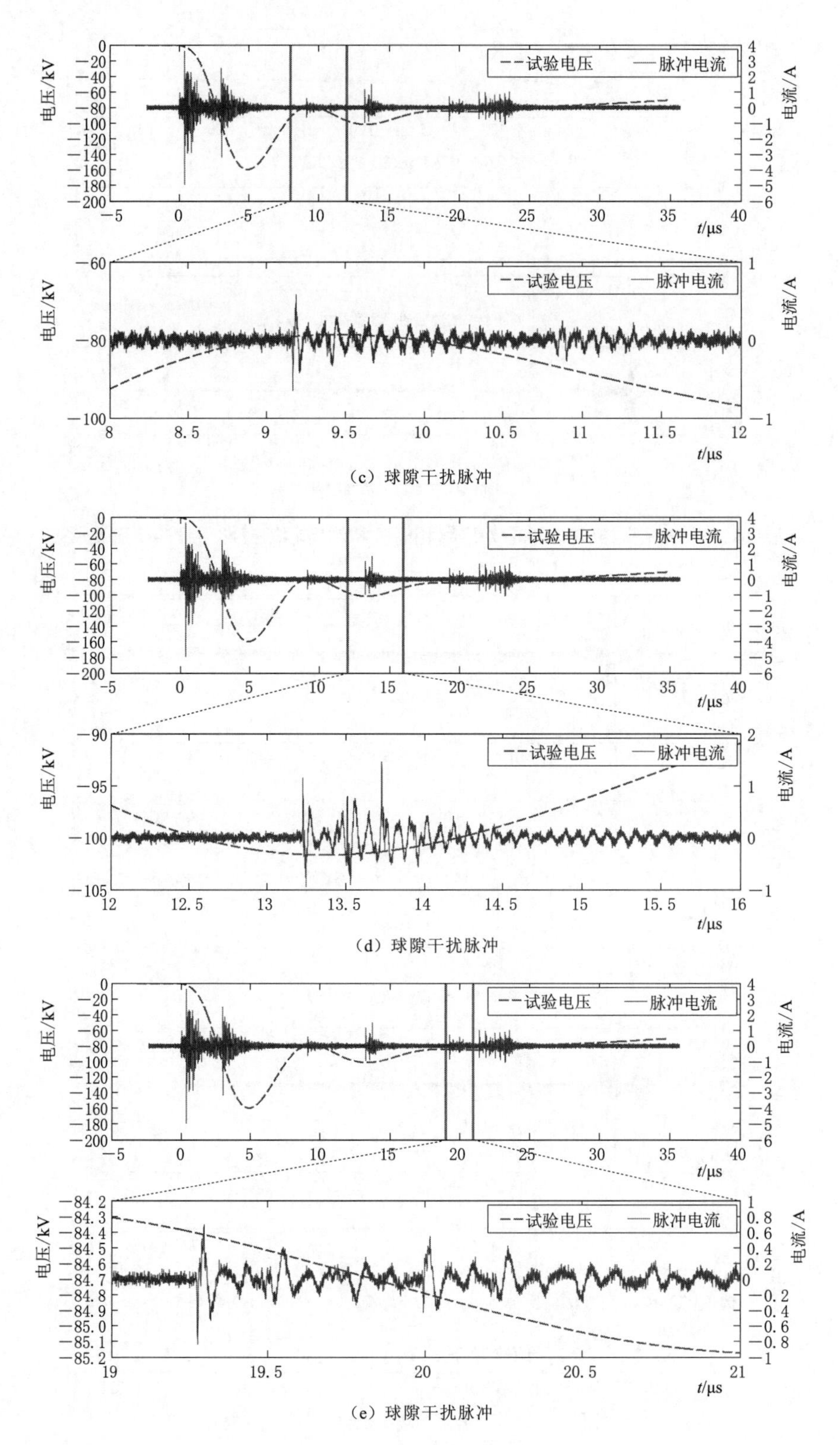

(c) 球隙干扰脉冲

(d) 球隙干扰脉冲

(e) 球隙干扰脉冲

图3-83(二) 脉冲电流波形的局部图像

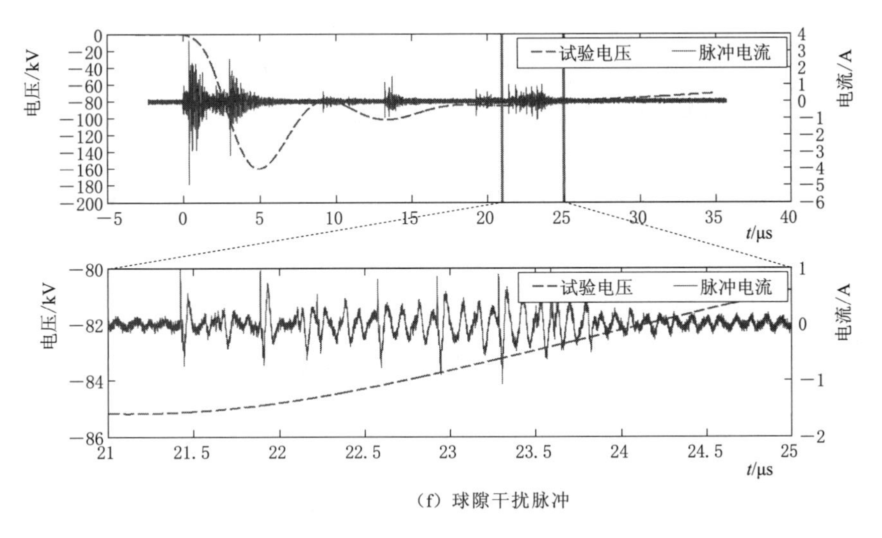

(f) 球隙干扰脉冲

图3-83(三) 脉冲电流波形的局部图像

可以看出，只有图3-83(b)为局部放电脉冲电流，其余的图3-83(a)、图3-83(c)、图3-83(d)、图3-83(e)和图3-83(f)为球隙干扰脉冲，而且图3-83(c)、图3-83(d)、图3-83(e)和图3-83(f)中的脉冲电流极性具有交替性，这和实验室中发现的球隙息弧重燃干扰脉冲具有相同性质。同时，无论振荡型雷电冲击电压幅值是否降到移动式冲击电压能够产生的最小幅值，这些干扰脉冲都会出现，而且位置固定。但是从电路仿真移动式冲击球隙电流分析，发现球隙电流并没有过零点，而只是在图3-83(c)、图3-83(d)、图3-83(e)和图3-83(f)的球隙干扰脉冲位置上有球隙电流斜率的改变，仿真移动式冲击球隙电流波形图与检测阻抗 C_z 的脉冲电流局部放大图如图3-84所示。

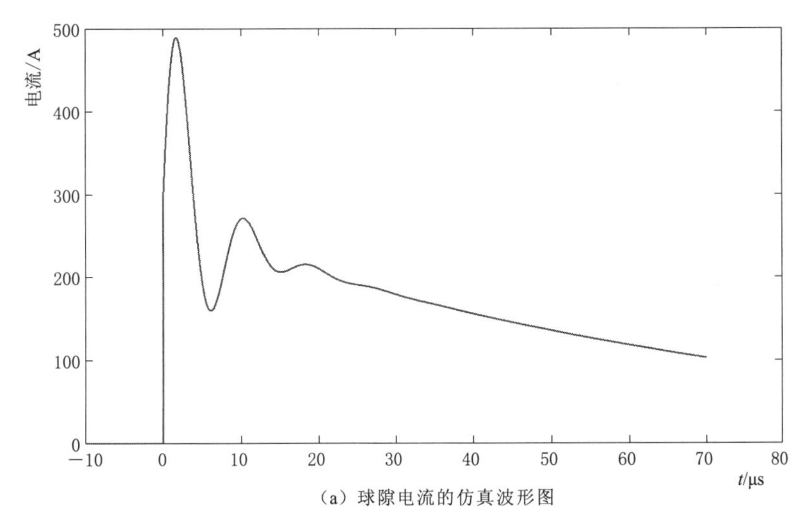

(a) 球隙电流的仿真波形图

图3-84(一) 仿真移动式冲击球隙电流波形图与检测阻抗 C_z 的脉冲电流局部放大图

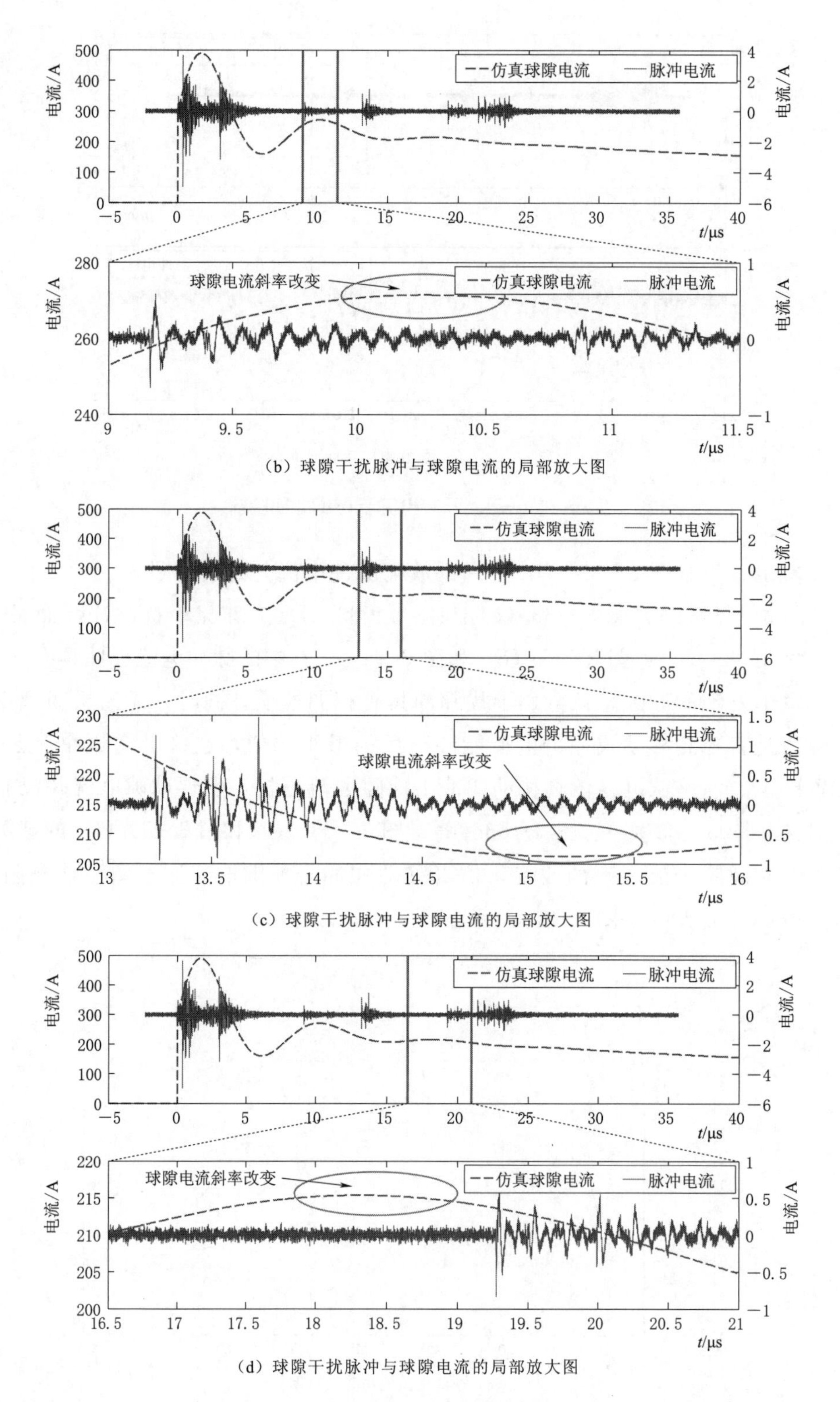

（b）球隙干扰脉冲与球隙电流的局部放大图

（c）球隙干扰脉冲与球隙电流的局部放大图

（d）球隙干扰脉冲与球隙电流的局部放大图

图 3-84（二） 仿真移动式冲击球隙电流波形图与检测阻抗 C_z 的脉冲电流局部放大图

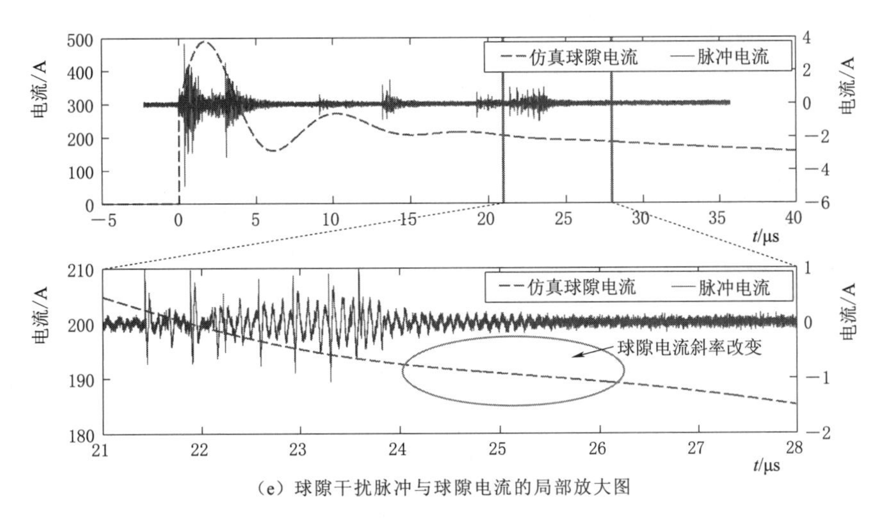

（e）球隙干扰脉冲与球隙电流的局部放大图

图3-84（三） 仿真移动式冲击球隙电流波形图与检测阻抗C_z的脉冲电流局部放大图

从图3-84可以看出，球隙干扰脉冲的出现都伴随着球隙电流斜率的改变，因此，这些球隙干扰脉冲有可能是6个球隙中球隙电流不同步引起的干扰脉冲，与实验室单球隙的球隙电流过零点的息弧重燃干扰脉冲的产生原理是不相同的，但是多个球隙电流不同步引起的干扰脉冲与球隙电流过零点引起的干扰脉冲都具有脉冲极性交替性，出现位置固定性和幅值不变性（幅值不随振荡型雷电冲击电压幅值的变化而变化）。利用球隙干扰脉冲的这些特性，就能对它进行有效的识别。

通过以上对4个局部放电测量信号的分析可知，检测阻抗C_z通道的球隙干扰脉冲影响到局部放电测量，不能很好地识别局部放电信号；离缺陷最近HFCT通道测量局部放电的灵敏度很差，也不能很好地识别局部放电信号；总接地线HFCT通道尽管有球隙触发干扰脉冲，但是局部放电信号明显，适合进行局部放电测量；内置UHF传感器通道中没有球隙干扰脉冲，局部放电信号的信噪比很好，适合进行局部放电测量，另外内置UHF传感器通道中没有球隙干扰脉冲和高压端悬浮放电幅值大有很大的关系，在小幅值放电的情况下，内置UHF传感器通道还是会有一些球隙干扰脉冲。

通过对四路局部放电测量通道信号的分析可知，一方面，用内置UHF传感器通道能很好地测量高压端悬浮放电局部放电，因此振荡型雷电冲击电压局部放电谱图利用内置UHF传感器通道信号进行绘制，另一方面，由于移动式振荡型雷电冲击电压发生器产生的振荡型雷电冲击电压的振荡周期很少，激发的局部放电个数也很少，因此，局部放电谱图都是将6次试验局部放电信号统计在一张谱图上，这样更能反映局部放电的偶然性和随机性。

1. 振荡型雷电冲击电压局部放电时间序列谱图

振荡型雷电冲击电压局部放电时间序列谱图如图3-85所示。

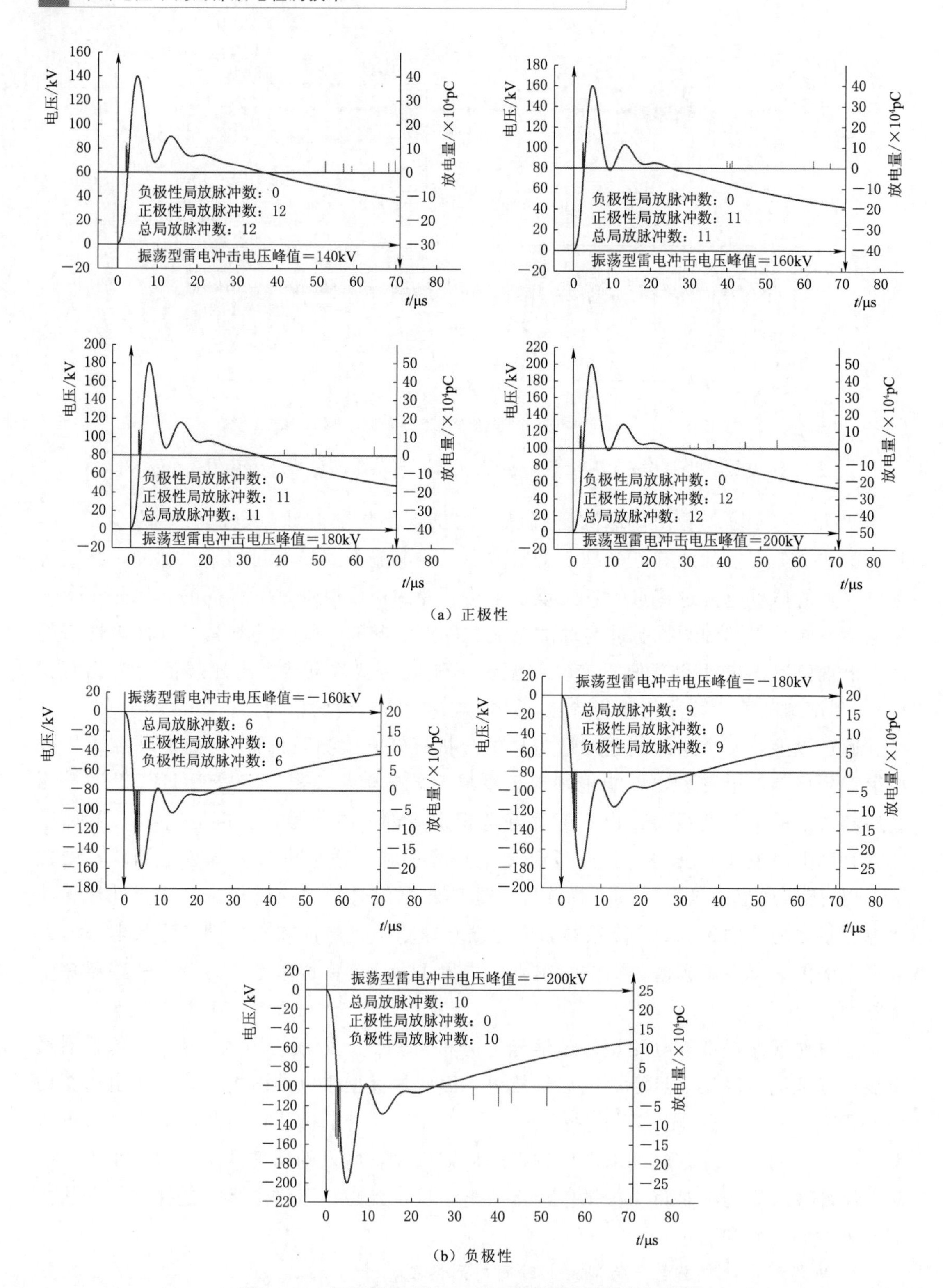

图3-85　振荡型雷电冲击电压局部放电时间序列谱图

正极性振荡型雷电冲击电压局部放电起始电压为140kV，负极性振荡型雷电冲击电压局部放电起始电压为160kV。由于振荡型雷电冲击电压的振荡周期很短，局部放电的个数不多，因此波头位置的放电幅值比波尾位置的放电幅值大。振荡型雷电冲击电压局部放电统计特性如图3-86所示。

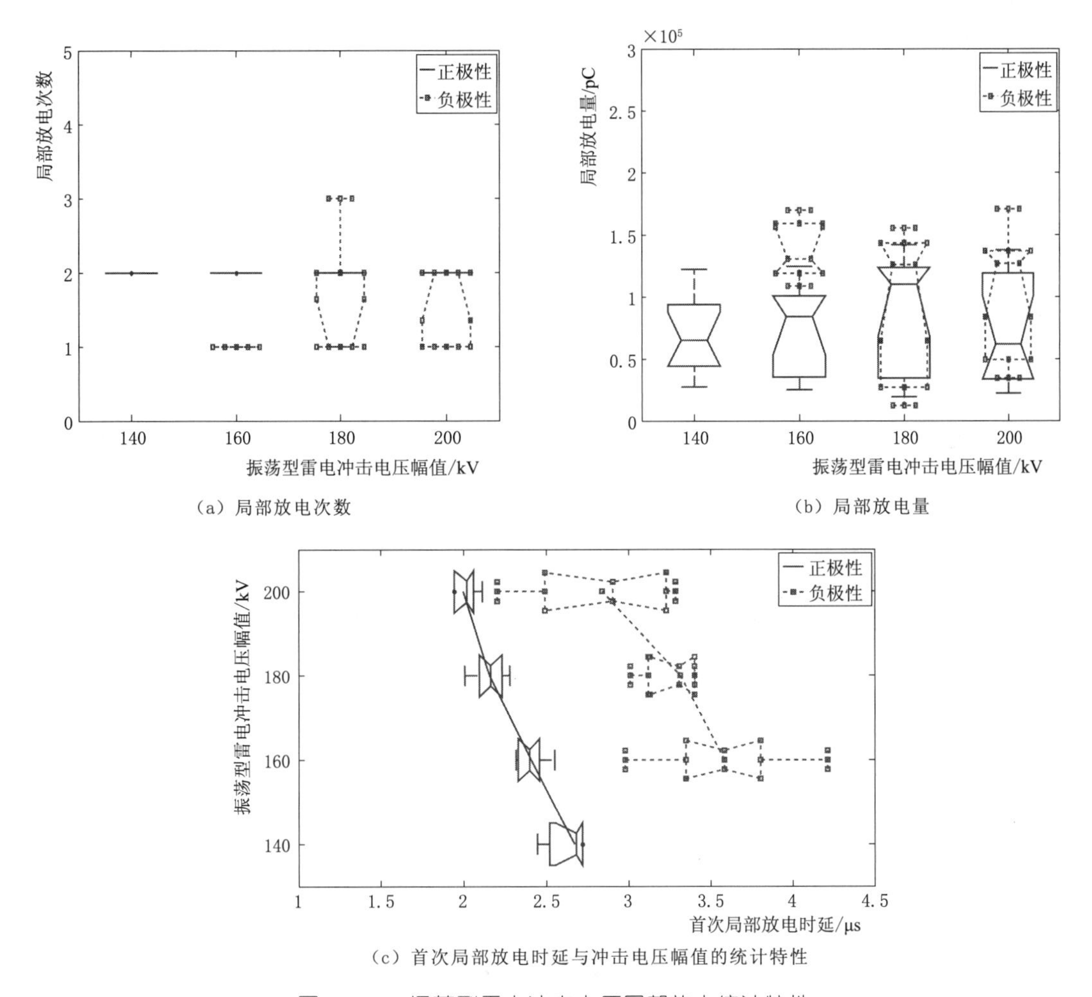

图3-86 振荡型雷电冲击电压局部放电统计特性

从图3-86（a）和图3-86（b）可以看出无论正极性还是负极性振荡型雷电冲击电压下，局部放电次数和局部放电量基本不随冲击电压幅值的变化而变化，但是从图3-86（c）中可以看出，一方面，负极性振荡型雷电冲击电压首次局部放电时延比正极性的长；另一方面，无论正极性还是负极性振荡型雷电冲击电压下，首次局部放电时延都随冲击电压幅值的增加而减少，这一特性与介质击穿的伏秒特性类似。

2. 振荡型雷电冲击电压局部放电OPRPD谱图

图3-87为振荡型雷电冲击电压局部放电的OPRPD谱图。

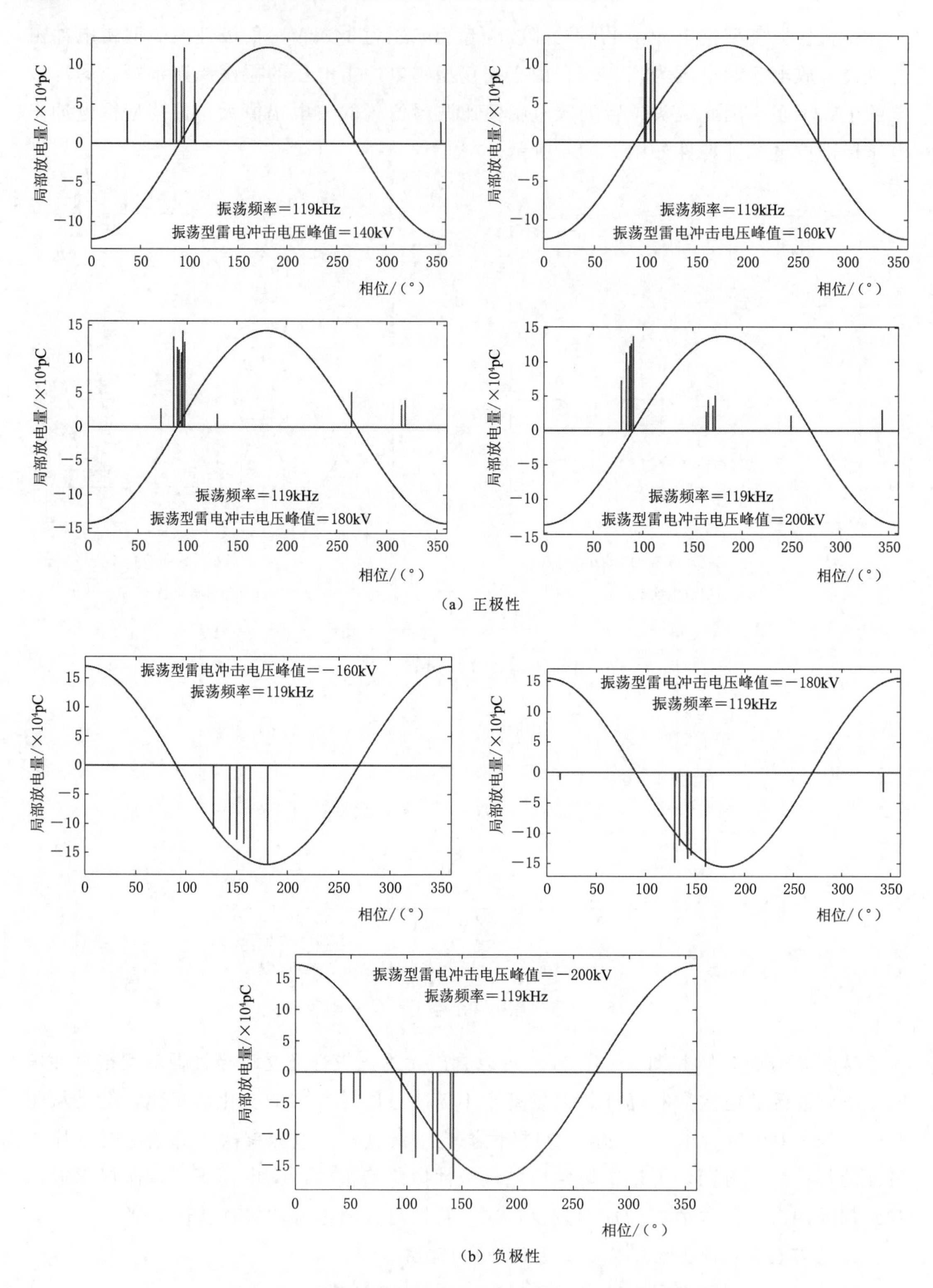

图 3-87　振荡型雷电冲击电压局部放电的 OPRPD 谱图

从振荡型雷电冲击电压局部放电的 OPRPD 谱图可以看到，局部放电主要发生在振荡型冲击电压的上升沿或者下降沿。

振荡型雷电冲击电压下，利用总接地线 HFCT 和内置 UHF 传感器都能有效地测量实体 GIS 设备高压端悬浮电位局部放电，而且实体 GIS 高压端悬浮电位局部放电特性表现为在第一个振荡周期的上升沿或者下降沿处有大幅值放电，放电量可达 105pC 数量级。

3.4.3 沿面导电颗粒局部放电测量

工频电压下，实体 GIS 设备沿面导电颗粒局部放电起始电压为 160kV，160kV 时工频局部放电的 PRPD 谱图如图 3-88 所示。

从 PRPD 谱图中可以看到，工频电压下，实体 GIS 设备沿面导电颗粒局部放电表现为在工频电压的上升沿处小幅值放电，在工频电压下降沿处没有出现局部放电是由于导电颗粒的尖端对着高压电极，导致电极系统不对称。

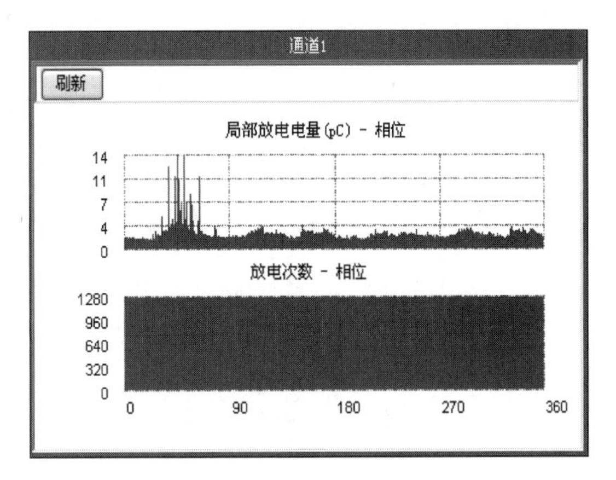

图 3-88　工频下沿面局部放电的 PRPD 谱图

振荡型雷电冲击局部放电测量前，先对四路局部放电测量通道进行标定，标定源为方波源，从高压端注入 500pC 的电荷量，四路局部放电测量通道的波形图如图 3-89 所示。四路局部放电标定脉冲响应的幅值和比例系数见表 3-15。

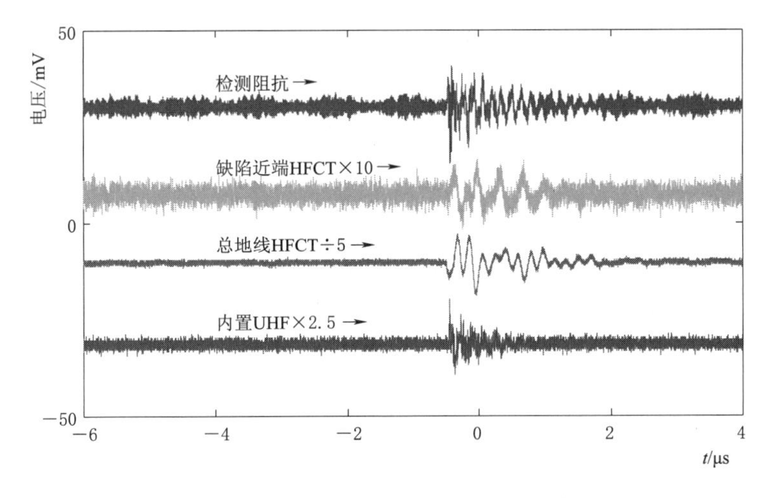

图 3-89　四路局部放电标定脉冲响应波形图

表 3-15　　四路局部放电标定脉冲响应的幅值和比例系数

参　数	检测阻抗	缺陷近端 HFCT	总地线 HFCT	内置 UHF
标定脉冲幅值/mV	7.4	0.8	18	4.4
比例系数/(mV/100pC)	1.48	0.16	3.6	0.88

从对四路局部放电测量信号的分析可知离缺陷最近的 HFCT 测量信号和检测阻抗 C_z 测量信号都不能有效地测量大幅值局部放电，因此对小幅值放电，这两个通道更不能有效测量局部放电，因此本节只分析内置 UHF 传感器测量信号和总接地线 HFCT 测量信号。

3.4.3.1　内置 UHF 传感器测量信号分析

内置 UHF 传感器测量的电压波形图如图 3-90 所示。

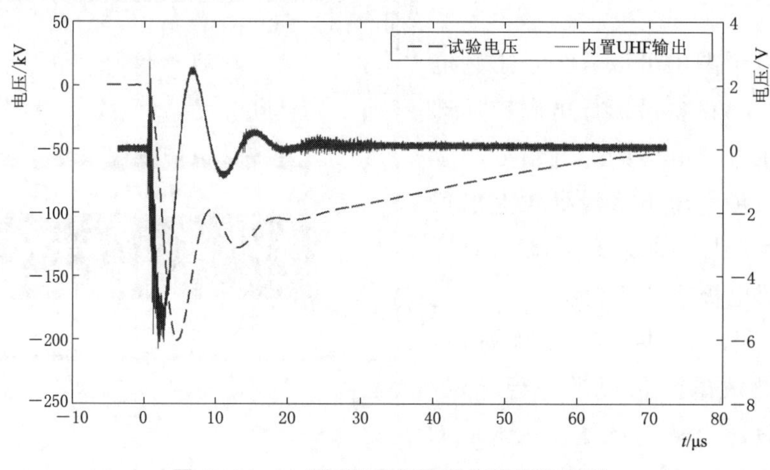

图 3-90　内置 UHF 传感器的输出波形图

从图 3-90 可以看到内置 UHF 传感器输出中包含有低频位移电流信号，而且幅值很大，严重干扰局部放电测量。内置 UHF 传感器输出经数字高通滤波后的波形图如图 3-91 所示。可以看出低频位移电流被数字高通滤波器滤除，另一方面，球隙干扰脉冲在内置 UHF 传感器输出中出现，这是由于沿面导电颗粒放电的幅值小，局部放电信号的幅值与球隙干扰脉冲幅值相近。内置 UHF 传感器测量局部放电信号和球隙干扰脉冲信号的局部放大波形图如图 3-92 所示。

从图 3-92（b）可以看出，局部放电信号与球隙触发干扰信号叠加在一起，这对局部放电信号的识别增加了难度。2.6s 以前的脉冲电流频率与 2.6s 以后的脉冲电流频率有明显变化，因此除了有球隙干扰脉冲外还叠加了局部放电脉冲，但是局部放电脉冲很难识别。

3.4.3.2　总接地线 HFCT 测量信号分析

总接地线 HFCT 测量的脉冲电流波形图如图 3-93 所示，脉冲电流的局部放大图如图 3-94 所示。

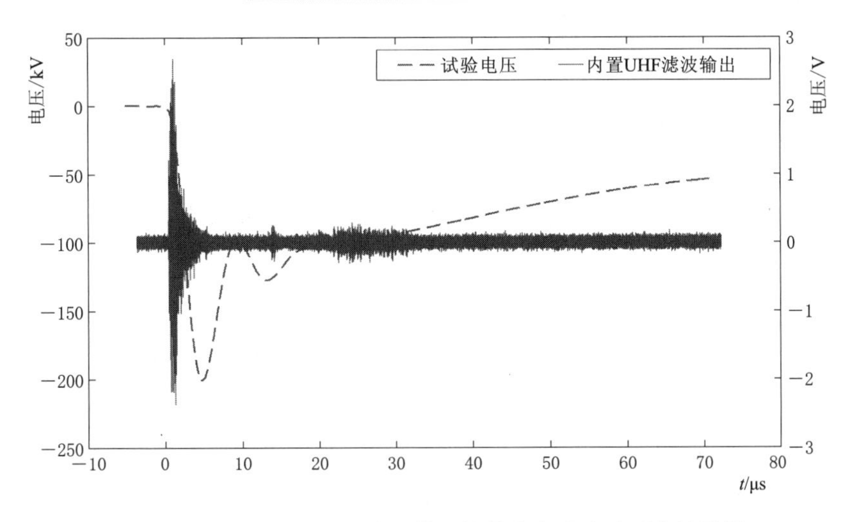

图3-91　内置UHF传感器输出经数字高通滤波后的波形图

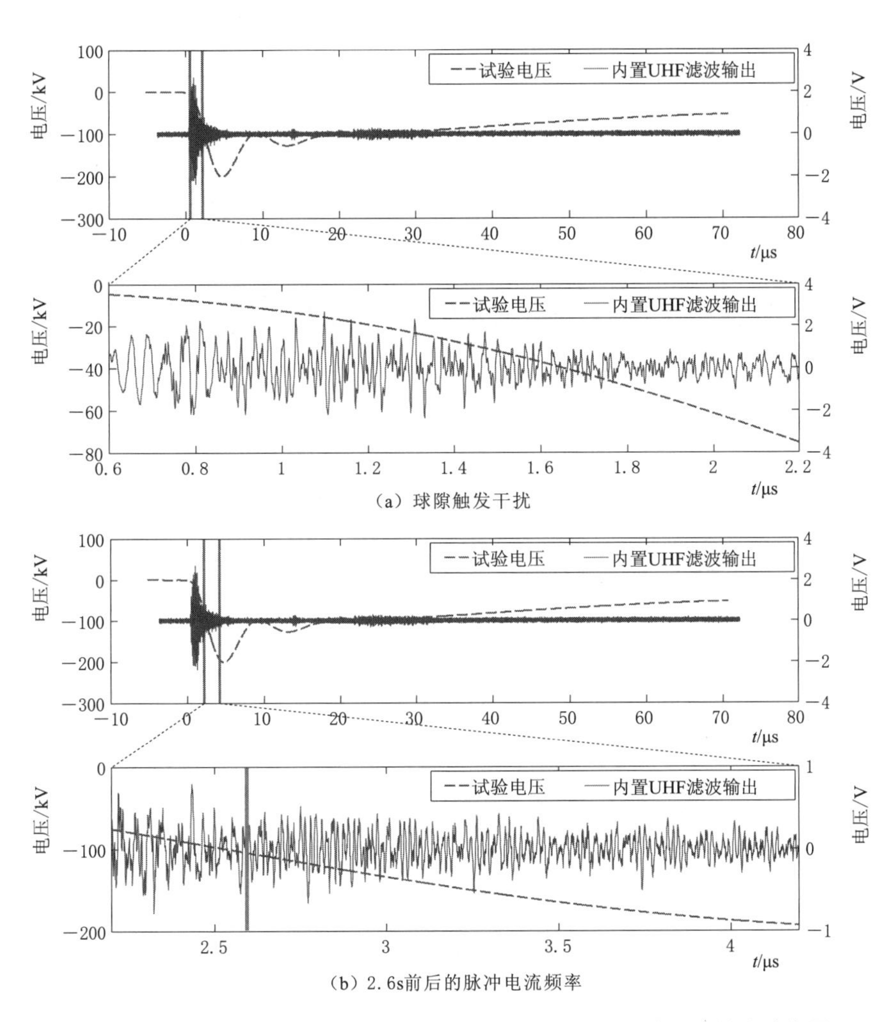

(a) 球隙触发干扰

(b) 2.6s前后的脉冲电流频率

图3-92 (一)　内置UHF传感器测量局部放电信号和球隙干扰脉冲信号

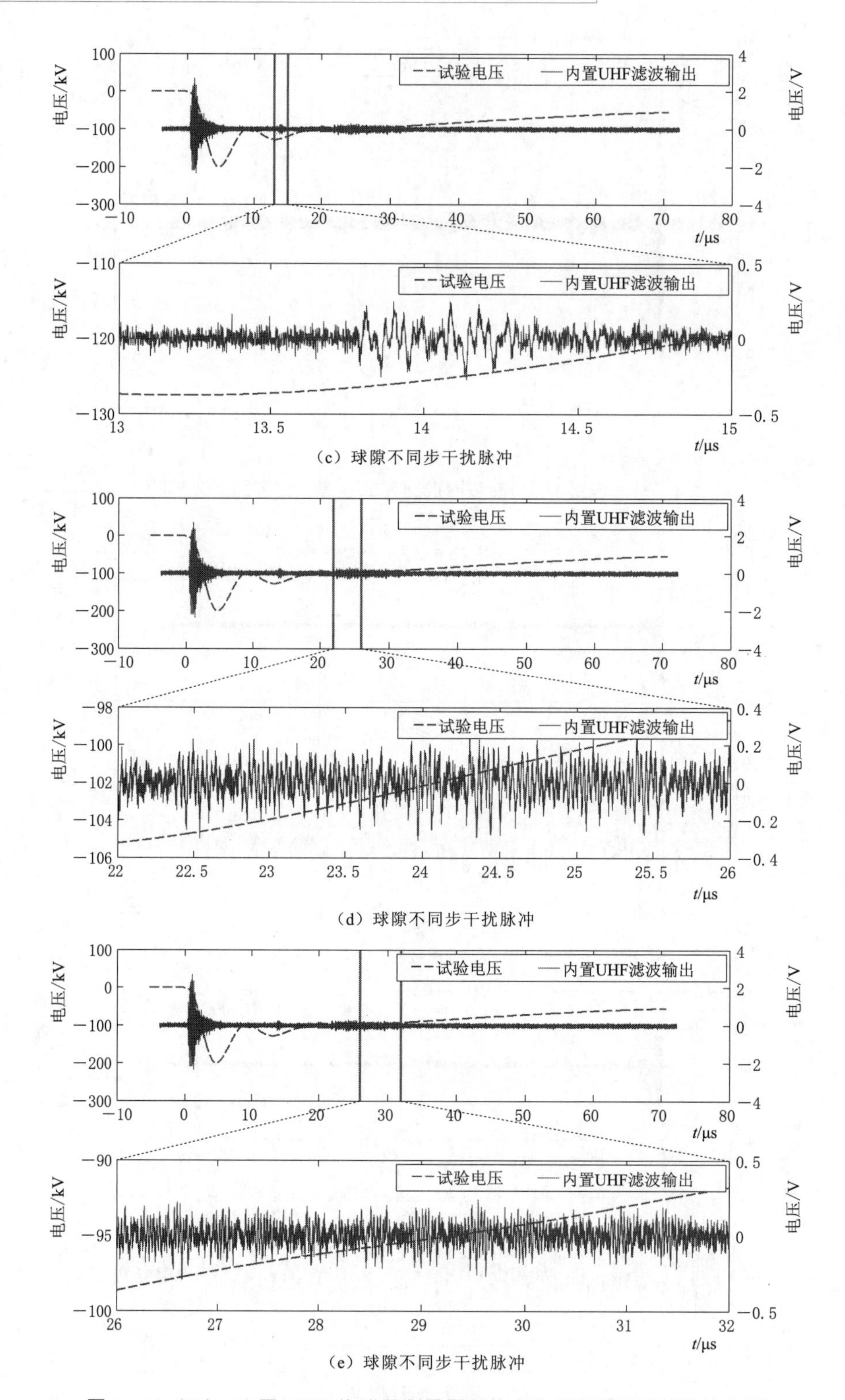

(c) 球隙不同步干扰脉冲

(d) 球隙不同步干扰脉冲

(e) 球隙不同步干扰脉冲

图3-92(二) 内置UHF传感器测量局部放电信号和球隙干扰脉冲信号

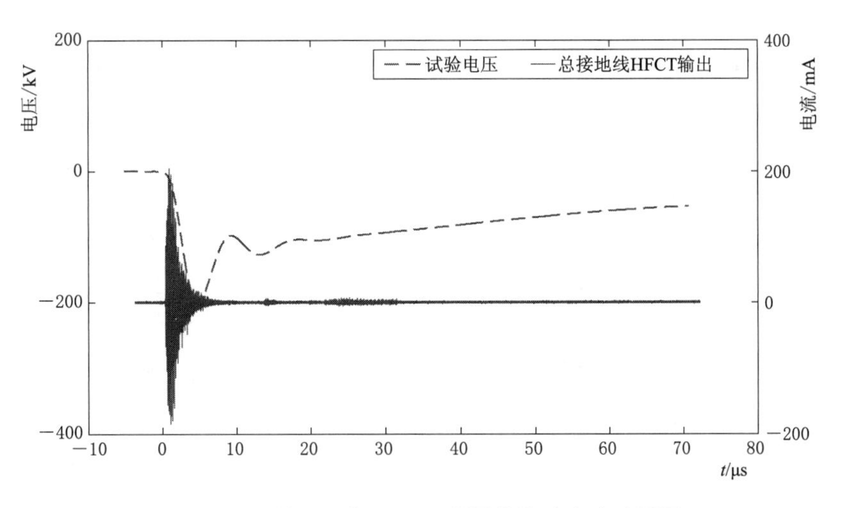

图3-93 总接地线HFCT测量的脉冲电流波形图

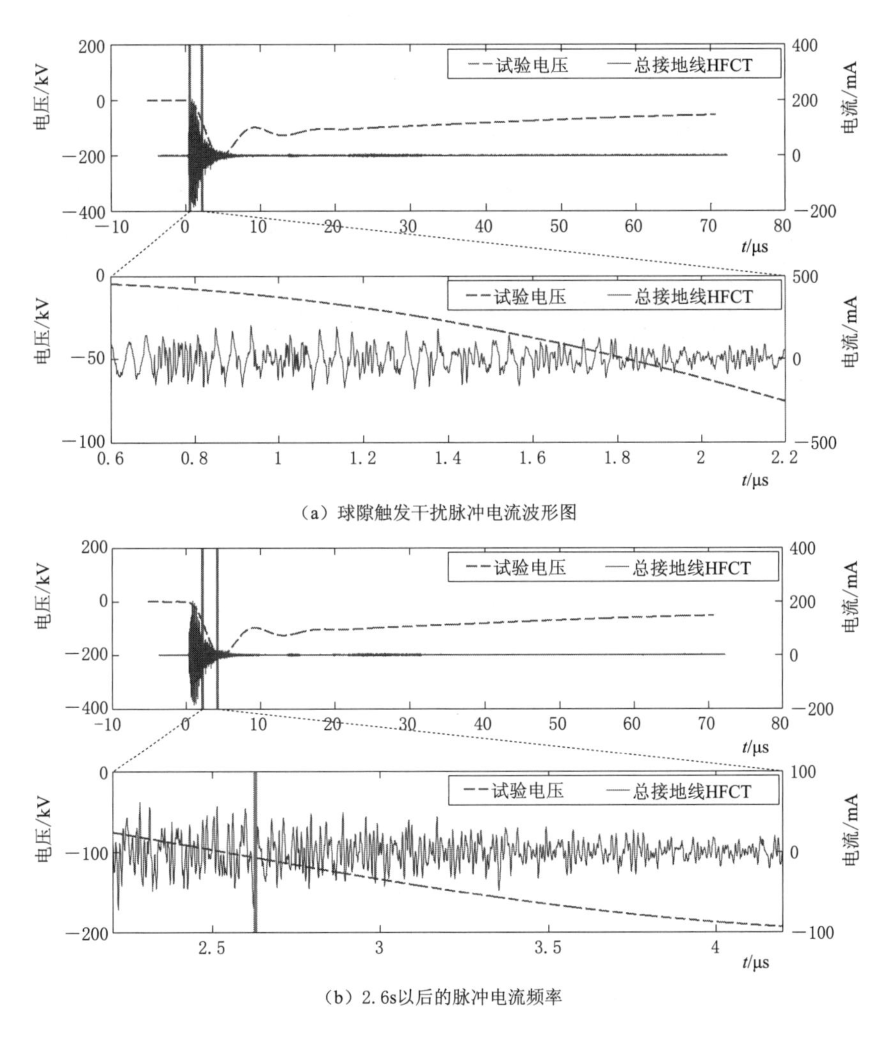

（a）球隙触发干扰脉冲电流波形图

（b）2.6s以后的脉冲电流频率

图3-94（一） 总接地线HFCT测量脉冲电流的局部放大图

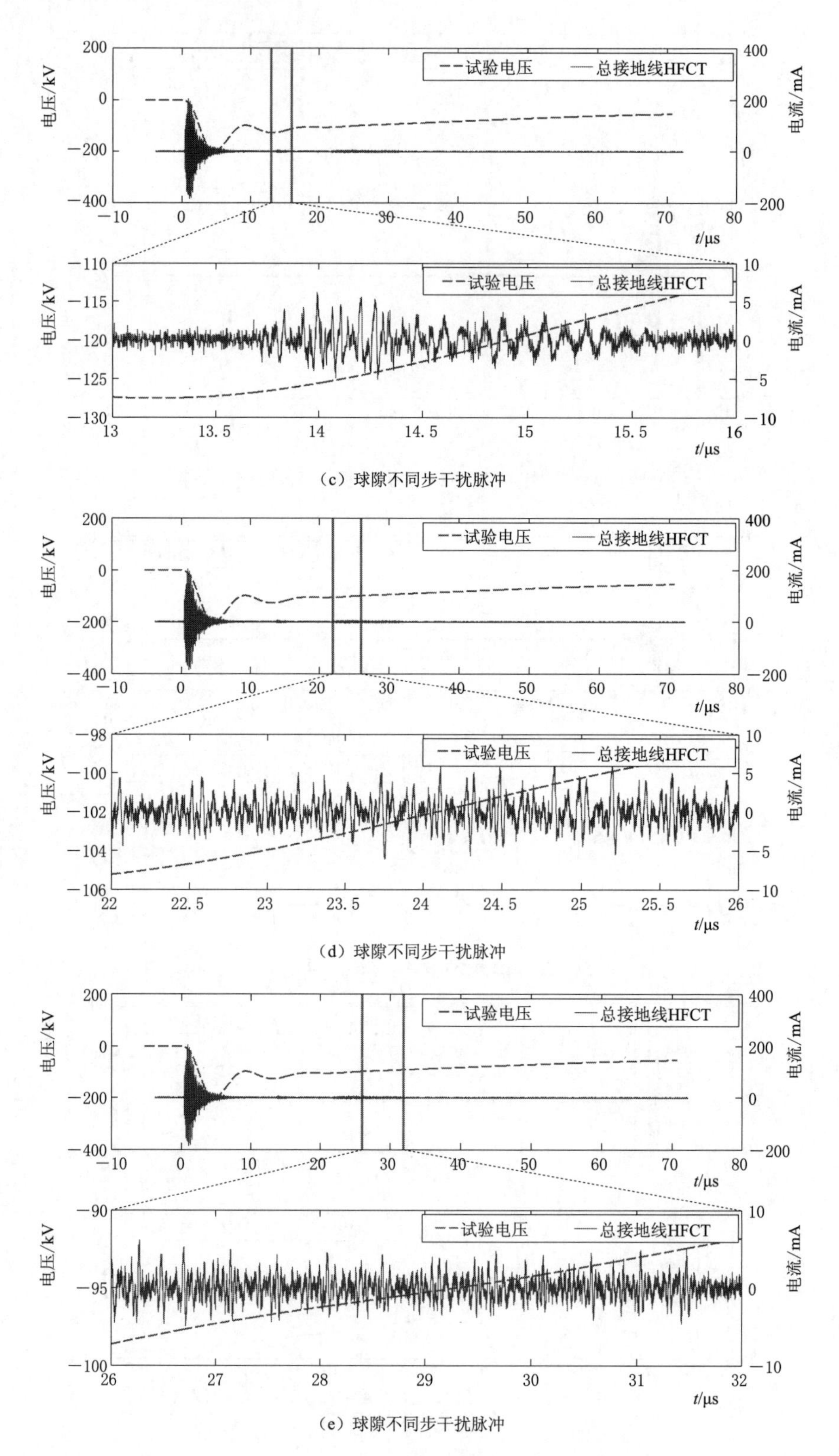

（c）球隙不同步干扰脉冲

（d）球隙不同步干扰脉冲

（e）球隙不同步干扰脉冲

图3-94（二） 总接地线HFCT测量脉冲电流的局部放大图

从图 3-94（b）可以看出，局部放电信号同样与球隙触发干扰脉冲叠加在一起，局部放电信号的频率与球隙干扰脉冲的频率差别不大，这对于局部放电信号的识别也增加了难度。2.6s以后的脉冲电流频率有变化，但是没有内置UHF传感器测量信号频率变化大。

3.4.4　高压端尖端局部放电测量

工频电压下，实体GIS设备高压端尖端局部放电起始电压为65kV，65kV时工频局部放电的PRPD谱图如图 3-95 所示。

从PRPD谱图中可以看到，工频电压下，实体GIS设备高压端尖端局部放电表现为在工频电压正半周峰值附近出现小幅值放电，在工频电压负半周没有出现局部放电是由于工频电压小，继续提高工频电压，在工频电压负半周峰值附近就会出现更小幅值的放电。

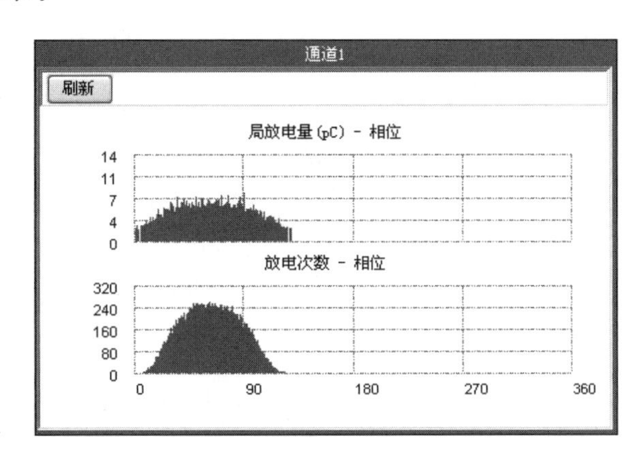

图 3-95　工频下实体GIS设备高压端金属尖端局部放电PRPD谱图

振荡型雷电冲击局部放电测量前，先对四路局部放电测量通道进行标定，标定源为方波源，从高压端注入500pC的电荷量，四路局部放电标定脉冲响应波形图如图 3-96 所示。四路局部放电标定脉冲响应的幅值和比例系数见表 3-16。

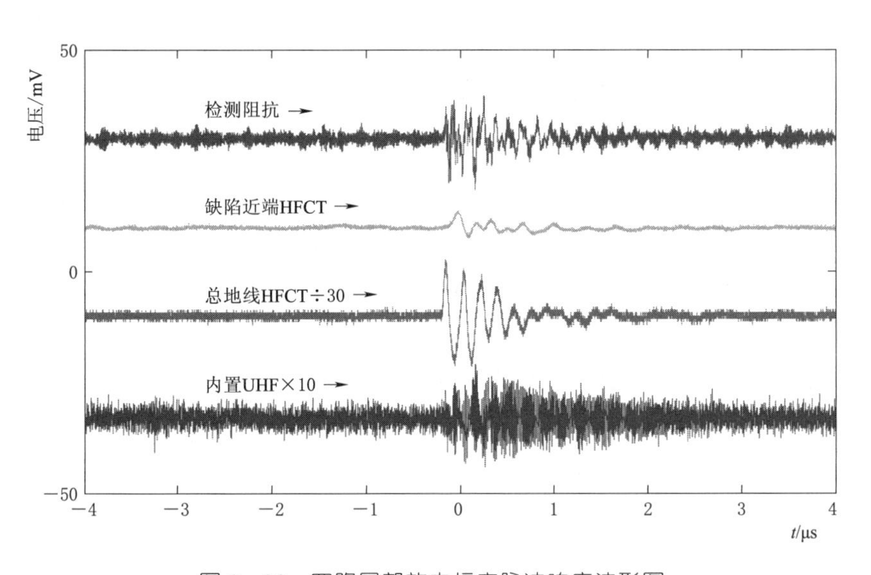

图 3-96　四路局部放电标定脉冲响应波形图

表 3-16　　四路局部放电标定脉冲响应的幅值和比例系数

参　数	检测阻抗	缺陷近端 HFCT	总地线 HFCT	内置 UHF
标定脉冲幅值/mV	7.2	3.24	378	1.0
比例系数/(mV/100pC)	1.44	0.65	75.6	0.2

3.4.4.1　内置 UHF 传感器测量信号分析

内置 UHF 传感器测量的电压波形图如图 3-97 所示。从图中可以看到内置 UHF 传感器输出中包含有低频位移电流信号。

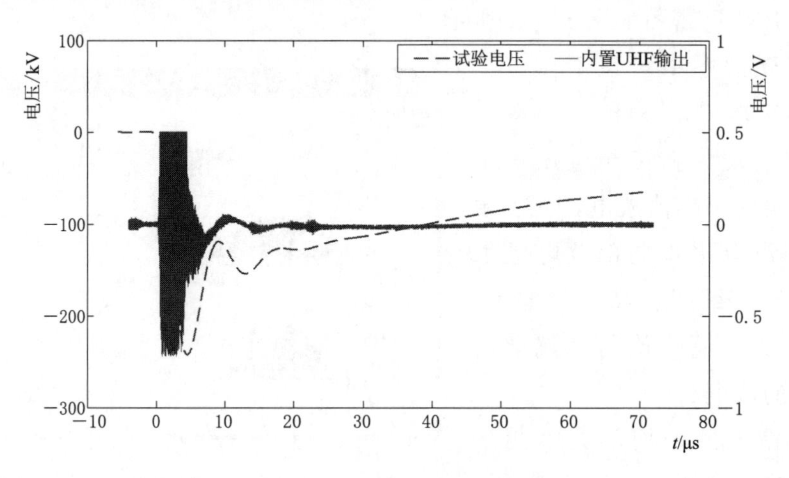

图 3-97　内置 UHF 传感器的输出波形图

从图 3-97 可以看到内置 UHF 传感器输出中包含有低频位移电流信号，而且幅值较大，严重干扰局部放电测量。内置 UHF 传感器输出经数字高通滤波后的波形图如图 3-98 所示。从图 3-98 可以看出低频位移电流被数字高通滤波器滤除，另一方面，球隙干扰脉冲在内置 UHF 传感器输出中出现，这是由于沿面导电颗粒放电的幅值小，局部放电信号的幅值与球隙干扰脉冲幅值相近。内置 UHF 传感器测量局部放电信号和球隙干扰脉冲信号的局部放大波形图如图 3-99 所示。

从图 3-99（b）可以看出，局部放电信号与球隙触发干扰信号叠加在一起，这对局部放电信号的识别增加了难度。在 3.6s 和 4.2s 之间脉冲电流频率与其他时间段的脉冲电流频率有明显变化，因此除了有球隙干扰脉冲外还叠加了局部放电脉冲，但是局部放电脉冲很难识别。

3.4.4.2　总接地线 HFCT 测量信号分析

总接地线 HFCT 测量的脉冲电流波形图如图 3-100 所示。从图中可以看到总接地线 HFCT 输出中基本不包含有低频位移电流，这是由于总接地线 HFCT 输出通过了硬件的高通滤波器，把低频的位移电流信号滤掉了。总接地线 HFCT 测量脉冲电流的局部放大图如图 3-101 所示。

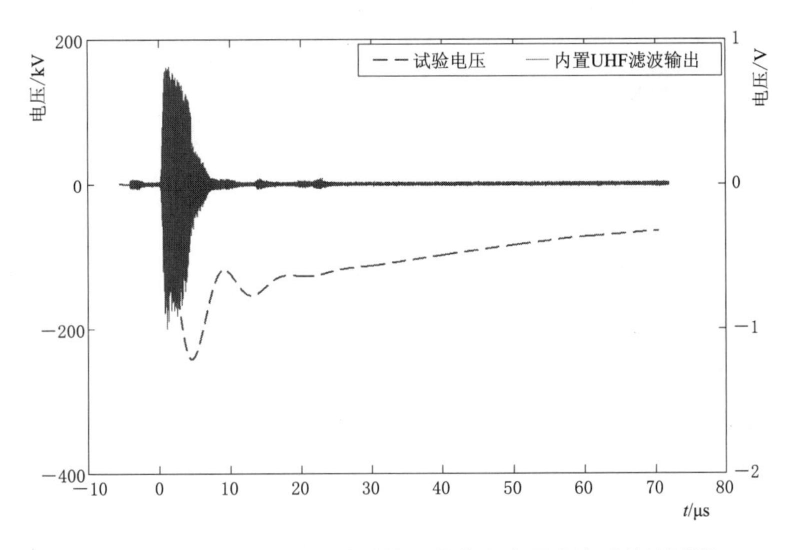

图3-98 内置UHF传感器输出经数字高通滤波后的波形图

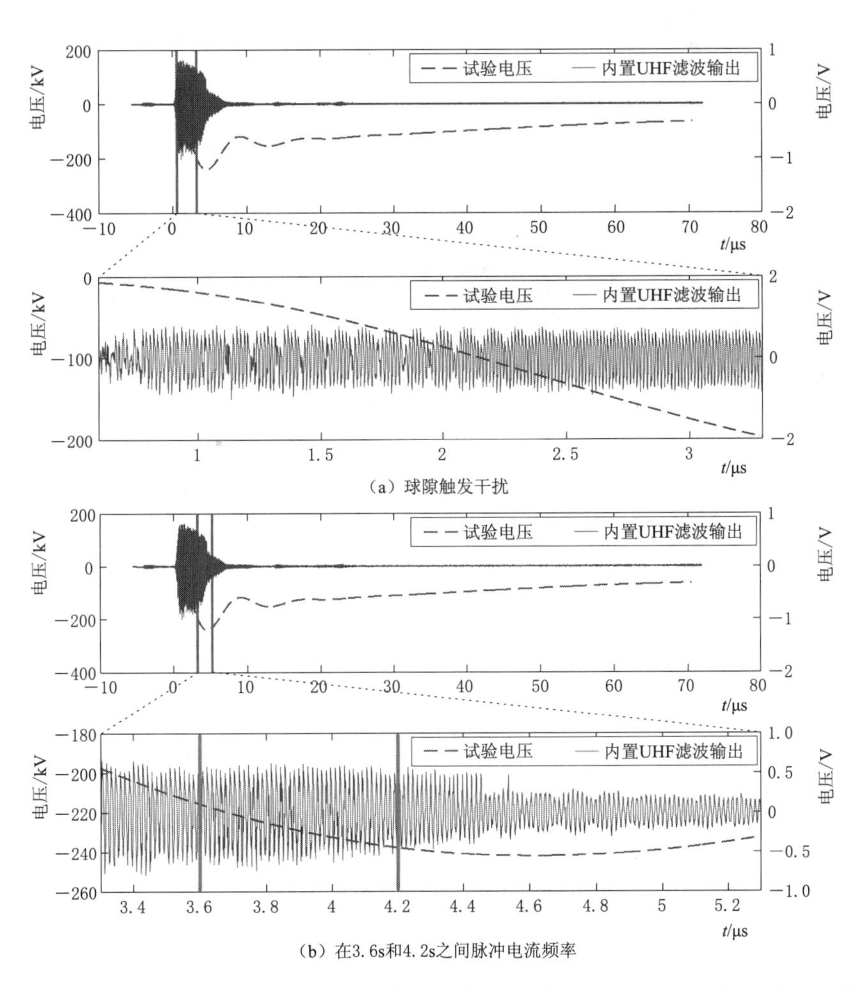

(a) 球隙触发干扰

(b) 在3.6s和4.2s之间脉冲电流频率

图3-99(一) 内置UHF传感器测量局部放电信号和球隙干扰脉冲信号的局部放大波形图

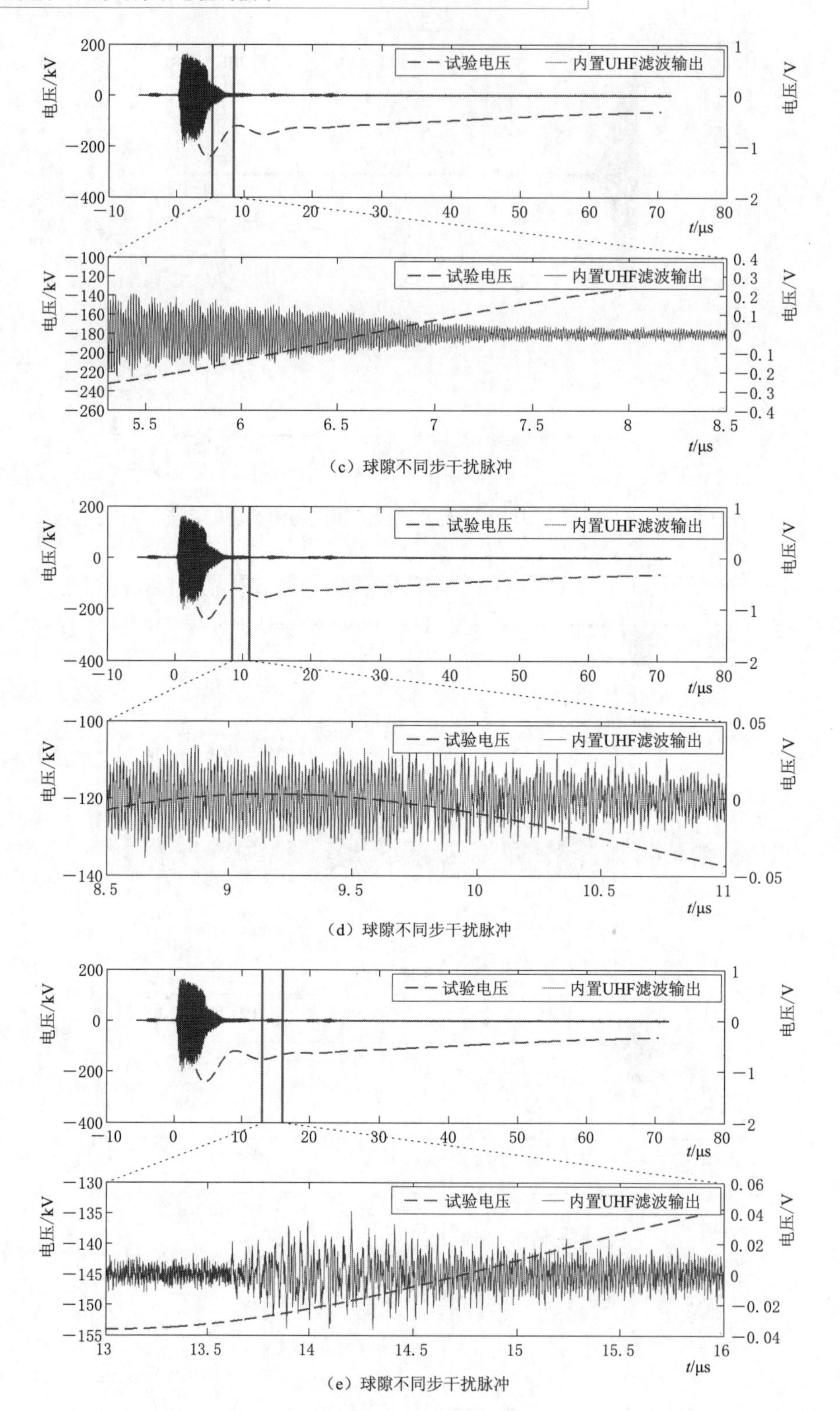

（c）球隙不同步干扰脉冲

（d）球隙不同步干扰脉冲

（e）球隙不同步干扰脉冲

图3-99（二） 内置UHF传感器测量局部放电信号和球隙干扰脉冲信号的局部放大波形图

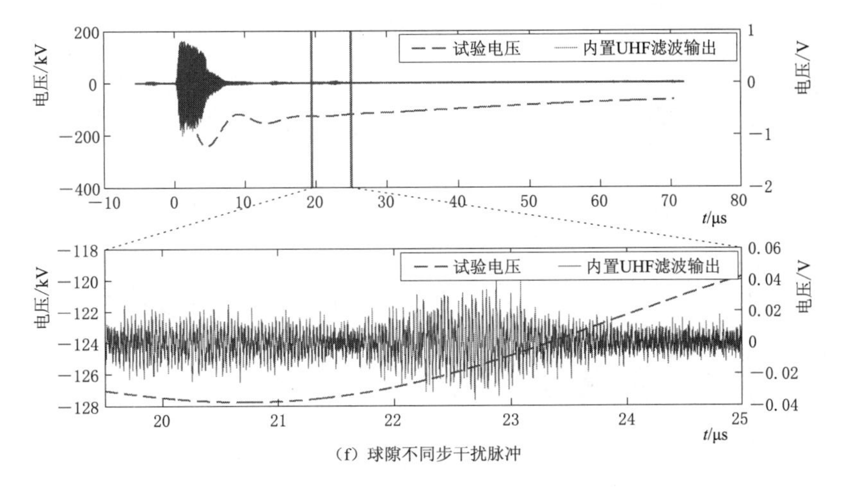

(f) 球隙不同步干扰脉冲

图3-99(三) 内置UHF传感器测量局部放电信号和球隙干扰脉冲信号的局部放大波形图

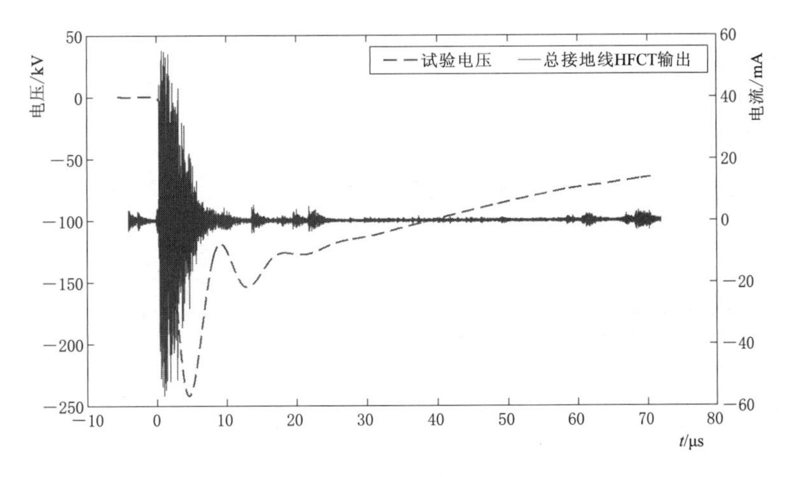

图3-100 总接地线HFCT测量的脉冲电流波形图

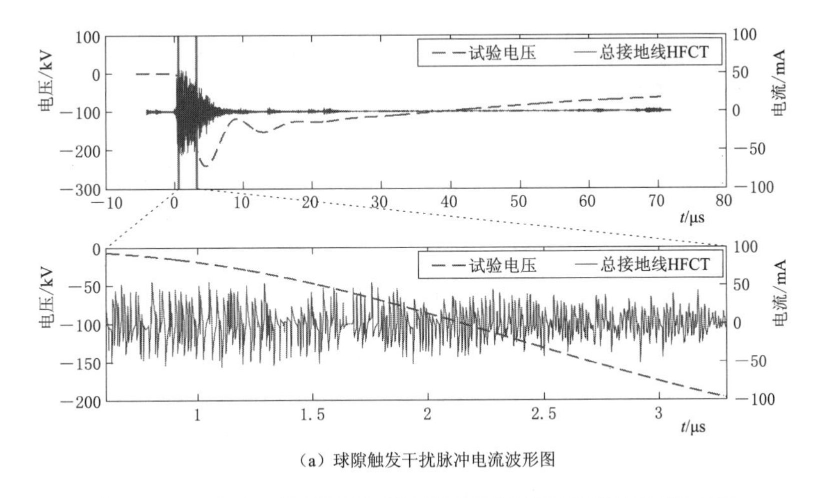

(a) 球隙触发干扰脉冲电流波形图

图3-101(一) 总接地线HFCT测量脉冲电流的局部放大图

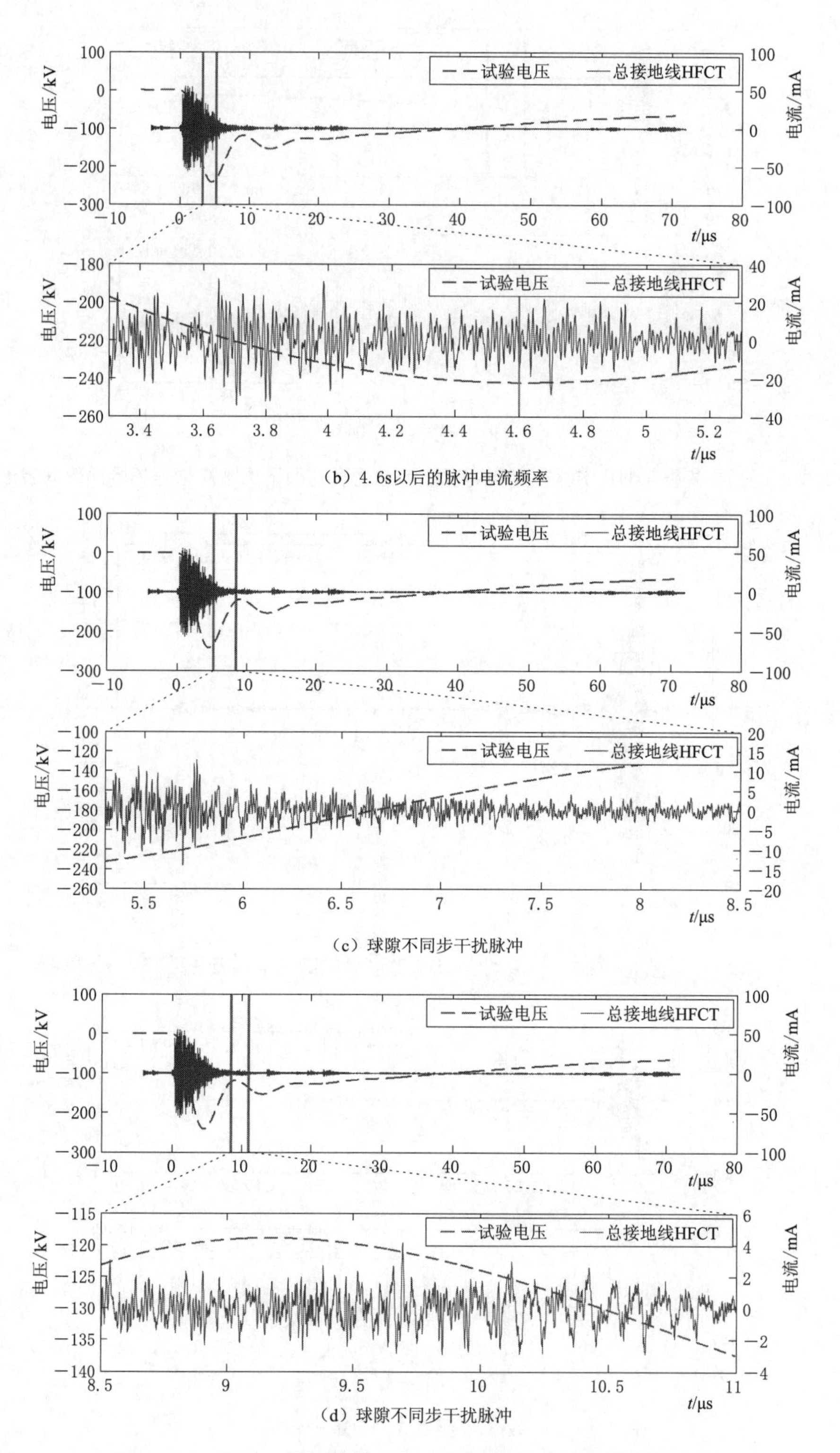

图3-101(二) 总接地线 HFCT 测量脉冲电流的局部放大图

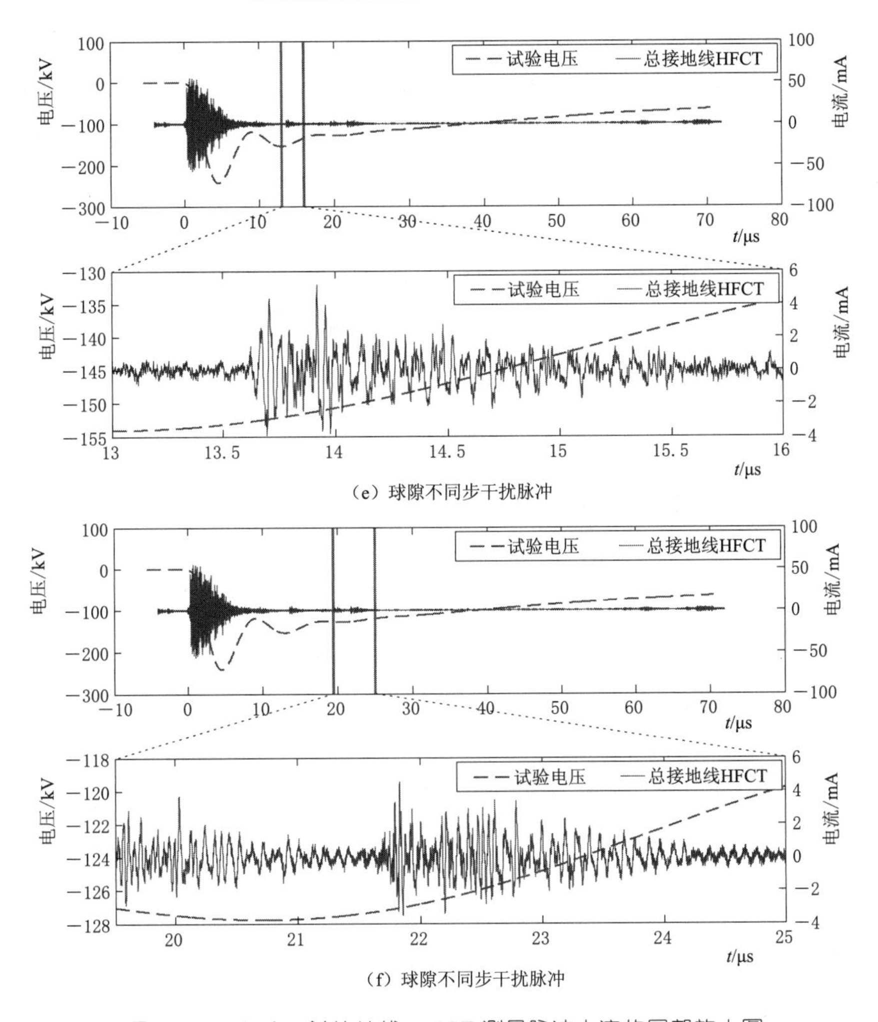

（e）球隙不同步干扰脉冲

（f）球隙不同步干扰脉冲

图 3-101（三） 总接地线 HFCT 测量脉冲电流的局部放大图

从图 3-101（b）可以看出，局部放电信号同样与球隙触发干扰脉冲叠加在一起，局部放电信号的频率与球隙干扰脉冲的频率差别不大，这也对局部放电信号的识别增加了难度。4.6s 以后的脉冲电流频率变化，但是没有内置 UHF 传感器信号频率变化大。

3.4.5 结论

采用移动式冲击电压发生器，对 330kV GIS 设备进行了内置缺陷检测，通过以上对 4 个局部放电测量信号的分析可知，检测阻抗 C_z 通道的球隙干扰脉冲影响到局部放电测量，不能很好地识别局部放电信号；离缺陷最近 HFCT 通道测量局部放电的灵敏度很差，也不能很好地识别局部放电信号；总接地线 HFCT 通道尽管有球隙触发干扰脉冲，但是局部放电信号明显，适合进行局部放电测量；内置 UHF 传感器通道中没有球隙干扰脉冲，局部放电信号的信噪比很好，适合进行局部放电测量，另外内置 UHF 传感器通道中没有球隙干扰脉冲与高压端悬浮放电幅值大有很大的关系，在小幅值放电的情况下，内置 UHF 传感器通道还是会有一些球隙干扰脉冲。

通过对四路局部放电测量通道信号的分析可知，用内置 UHF 传感器通道能很好地测量高压端悬浮放电局部放电，因此振荡型雷电冲击电压局部放电谱图利用内置 UHF 传感器通道信号进行绘制，另一方面，由于移动式振荡型雷电冲击电压发生器产生的振荡型雷电冲击电压的振荡周期很少，激发的局部放电个数也很少，因此，局部放电谱图都是 6 次试验局部放电信号统计在一张谱图上，这样更能反映局部放电的偶然性和随机性。

3.5 振荡型冲击电压下 GIS 局部放电检测系统研制

根据以上理论研究，通过硬件和软件的特殊设计，解决了现场实用化的技术难点，研发形成了振荡型冲击电压下 GIS 局部放电检测系统。

3.5.1 整体设计思路

根据设计的相关要求，研制了可用于现场振荡型冲击电压下局部放电分析的检测系统，整个系统的组成如图 3－102 所示。

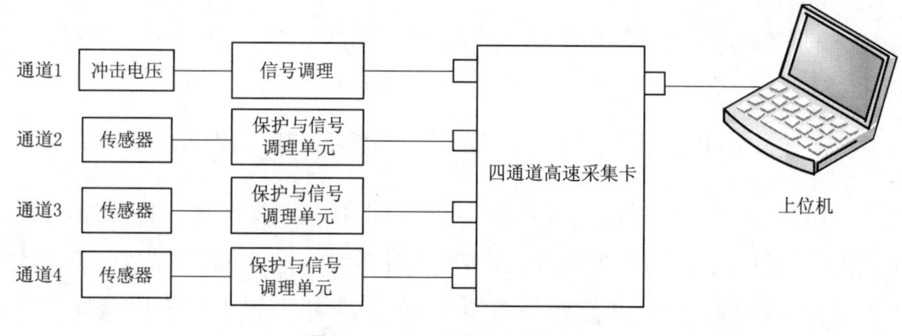

图 3－102 检测系统组成图

检测系统采用四通道高速采集卡为主要采集元件，共有 4 个通道，其中通道 1 为冲击电压波形通道，采集冲击电压发生器所产生的冲击电压波形。通道 2～通道 4 为局部放电采集通道，传感器采用高频电流传感器，采集传感器测量到的局部放电信号，信号通过 USB 接口接入上位机进行操作和分析。

3.5.2 高频电流传感器

高频电流传感器的设计主要是解决信号采集的问题。由于振荡冲击下的局部放电信号为高频脉冲电流信号，而根据被测脉冲电流信号幅值、频率的不同，测量脉冲电流的常用方法有两种，即分流器法和非侵入式脉冲电流测量法。分流器法一般适合用于测量小于 100kA 的脉冲电流（目前好的分流器也可以测至 500kA），因为分流器必须接入放电回路中，会影响整个系统的状态，这在许多情况下是不允许的。另外一种方法是非侵入式脉冲电流测量法，使用这种测量方式，被测电路的状态不受检测电路的影响，检测电路也不受被测电路的影响，被测电路与检测电路之间是电隔离的。目前，非侵入式脉冲电流测量主要采用 Rogowski 线圈、超声、超高频、光学电流传感器等。

超声和超高频都会受到邻近放电源的严重干扰，测量结果误差很大，因此不予选用，本设计采用 Rogowski 线圈作为高频电流传感器的主要部件。

Rogowski 测量线圈本身与电流回路没有电的联系，而是通过电磁场耦合，因此与主放电回路有着良好的电气绝缘，再加上这种线圈结构简单、易于加工和安装、工作性能可靠。由于没有铁芯饱和问题，测量范围宽，同样的绕组，电流测量范围可以从几安到数百千安；频率范围宽，一般可设计到 0.1～100MHz 以上，特殊的可设计到 2000MHz 的带宽，线圈自身的上升时间可做得很小（如 ns 数量级）；易于以数字量输出，实现测量数字化、网络化和自动化。对 Rogowski 测量线圈进行详细介绍如下。

1. Rogowski 线圈的原理分析

Rogowski 线圈是利用被测电流产生的磁场在线圈内感应的电压来测量电流。实际上是一种电流互感器测量系统，是将一组导线均匀绕在一个塑料棒或者磁性的骨架上，其一次侧一般为单根载流导线，二次侧为 Rogowski 线圈。

Rogowski 线圈结构原理如图 3-103 所示，其中 $i(t)$ 为被测量的电流，$e(t)$ 为线圈输出端的感应电动势。

根据全电流定理，可得 Rogowski 线圈输出端的感应电动势为

$$e(t)=-M\frac{\mathrm{d}i(t)}{\mathrm{d}t} \tag{3-23}$$

式中　M——测量线圈和置于其中央的载流导体之间的互感。

若线圈的截面面积为 A，匝数为 N，线圈中心的圆周线长为 l，介质磁导率为 μ，则

$$M\approx\frac{\mu AN}{l} \tag{3-24}$$

式（3-24）表示 Rogowski 线圈出口端子上所得的电压信号 $e(t)$ 与电流 $i(t)$ 对时间 t 的导数成正比关系。为了直接得到与电流 $i(t)$ 成比例的信号，需要在测量系统中加入积分环节，从而使取得的信号电压与通过 Rogowski 线圈的电流成正比。

2. Rogowski 线圈的结构设计

传统的 Rogowski 线圈是一种较成熟的测量元件。它实际上是一种特殊的空心线圈，将测量导线均匀地绕在截面均匀的非磁性材料的框架上，就构成了 Rogowski 线圈，如图 3-104 所示。

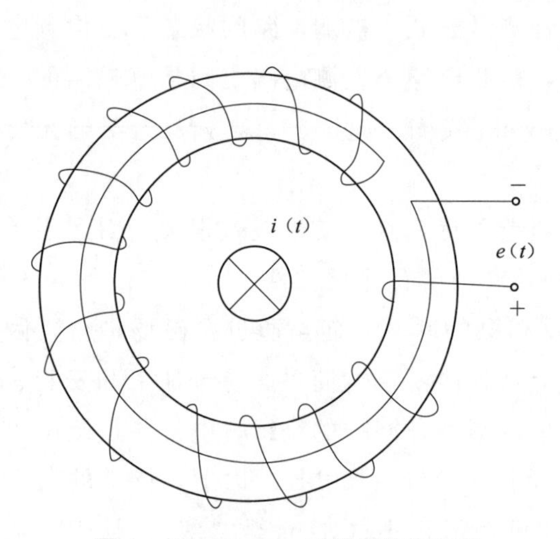

图 3-103　Rogowski 线圈结构原理

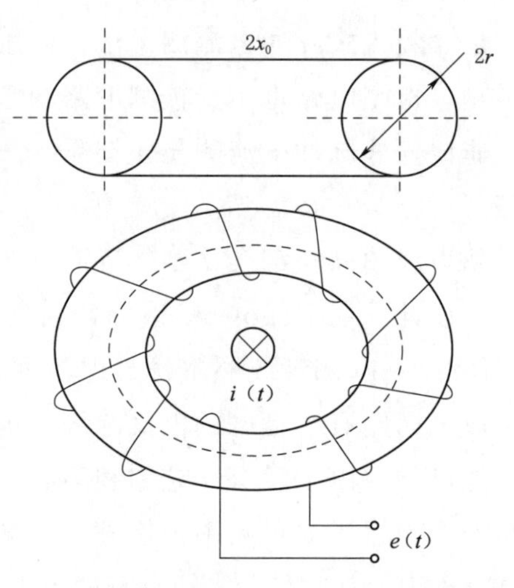

图 3-104　传统 Rogowski 线圈的结构

Rogowski 线圈的设计主要包括骨架材料尺寸选择、绕线的线径 d，绕线匝数 N，绕线方式和积分方式选择。

Rogowski 线圈的骨架芯分为矩形截面和圆形截面，在同等条件下，圆形截面芯比矩形截面芯更有利于减少自感系数的相对误差，但由于矩形截面便于加工，所以一般的 Rogowski 线圈都选择矩形截面骨架芯来制作。矩形截面的示意图如图 3-105 所示。

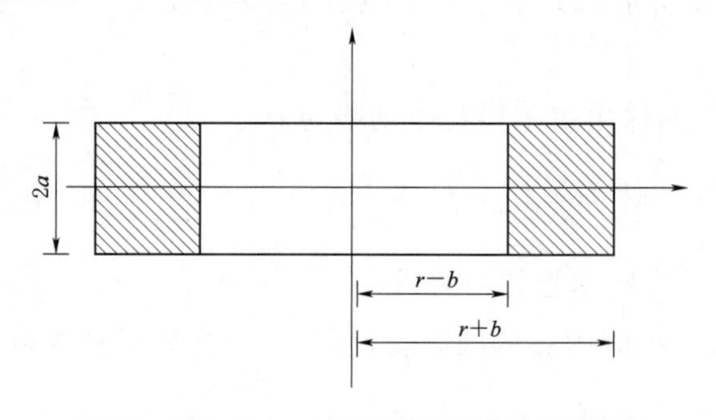

图 3-105　Rogowski 线圈矩形截面示意图

骨架的厚度为 $2a$，圆环内径为 $r-b$，外径为 $r+b$。表 3-17 中，ρ 为导线电阻率，r 为线圈等效半径，N 为线圈匝数。

对于图 3-105 中的 Rogowski 线圈的各个参数的计算见表 3-17，表中 R_s 为取样电阻。

对线圈磁芯骨架设计，要充分考虑原电流的工作频率，为避免出现磁芯频率响应不够。在选取磁芯材料时，须选取合适的磁芯工作频率范围。对磁芯的设计，在满足饱和磁感应强度、磁芯工作频率的要求后，为满足自积分条件，应尽量选取磁导率高的材料作为磁芯材料，如在测量雷电流等较大幅值的电流信号时，为了防止由于磁芯饱和引起的诸如波形失真、灵敏度下

表 3－17　　Rogowski 电磁参数计算

线圈互感	线圈自感	线圈自阻
$M=\frac{\mu_0 Na}{2\pi}\ln\frac{r+b}{r-b}$	$L=\frac{\mu_0 N^2 a}{2\pi}\ln\frac{r+b}{r-b}=NM$	$R_0=4\rho N^3\frac{a+b}{\pi^3(r+r')^2}$
分布电容	频带范围	矩形线圈误差
$C_0=\frac{8\pi^2(b+a)}{r'\ln[(r+b)/(r-b)]}\varepsilon_0\varepsilon_r$	$\Delta f=\frac{\sqrt{2}}{10}\frac{1}{2\pi R_s C_0}-\frac{10}{\sqrt{2}}\frac{R_0+R_s}{2\pi L}$	$\delta=\frac{r}{b}\ln\sqrt{\frac{1+b/r}{1-b/r}}-1$

降等问题，选择使用空心骨架或者使用锰锌。在测量微电流时，为了增加传感器的灵敏度，增大放大倍数，一般选择镍锌等导磁率较高的材料。这里选择 $\mu=80$ 的 NXO－80 镍锌磁环骨架，其工作频率上限为 60MHz。作为对比，同时选用了 $\mu=100$ 的 NXO－100 的镍锌磁环骨架。由于在线监测时不可避免地有工频电流流过，故要求磁芯有较强的抗工频饱和能力，使磁芯不会因饱和而影响监测。其饱和电流的计算公式为 $I_{max}=0.8B_s l/\mu_0\mu_r$，其中，$l$ 为有效磁路长度，B_S 为饱和磁通密度，计算得出饱和电流在 kA 级，因待测点的工作时最大合闸涌流为几百安培，因此磁芯不会饱和。

磁芯的尺寸也对带宽有影响，其关系为

$$\frac{f_H}{f_L}\propto\frac{\mu L\,2a\ln\frac{r+b}{r-b}}{(2b+2a)^2} \tag{3-25}$$

式中　L——线圈总长。

因此为达到最大宽带的目的，一种可行的办法是使 $(r+b)/(r-b)$ 尽量大的同时使 $2a=b$ 以最大化带宽。在这里考虑到实际应用内径的问题，分别选取尺寸为 $r-b=28$cm，$r+b=68$cm，$2a=20$cm。

3. *积分方式的选择*

Rogowski 线圈的积分方式可分为自积分和外积分方式两种。前者是利用线圈与取样电阻构成积分回路，后者是把测量回路本身作为纯电阻网路，另外加了一个积分回路。

(1) 自积分式 Rogowski 线圈。利用线圈本身的电感 L 与线圈端口所接的电阻 R_s 构成积分器的方式称为自积分式 Rogowski 线圈，该方式下的等效电路图如图 3－106 所示。

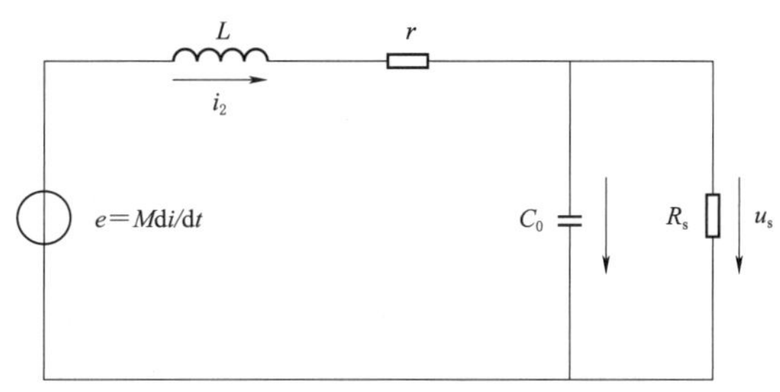

图 3－106　自积分式 Rogowski 线圈的等效电路

图 3－106 中，L 为线圈自感，r 为线圈的内电阻，C_0 为线圈内部杂散电容（忽略线圈对屏蔽盒的杂散电容），R_s 为积分电阻。

则线圈模型回路的电路方程为

$$\begin{cases} i_2 = C_0 \dfrac{\mathrm{d}u_s}{\mathrm{d}t} + \dfrac{u_s}{R_s} \\ M\dfrac{\mathrm{d}i}{\mathrm{d}t} = L\dfrac{\mathrm{d}i_2}{\mathrm{d}t} + ri_2 + u_s \end{cases} \tag{3-26}$$

简化式子得

$$M\frac{\mathrm{d}i}{\mathrm{d}t} = LC_0\frac{\mathrm{d}^2u_s}{\mathrm{d}t^2} + \left(\frac{L}{R_s} + rC_0\right)\frac{\mathrm{d}u_s}{\mathrm{d}t} + \left(1 + \frac{r}{R_s}\right)u_s \tag{3-27}$$

对上式进行拉氏变换，并设初始条件为零时，Rogowski线圈的传递函数变为

$$H(s) = \frac{U_s(s)}{I(s)} = \frac{R_s}{N} \times \frac{s}{R_sC_0s^2 + \left(1 + \dfrac{R_srC_0}{L}\right)s + \dfrac{(R_s + r)}{L}} \tag{3-28}$$

对于自积分式宽频传感器，$\dfrac{R_srC_0}{L} \ll 1$，$r \ll R_s$，故

$$H(s) = \frac{U_s(s)}{I(s)} = \frac{R_s}{N} \times \frac{s}{R_sC_0s^2 + s + \dfrac{R_s}{L}} \tag{3-29}$$

(2) 外积分式Rogowski线圈。在Rogowski线圈的输出端接一个RC积分器的方式称为外积分（无源型式）。外积分式Rogowski线圈的等效电路如图3-107所示。图中，L为线圈自感，r为线圈的内电阻，C_0为线圈内部杂散电容，R_s为负荷电阻，R和C则分别为外加积分器的积分电阻和电容。

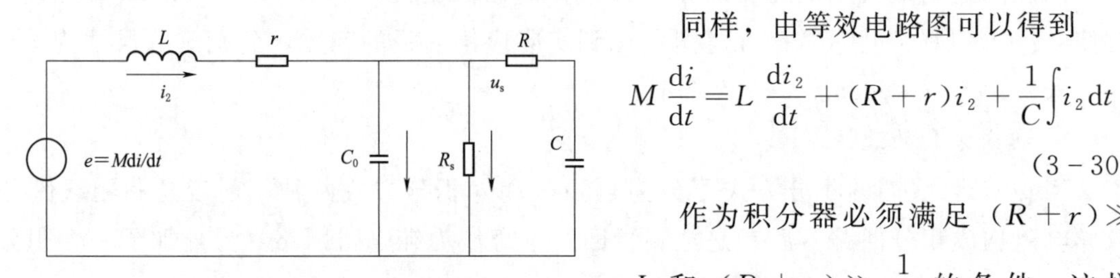

图3-107　外积分式Rogowski线圈的等效电路

同样，由等效电路图可以得到

$$M\frac{\mathrm{d}i}{\mathrm{d}t} = L\frac{\mathrm{d}i_2}{\mathrm{d}t} + (R + r)i_2 + \frac{1}{C}\int i_2\mathrm{d}t \tag{3-30}$$

作为积分器必须满足$(R + r) \gg \omega L$和$(R + r) \gg \dfrac{1}{\omega C}$的条件，这样式(3-30)可以简化成

$$M\frac{\mathrm{d}i}{\mathrm{d}t} = (R + r)i_2 \tag{3-31}$$

或写成

$$i = \frac{(R + r)C}{M}U_C \tag{3-32}$$

因此，在满足外积分条件时，被测电流与积分电容端电压成比例关系。

以上两种类型的传感器已被广泛用于局部放电的在线监测。由于在此所测的电流常是μA等级的，故要求传感器灵敏度及信噪比尽量高。外积分式Rogowski线圈不

便于安装，且频带较窄，较难满足高频电流信号的测量要求，故主要讨论自积分式Rogowski线圈。

4. 采样电阻R_s和匝数N的选择

磁芯结构材料和尺寸确定后，对于满足自积分条件的Rogowski线圈，取样电阻上的电压正比于流过线圈中的电流，线圈放大倍数为$H(s)=\frac{R_s}{N}$，上限截止频率为$f_H\approx\frac{1}{2\pi R_s C_0}$，下限截止频率为$f_L\approx\frac{R_s}{2\pi L}$。由以上推导可知Rogowski线圈灵敏度正比于$\frac{R_s}{N}$，但是随着$R_s$的增大和$N$的减小，$f_H$下降，$f_L$上升，其频带减小，这两个参数对频带和放大倍数的影响如图3-108所示，因此对于这两者有一个最佳的值。对于这两个参数的选择实验室里使用AWG2021任意波形信号发生器来标定不同的值对Rogowski线圈频带的影响，测量回路如图3-109所示。

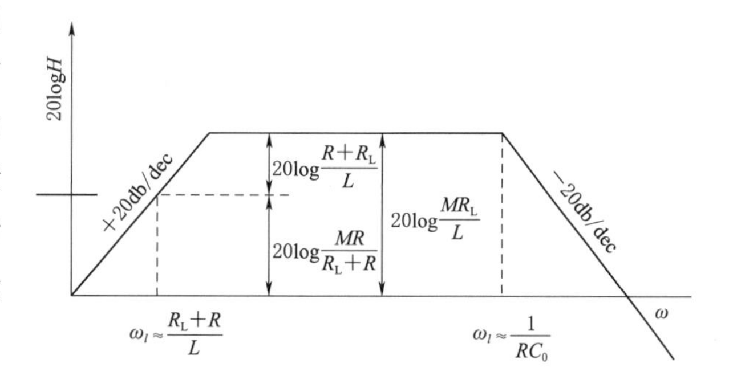

图3-108　Rogowski线圈的幅频特性

分别对于R_s取值为10Ω、50Ω、100Ω和N取值为12、20、28，固定其中一个参数进行测量得到的频带响应如图3-110所示。

从图3-110中可以得出$R_s=100\Omega$时，随着N的增加，传感器的低频截止频率降低，但信号的增益即灵敏度减小；当固定$N=20$时，随着R_s的增加，信号的增益增大，高频截止频率略有下降。考虑到局部放电信号主要的能量集中在低频（几十千赫兹到几兆赫兹）部分，因此选择了参数$R_s=100\Omega$，$N=20$。

另外，为了防止一次侧导体产生的快速变化电磁场以及其他杂散电磁场对测量回路的影响，传感器采用铝合金材质的屏蔽壳体。

为了测试该传感器的动态特性，在实验室条件下，分别对阶跃波信号和高频脉冲信号进行了测量，如图3-111所示，其中通道1为信号发生器输出电压，通道2为传感器输出电压信号。

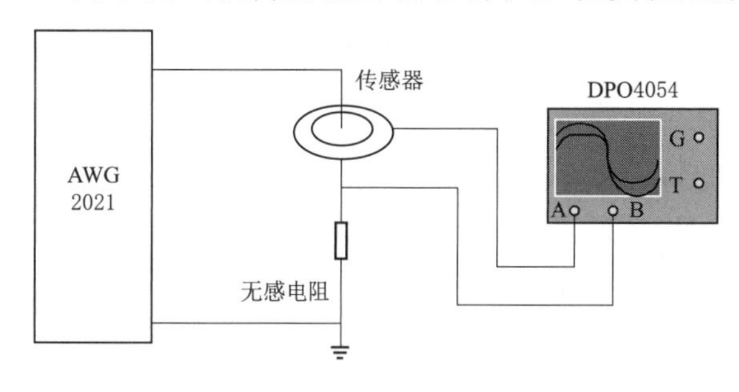

图3-109　电流传感器频率响应测量回路

由图3-111（a）可见，传感器对下降时间为2.13ns的阶跃波信号的响应时间为3.43ns，根据Rogowski线圈的幅频特性可知等效上限频率

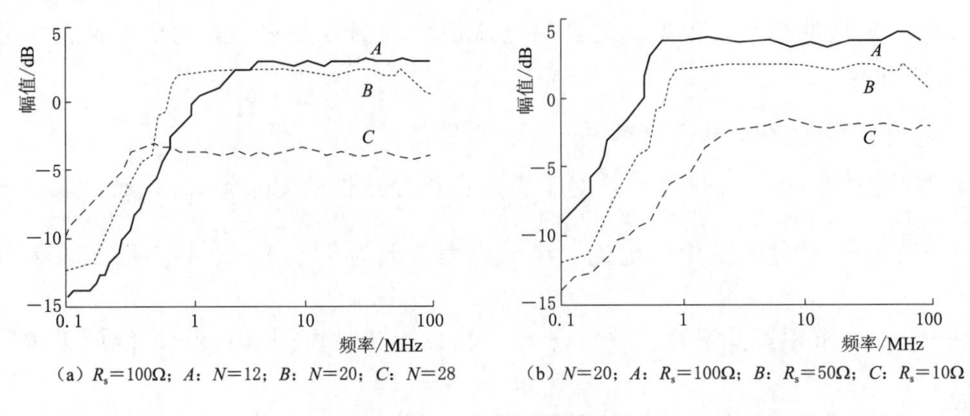

(a) $R_s=100\Omega$; A: $N=12$; B: $N=20$; C: $N=28$　　(b) $N=20$; A: $R_s=100\Omega$; B: $R_s=50\Omega$; C: $R_s=10\Omega$

图 3－110　传感器幅频特性

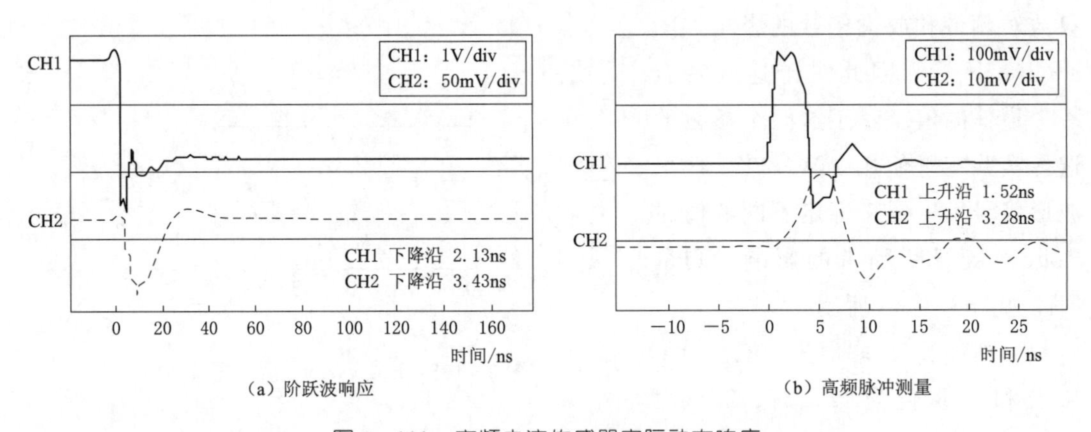

(a) 阶跃波响应　　(b) 高频脉冲测量

图 3－111　高频电流传感器实际动态响应

为 92.8MHz，与实测值一致；图 3－111（b）中输入电压为高频脉冲信号，传感器响应上升时间为 3.48ns，由此可见，对于纳秒级局部放电脉冲信号，该高频电流传感器满足测量要求。

3.5.3　滤波器的设计

局部放电检测的关键是如何有效简便地提取局部放电信号。现场检测是在有各种电磁干扰的现场环境中进行的，现场的电磁干扰有时可能比内部的局部放电信号高出 2～3 个数量级，局部放电信号会完全淹没在干扰中。在现场环境中如何有效抑制强电磁干扰，是局部放电在线监测必须首先解决的重要问题。

现场检测的干扰是多样的，表现出的特性也不同。用一种方法来有效地抑制所有的干扰是不可能的。针对不同的干扰源，需采取不同的措施，综合运用，达到抗干扰的目的。抑制干扰的措施有消除干扰源、切断干扰途径和干扰的后处理 3 种方法。对于因系统设计不当引起的各种噪声，可以通过改进系统结构、合理设计电路、增强屏蔽等加以消除；保证测试回路各部分良好连接，可以消除接触不良带来的干扰；提供一点接地、消除现场的弧立导体，可以消除浮动电位物体带来的干扰；通过电源滤波可以抑制电源带来的干扰；屏蔽测试仪器，可以抑制因空间耦合造成的干扰。而对于其他的通过测量传感器进入监测系统的干扰，则需要通过各种硬件和软件的方法，进行干扰的后处理来抑制，其中在硬件方面主要运用了模拟滤波器滤波。

模拟滤波器的设计，选择了合适的带宽，以2.5MHz和7.5MHz为临界点分别设计了3种不同的滤波器：低通、高通和带通滤波器，在检测现场可以根据不同的情况予以选用。各种滤波器的设计电路如图3-112所示。

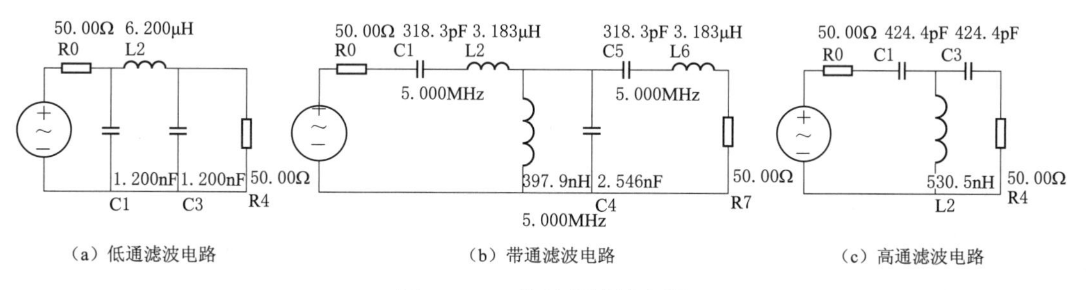

图3-112　滤波器设计电路

各个滤波器的幅频特性如图3-113所示，从上至下依次对应低通、带通、高通滤波器。各个滤波器都有平坦的通带和陡峭的下降沿。

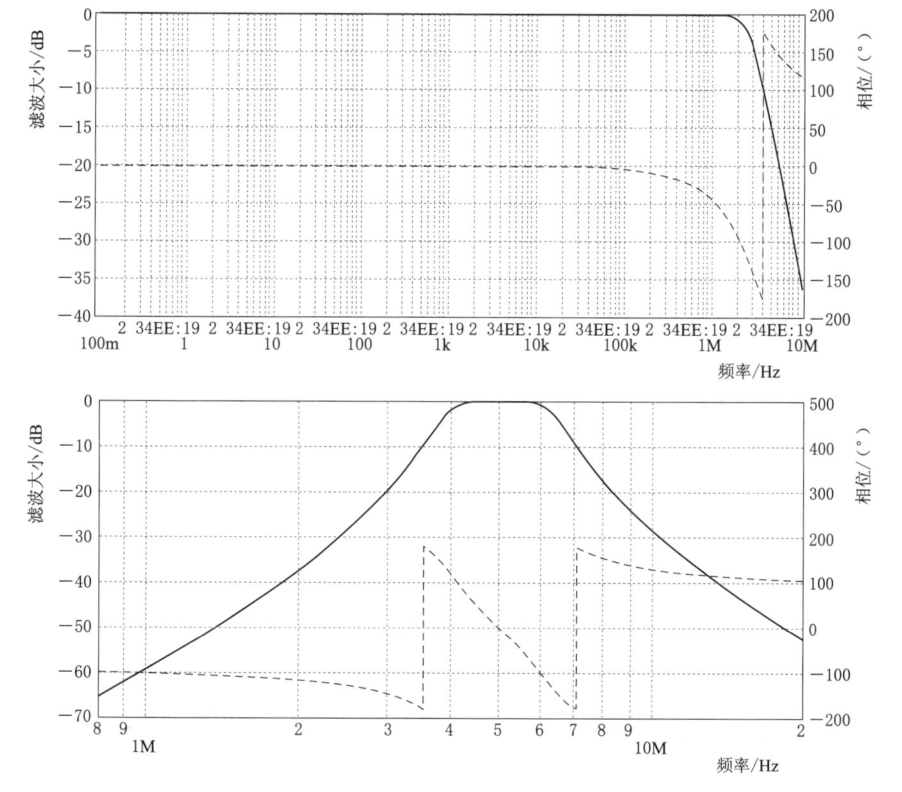

图3-113（一）　滤波器的幅频特性

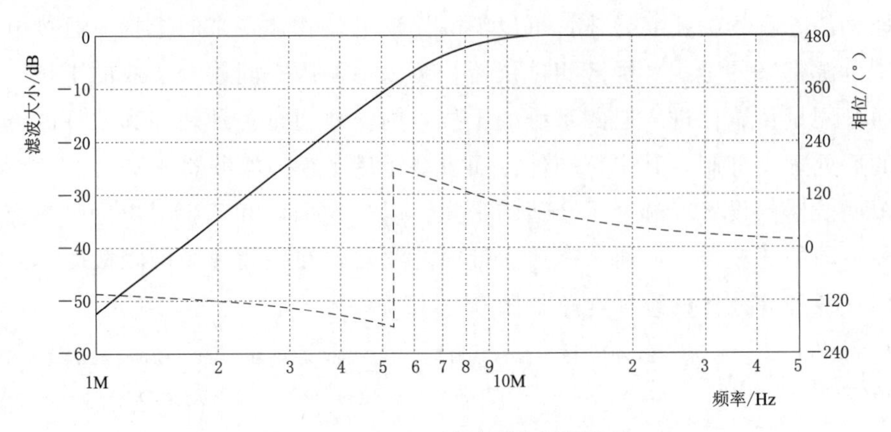

图 3－113（二） 滤波器的幅频特性

3.5.4 放大器的设计

对于局部放电检测而言，其信号通常较小，传播到电流传感器的放电脉冲幅值小，因此需要经过放大处理。放大器的结构如图 3－114 所示。

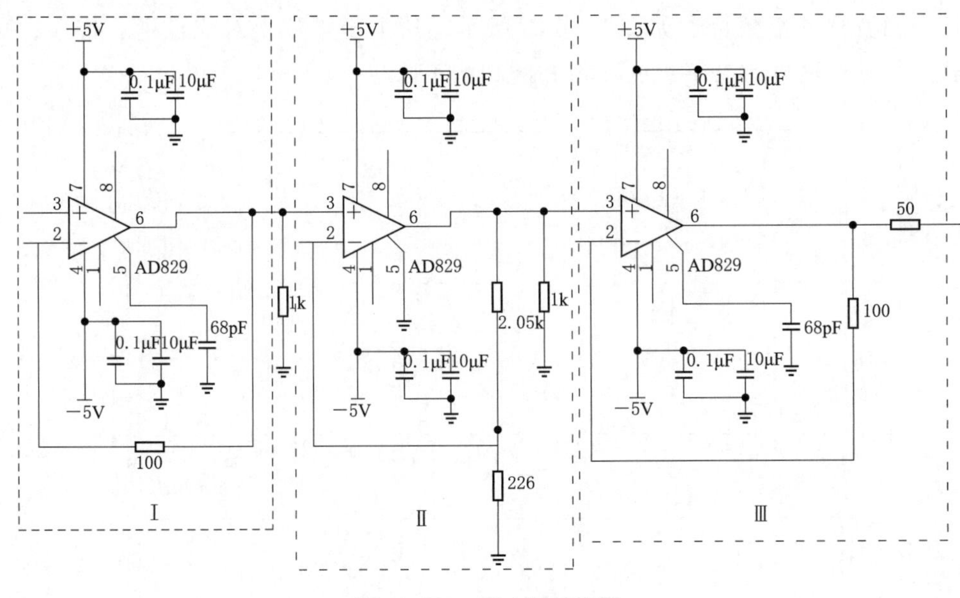

图 3－114 放大器结构图

放大器由电压跟随单元、放大单元、电缆驱动单元三部分组成。电压跟随单元的作用是将电流传感器与放大单元进行有效连接。由电路原理的二端口网络知识可知，电流传感器的外接电容和外接电阻与放大单元可分别视作两个二端口网络，两个二端口网络的连接必须满足一定条件才能不影响各自的性能，即后一级网络的输入电阻与前一级网络的输入阻抗之比为无穷大。显然上述两个网络直接相连是不符合基本原理的。所以此处设计点跟随单元将两个网络进行连接。由运算放大器的原理可知，当运算放大器采用相同端输入方式时，输入阻抗是无穷大，而运算放大器的输出端相当于无穷小，因此可以用运算放大器组成的跟随单元将放大器阻抗对传感器阻抗的影响进行消除。

设计中运算放大器采用 AD829 芯片，同向输入时输入电阻可达 10MΩ，输出电阻仅为 15Ω，芯片最大带宽 120MHz。该芯片的频率响应特性如图 3-115 所示。

放大单元同样采用 AD829 作为运算放大器，采用有源放大，其增益电阻为 105Ω，反馈电阻为 2kΩ，放大倍数为 20 倍放大，该种条件下放大器 3DB 带宽为 55MHz，与传感器的带宽基本互相配合。

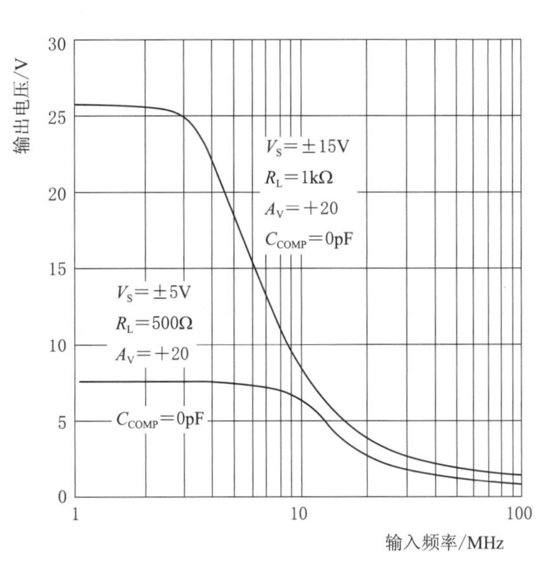

图 3-115　AD829 芯片频率响应曲线

系统所检测到的局部放电信号的频率范围为几十千赫兹至几十兆赫兹，当信号在不同阻抗的介质中传播时，在两种介质的交界面上会发生折反射，这种折反射会大大影响信号的传输，消除这种现象的方法就是要使得传输通道中的不同介质的阻抗达到匹配。电缆驱动单元具有几十兆欧的输入电阻和几十欧的输出电阻，后端传输电缆的波电阻为 50Ω，所以此处电缆驱动单元的输出电阻为 50Ω。

整个放大器设计完毕之后对其进行了频率响应特性的测试，其带宽可达 30MHz 以上，满足电流传感器的设计需求。

3.5.5　检测装置

研制成功的振荡型冲击电压下 GIS 局部放电检测装置如图 3-116 所示。

3.5.6　检测系统实验室测试

检测系统研制完成后，在实验室进行了测试。振荡型雷电冲击电压下，GIS 悬浮局部放电测量振荡型雷电冲击电压下，Tek4054_CH1 和冲击局部放电测量系统 CH1 的冲击电压测量对比图如图 3-117 所示。冲击局部放电测量系统 CH2、CH3 和 CH4 的局部放电测量对比图如图 3-118 所示。

从图 3-118 中可以看出冲击局部放电测量系统 CH1 测量的冲击电压波形与示波器测量到的冲击电压波形是相同的，而且由于加入低通滤波器，滤除了高频噪音信号和

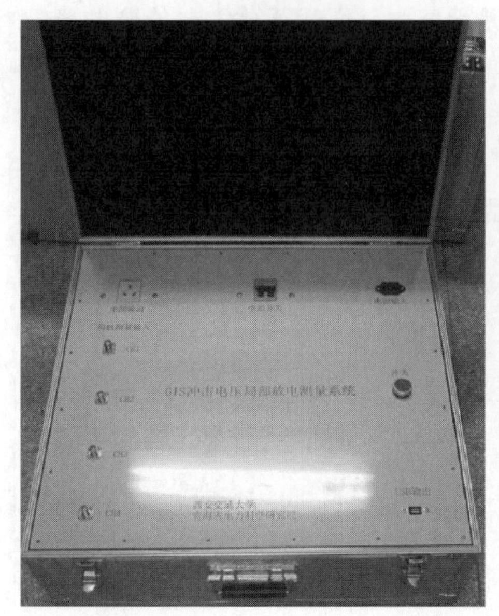

图 3-116　检测装置

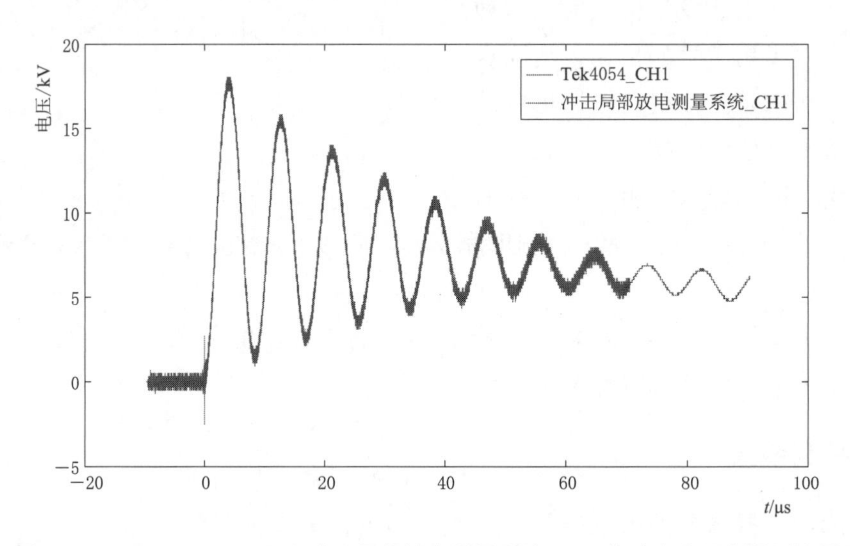

图 3-117　Tek4054_CH1 和冲击局部放电测量系统 CH1 的冲击电压测量对比图

球隙触发干扰脉冲。从图 3-119 可以看出，冲击局部放电测量系统 CH2、CH3 和 CH4 测量的局部放电信号是相同的，而且低频位移电流被高通滤波器滤除。图 3-119 中第一个脉冲电流是球隙触发干扰脉冲，之后的脉冲电流都是 SF_6 悬浮局部放电脉冲。

此外，还进行了振荡型雷电冲击电压下 GIS 设备气隙局部放电测量。冲击局部放电测量系统 CH2、CH3 和 CH4 的局部放电测量对比图如图 3-119 所示。根据图 3-119 可以看出冲击局部放电测量系统 CH2、CH3 和 CH4 测量的局部放电信号是相同的，而且低频位移电流被高通滤波器滤除。

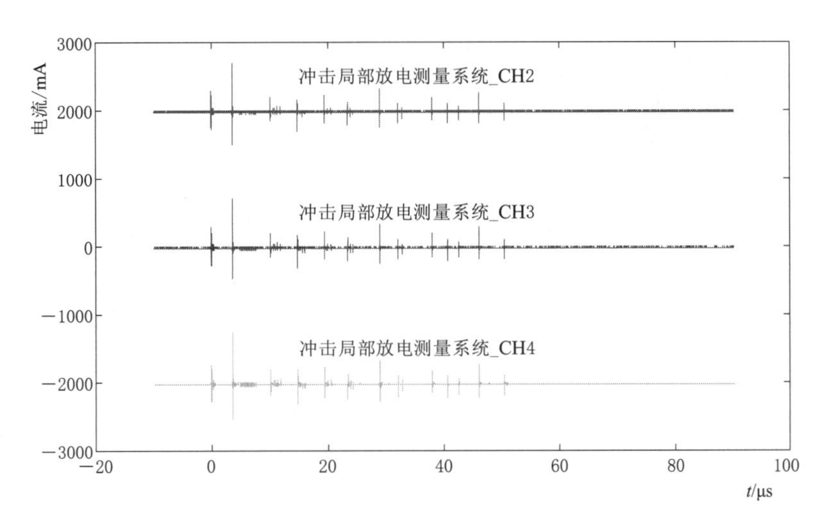

图 3-118 冲击局部放电测量系统 CH2、CH3 和 CH4 的局部放电测量对比图

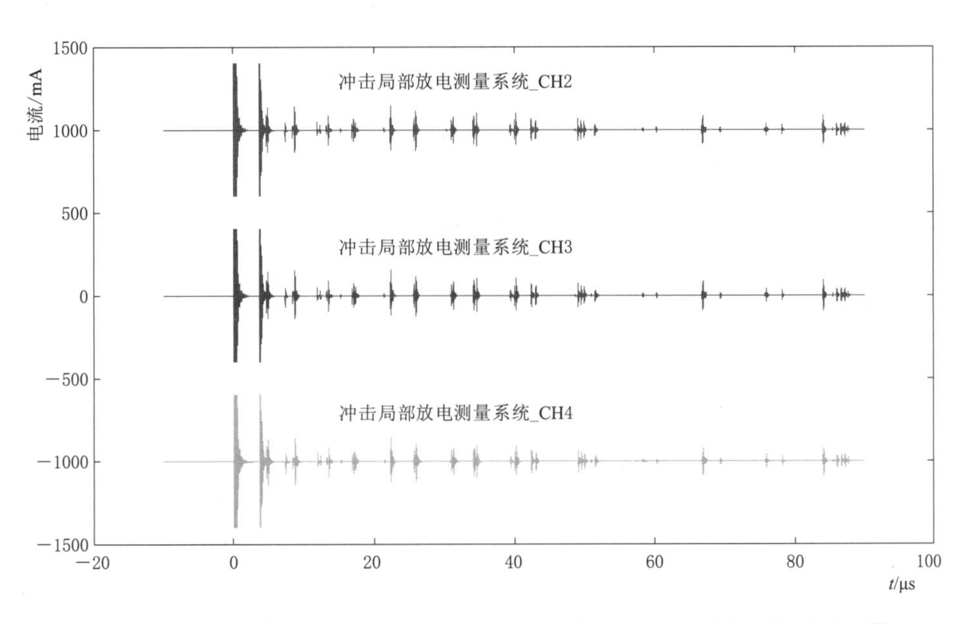

图 3-119 冲击局部放电测量系统 CH2、CH3 和 CH4 的局部放电测量对比图

从实验室试验结果可以看出，所研制的测量系统可以有效检测到振荡型冲击电压下的局部放电信号，所研制的传感器具有较高的一致性。

3.6 GIS 设备现场冲击电压耐压试验下的局部放电测量

3.6.1 试验装置现场布置

现场 GIS 设备振荡型雷电冲击试验在某 750kV 变电站进行，装置设计共 6 节，每

图3-120　现场用冲击电压发生装置

节可产生400kV冲击电压，本次现场耐压试验使用5节，最高可产生幅值2000kV的振荡型雷电冲击电压。现场装置如图3-120所示。

现场GIS设备组接地点很多，因此选择具有代表性的接地点，测量流过其上的脉冲电流信号，以获得位移电流信息与局部放电信息。该站设计有3条进线，2条出线，进线与出线之间通过2条母线相连（Ⅰ母、Ⅱ母），单条母线长400m，因此只能分别对Ⅰ母、Ⅱ母进行冲击电压耐受试验。进行局部放电测量时，在靠近冲击电压发生器的一端，选取5个接地点进行局部放电测量，如图3-121所示，其中一个接地点距断路器较近，可以监测到断路器附近的局部放电信号，另一个接地点距断路器较远，主要监测母线段上的局部放电信号。

图3-121　现场局放测量传感器安置示意图

局部放电测量系统示意图如图3-122所示。

电流传感器为自行研制的罗氏线圈，带宽30MHz，高频增益20dB。测量时，将接地线穿过线圈，输出通过长为16m的同轴电缆连接到示波器或者采集卡。

3.6.2　局部放电测量结果

1. C相Ⅱ母测量结果

测量C相Ⅱ母局部放电时，在3个位置共安放了4个电流传感器。位置1距断路器约20m，安放有1个传感器（记为S1）；位置2距断路器约36m，安放有2个电流

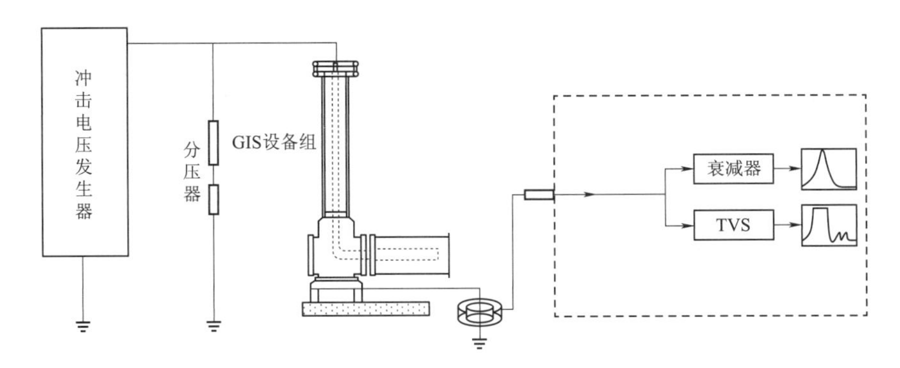

图3-122 局部放电测量系统示意图

传感器（S2、S3）；位置3距断路器约52m，安放有1个传感器（S4）。穿过S1、S4的绝缘软铜线与GIS设备接地线并联，而在S2、S3处的GIS设备接地线则事先被拆除，然后将GIS设备外壳通过软铜线接地，软铜线同时穿过S2、S3。

对A相Ⅱ母分别施加正、负极性50%（840kV）冲击耐受电压3次，80%冲击耐受电压（1344kV）1次，调整好波形后，再施加100%冲击耐受电压（1680kV）3次。传感器与示波器通道间的对应关系见表3-18。

表3-18 传感器与示波器通道对应表

传感器	增益/dB	放电管/V	TVS/CA	衰减器/dB	连接通道
S1	20	—	5.0	—	CH2
S2	20	—	5.0	−40	CH1
S3	34	75	—	—	CH3
S4	20	—	5.0	—	CH4

连接S3电缆上的TVS换成击穿电压为75V的放电管，一方面，可以在击穿时保护示波器；另一方面，放电管电容小于5pF，对局部放电测量无影响。在S3传感器输出端串联了截止频率为3.5MHz的高通滤波器，着重观察示波器CH3上的局部放电信号。由于冲击电压发生器通过S1附近接地线接地，因此CH2通道数据受到一定影响，分析时暂不考虑。

由于现场取不到作用电压信号，因此采用位移电流信号作为参考信号，对CH1和CH3通道信号进行处理，可得到外施电压与局部放电信号图像，正极性处理结果如图3-123所示，负极性处理结果如图3-124所示。

由于振荡型冲击电压的衰减特性，局部放电最易发生在外施电压的第一个振荡周期内，因此着重对第一个振荡周期内的局部放电信号进行观察和统计。由图3-123（a）和图3-124（a）可以看出，当外施电压不超过冲击耐受电压的50%时，不容易出现疑似局部放电的电流脉冲，即使出现了，幅值也比较小，图3-123（a）中为4.284mA，图3-124（a）中为3.608mA。当外施电压达到冲击耐受电压的

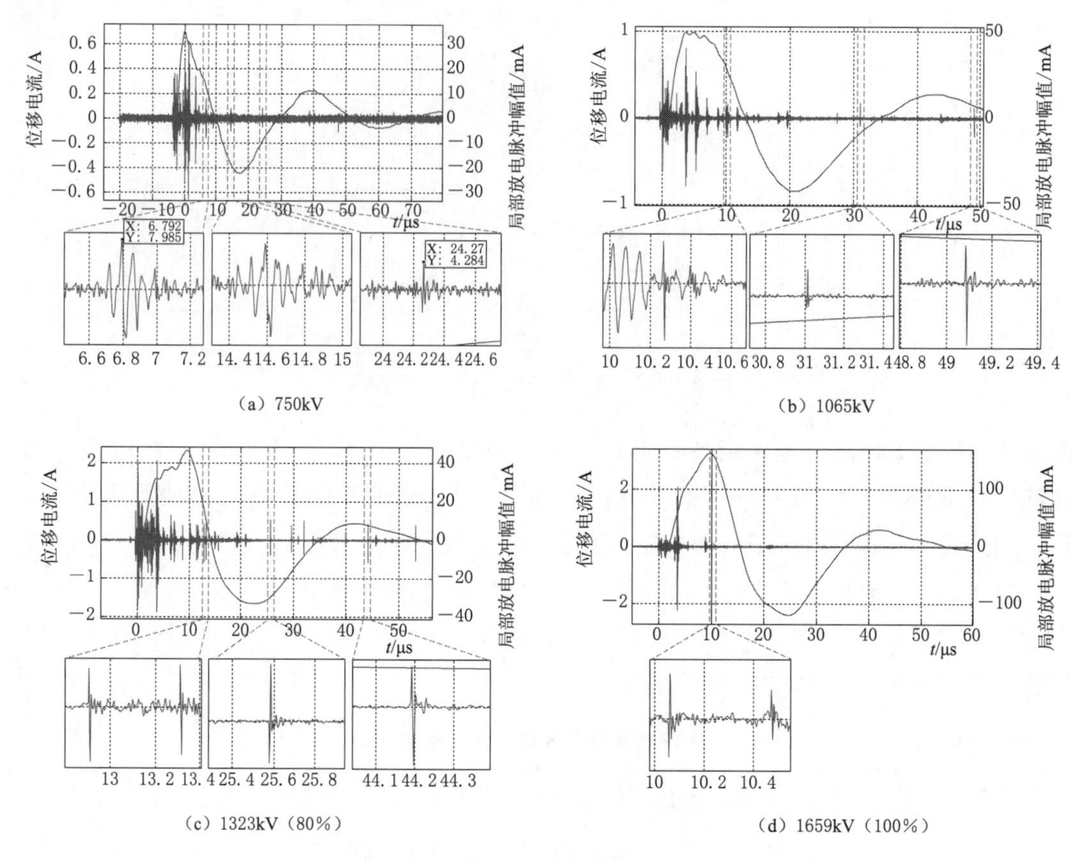

(a) 750kV

(b) 1065kV

(c) 1323kV (80%)

(d) 1659kV (100%)

图 3-123　正极性局部放电测量结果

80%时，图 3-123 (c) 中局部放电脉冲幅值为 8.867mA，图 3-124 (b) 中局部放电脉冲幅值 7.945mA。外施电压达到 100%冲击耐受电压时，图 3-123 (d) 中局部放电脉冲幅值为 6.733mA，图 3-124 (c) 中没有观察到明显的局部放电脉冲信号。

2. A 相Ⅰ母检测结果

A 相Ⅰ母共有一个检测点，距断路器 5m，安放了 2 个电流传感器，穿过传感器的软铜线一端接 GIS 设备母线对接处螺母，一端接地。传感器与采集卡通道之间的对应关系见表 3-19。

采集卡最多可实现 4 通道同时采集，每通道采样率为 250MS/s。采集到的波形如图 3-125 所示。

表 3-19　传感器与采集卡通道对应表

传感器	增益/dB	放电管/V	TVS/CA	衰减器/dB	连接通道
S1	20	—	5.0	−40	A
S3	34	75	—	—	B

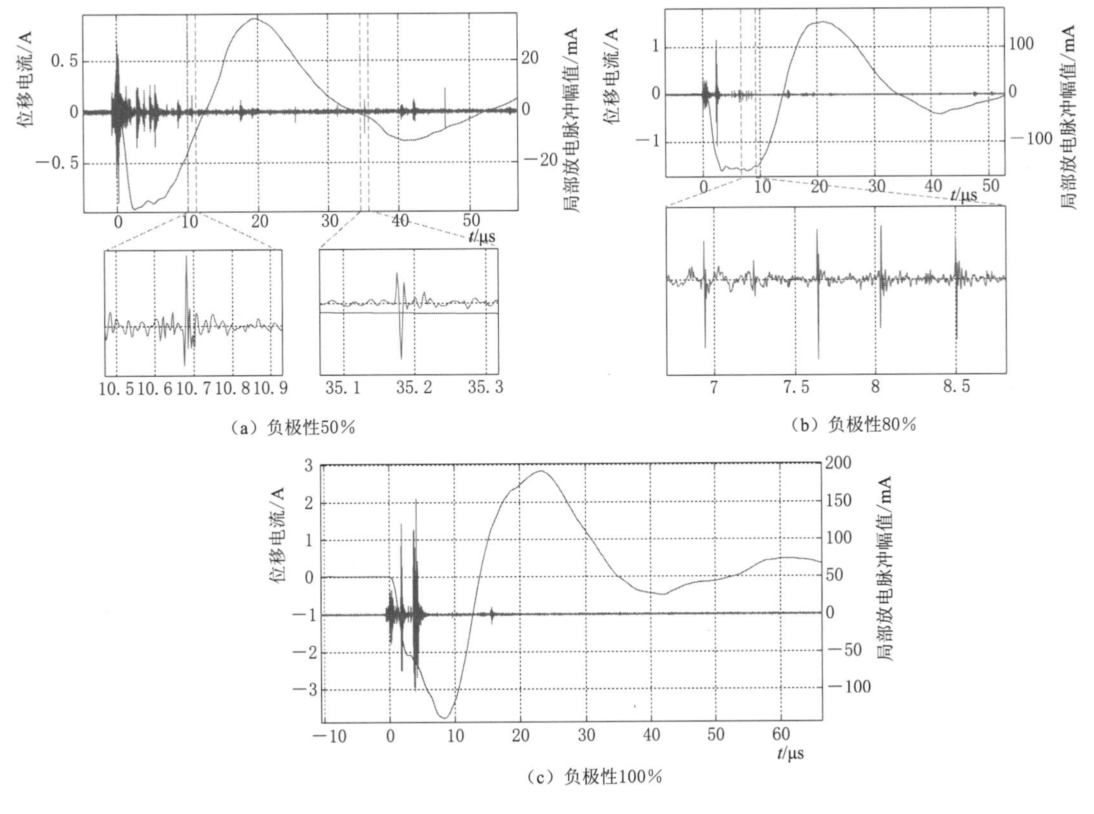

(a) 负极性50%

(b) 负极性80%

(c) 负极性100%

图3-124　负极性局部放电测量结果

图3-125中，A、B通道数据发生了严重的重叠，为了更好地观察可能存在的局部放电信号，只提取B通道数据进行分析。正极性下的检测结果如图3-126所示。

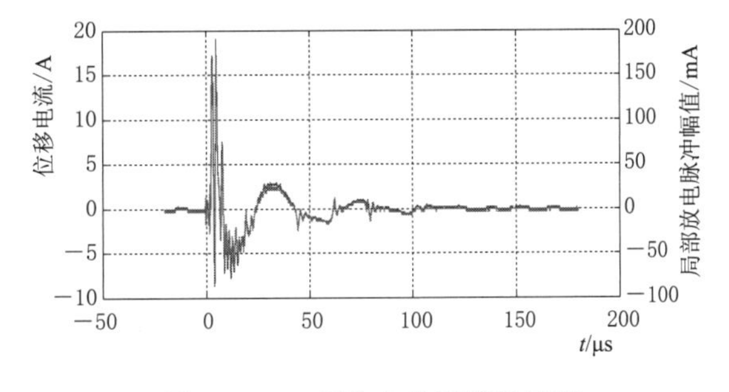

图3-125　采集卡典型测量波形

从图3-126可以看出，当电压到达100%冲击耐受电压时，图3-126(c)中15～30μs时间段波形发生了明显的变化，下面着重观察0～50μs区间的波形。正极性结果放大图如图3-127所示，负极性下的检测结果如图3-128所示。

可以看出，在正负极性下，未出现明显的放电脉冲，因此认为该相不存在局放。

3. A相Ⅱ母检测结果

此处共设置了3个检测点，检测点1距断路器2m，监测点2距断路器18m，检测点3距断路器58m，传感器与采集卡通道对应关系见表3-20。

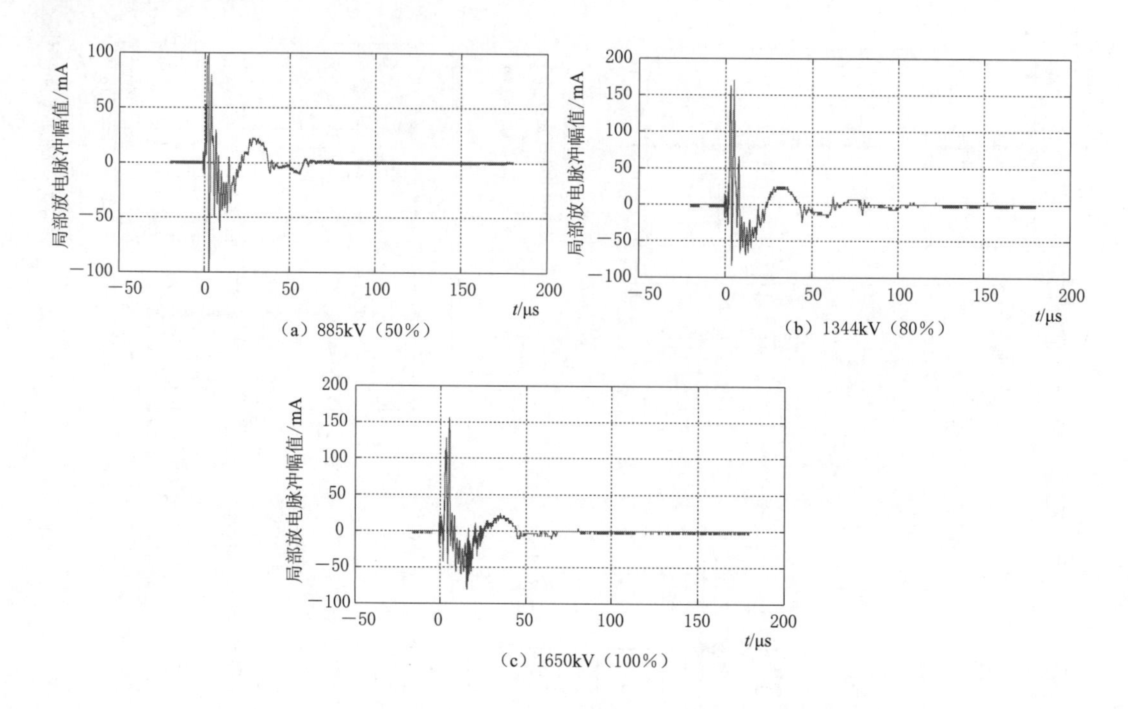

图3-126 正极性局部放电测量结果

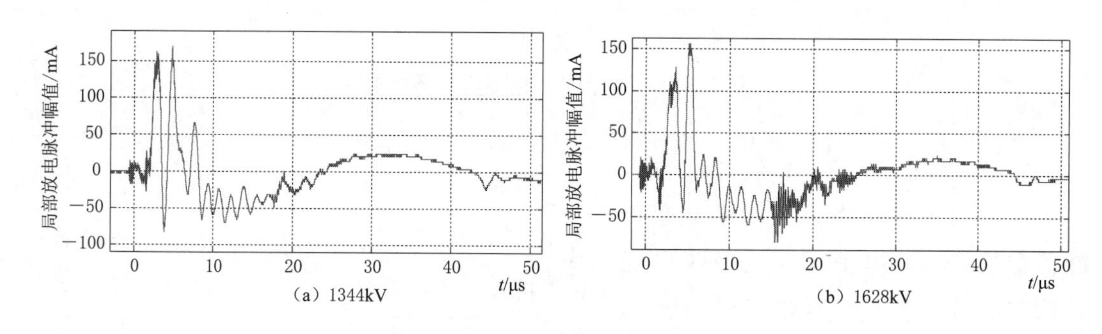

图3-127 正极性结果放大图

表3-20 **传感器与采集卡通道对应关系表**

位置	增益/dB	放电管/V	TVS/CA	衰减器/dB	连接通道
1	20	—	5.0	−40	A
	34	75	—	—	B
2	20	—	5.0	—	C
3	20	—	5.0	—	D

典型的测量数据如图3-129所示。

由于A、B通道幅值较小，为了更好地观察，图中已将C、D通道幅值缩小了10

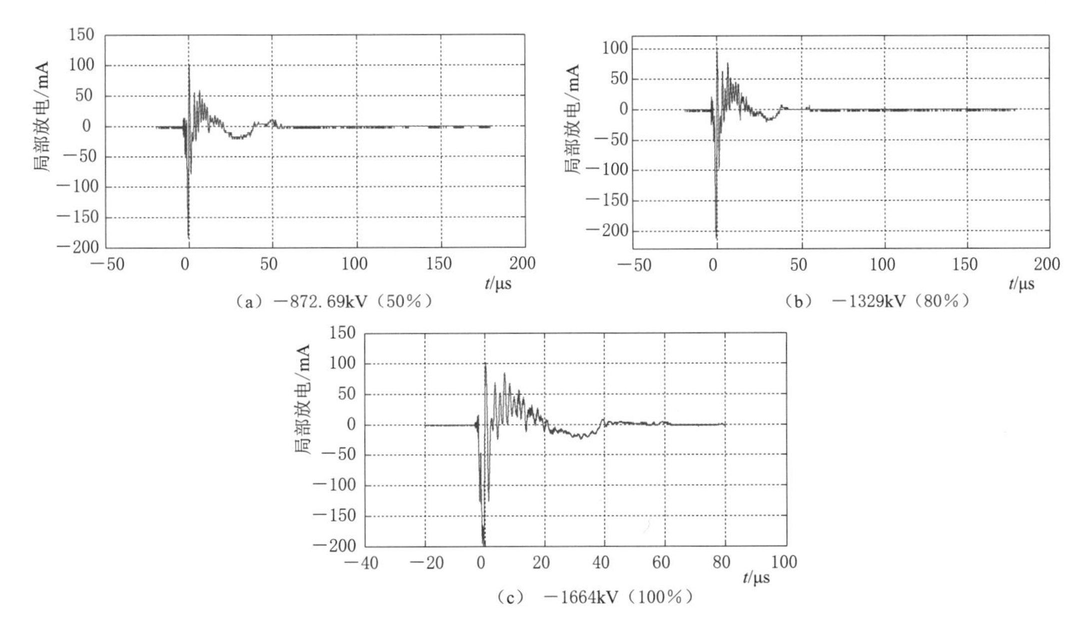

图 3-128 负极性局部放电测量结果

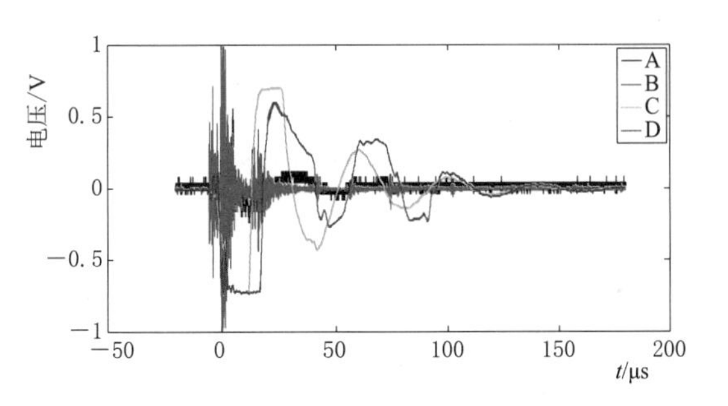

图 3-129 采集卡典型测量结果

倍。A 通道（黑色）数据为衰减 40dB 后的位移电流（幅值较小，在图中被掩盖）；B 通道（红色）数据为局部放电信号；C、D 通道为被 TVS 截断的位移电流信号。正极性下的检测结果如图 3-130 所示。

对 100%冲击电压下局部放电测量波形进行放大，所得结果如图 3-131 所示。

负极性下的检测结果如图 3-132 所示。

同样的，单独分析 B 通道局部放电数据，结果如图 3-133 所示。

从图 3-133（a）中可以看出，当外施电压达到 80%冲击耐受电压时，出现了高频的脉冲序列［图 3-133（a）］，其与干扰信号有明显的区别。当电压达到 100%冲击耐受电压时，脉冲序列幅值增大［图 3-133（b)］，幅值达到 10mA。

3.6.3 结论

（1）此局部放电测量系统（多个电流传感器结合示波器或采集卡）适用于高幅值冲击电压下现场局部放电的测量，示波器与采集卡均采集到疑似局部放电的信号。

（2）位移电流信号一方面作为测量系统的触发，另一方面也有助于获取局放脉冲的位置（相位），此测量系统通过电流传感器配合衰减器的方法，可获得位移电流信

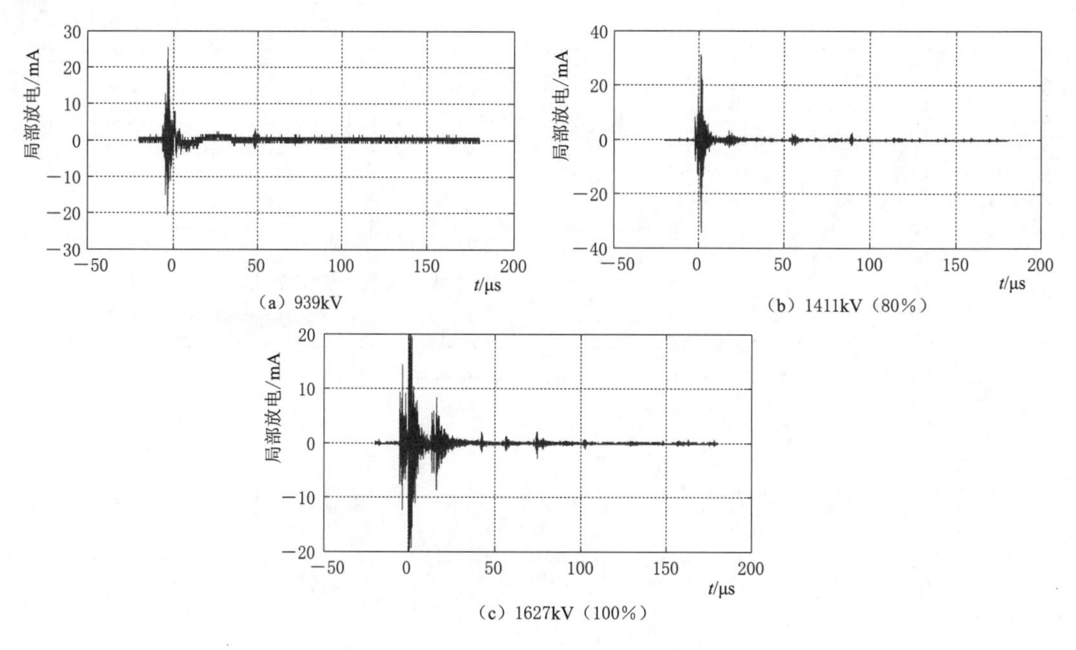

（a）939kV
（b）1411kV（80%）
（c）1627kV（100%）

图 3-130　正极性局部放电测量结果

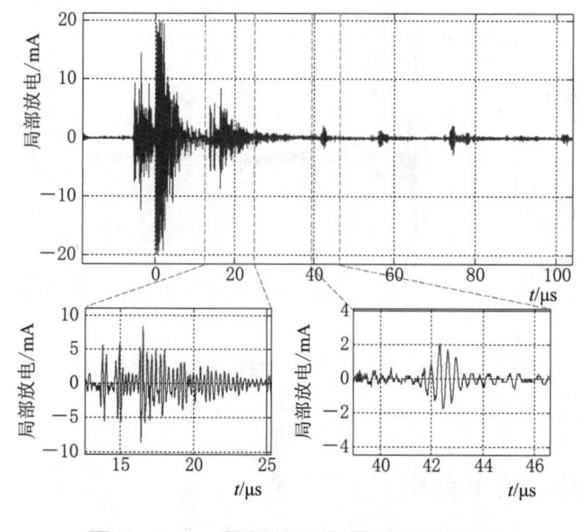

图 3-131　局部放电测量波形放大图

号。此外，电流传感器配合 TVS 的方法，虽然截断了信号，但可大致获取位移电流的相位信息。

（3）高性能电流传感器配合放电管、滤波器的方法，适用于现场局部放电的测量。放电管起着保护的作用，且对测量无影响，滤波器提高了测量系统的信噪比。通过此方法，示波器测量到高频的疑似局部放电的电流脉冲信号，采集卡测量到区别于干扰信号的疑似局部放电脉冲信号。

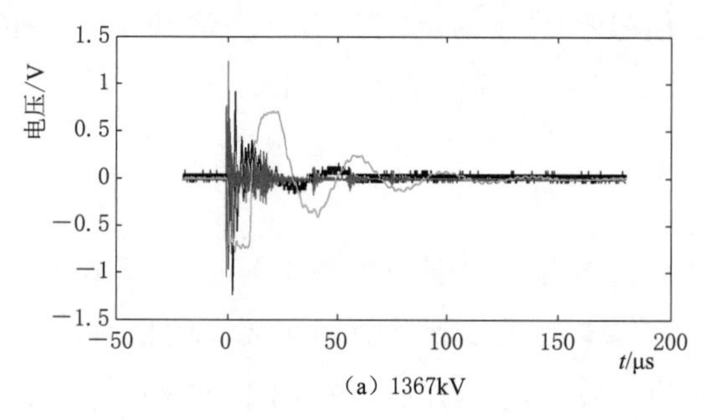

（a）1367kV
（b）1686kV

图 3-132　负极性典型测量结果

（4）研发形成了现场实用化的冲击电压下局部放电检测系统，并率先在国内750kV 变电站现场振荡雷电冲击电压试验中进行局部放电检测技术应用，将检测性试验提升为诊断性试验，通过与现场交流耐压试验技术进行互补，有效提升了 GIS 设备内部潜伏性缺陷的检出成效。

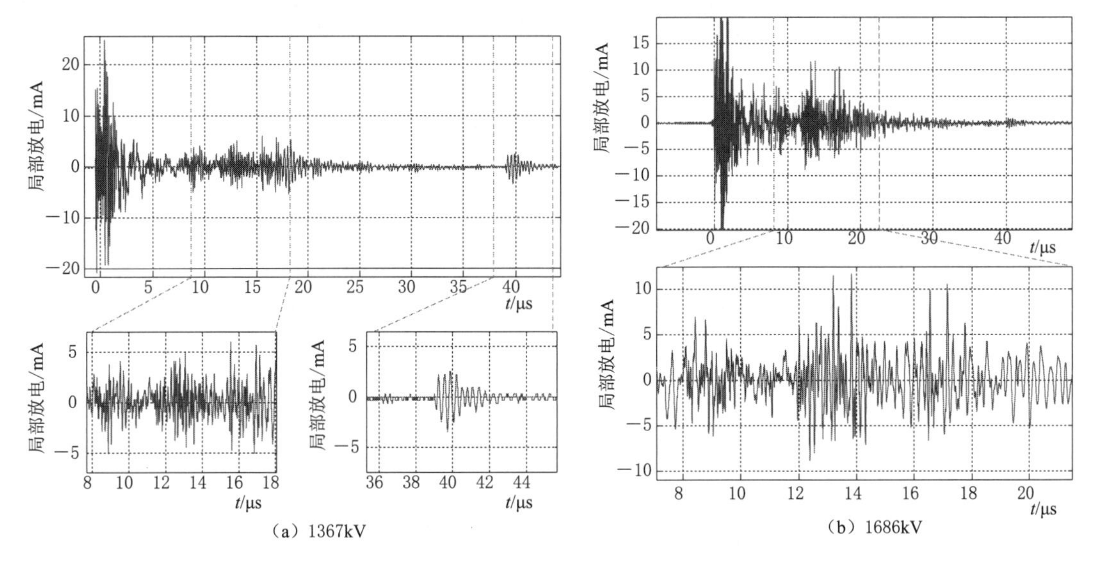

图 3-133　负极性局部放电测量结果

第 4 章

GIS 设备同频同相交流耐压试验技术

GIS 设备同频同相交流耐压试验技术是使试验电压与运行电压保持同频率同相位状态，实现 GIS 扩建部分或解体检修部分在原有相邻部分正常运行而不需停电情况下进行交流耐压试验的一种新技术。

GIS 设备同频同相交流耐压试验装置是在传统的调感式串联谐振试验方法的基础上，创造性地融合同频同相技术的一种新型 GIS 设备交流耐压试验装置。该装置由母线 PT 获取运行母线上的电压信号作为试验参考电压信号，通过锁相环、线性推挽放大等技术，使得试验装置最终输出与运行电压信号频率和相位相同的试验电压。

对双母线接线布置的变电站 GIS 设备在新建或者改扩建间隔后进行交流耐压试验时，运行母线与被试间隔连接处的隔离开关所承受的电压为母线运行电压和试验电压之差。在同频同相条件下，由于这两个信号的频率和相位相同，则隔离开关上承受的电压幅值实为两侧电压绝对值之差，因而不会导致该隔离开关击穿。

通过采用同频同相交流耐压试验技术，对钢铁厂、枢纽变电站、电铁牵引站以及微电网等对供电可靠性要求较高，停电协调困难的双母线接线布置的变电站 GIS 设备交流耐压试验开辟了一条有效的解决途径，社会经济效益显著。

4.1　试验原理及结构特点

4.1.1　试验原理

GIS 设备同频同相交流耐压试验技术采用相邻设备运行电压（如取母线电压互感器二次侧电压）作为参考电压，通过谐振方式获取试验电压，并利用锁相环技术对其频率和相位进行实时监测，使试验电压与运行电压的频率和相位处于同频同相状态。

GIS 设备同频同相状态下隔离开关断口电压波形示意图如图 4－1 所示，在同频同相状态下，运行部分与被试间隔连接处的隔离开关断口所承受的电压为运行电压和试验电压绝对值之差，远小于隔离开关断口的工频击穿电压，因而不会导致该隔离开关断口击穿，也不会对其他处于带电运行状态的GIS设备产生影响。

图4－1中：U_1为试验电压；U_2为运行电压；ΔU为断口电压。

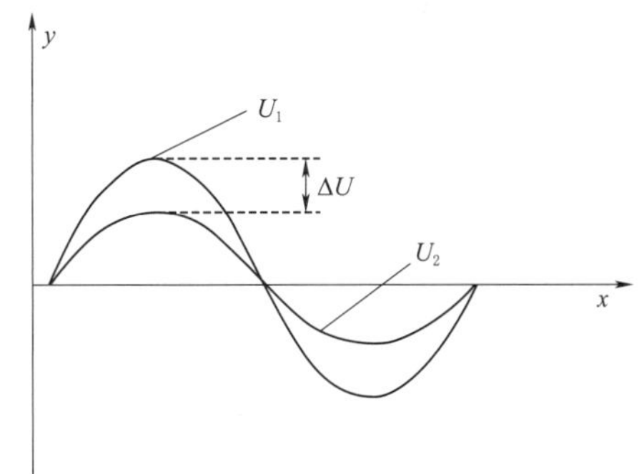

图4－1　同频同相状态下隔离开关断口电压波形示意图

经过仿真和现场实际试验，在同频同相试验状态下，当隔离开关断口击穿时，母线上的过电流都是从母线流向耐压试验支路，负载处的电压和电流波形除了会出现轻微的干扰外基本上不受影响，试验电源处和母线电源处的电压波形（即运行的系统电压）都不会发生改变，对运行设备不会造成影响，具有较高的安全可靠性。

4.1.2　产品结构及特点

1. GIS设备同频同相交流耐压试验系统结构组成

国内GIS设备同频同相交流耐压试验装置主要制造商包括苏州工业园区海沃科技有限公司、苏州华电电气股份有限公司、扬州鑫源电气有限公司等，均采用自主研发与引进技术相结合的路线，有中外合作制造和自主研发制造两种产品。目前，超高压、特高压工程已大量采用自主研发产品。

GIS设备同频同相交流耐压试验设备包括同频同相控制箱、同频同相试验电源、试验变压器、保护电阻器、电抗器及电压测量装置，试验系统结构如图4－2所示。

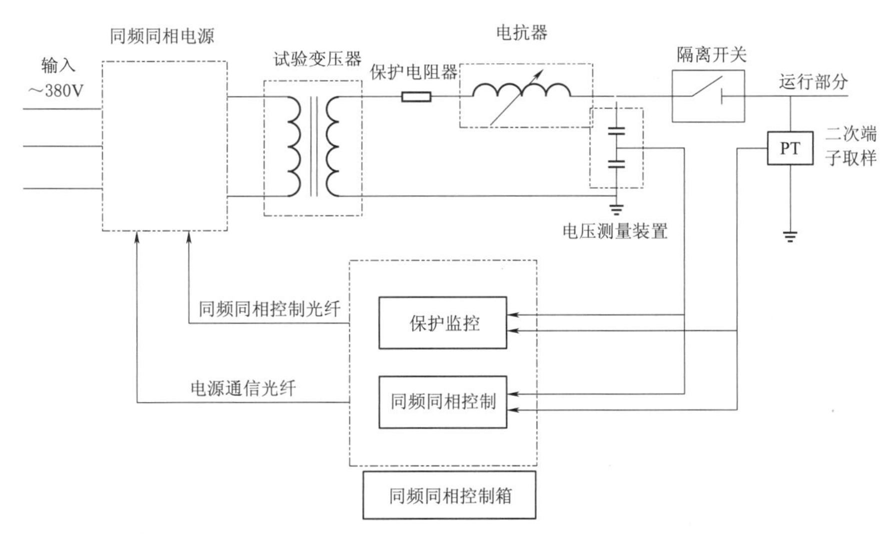

图4－2　GIS设备同频同相交流耐压试验系统结构图

（1）同频同相控制箱是整个装置的核心控制单元，通过PT和分压器获取母线运行和试验输出的电压信号，采用高速微机完成整个控制并集成了锁相环和保护监控系统，可产生同频同相试验的初级电压信号，并对同频同相试验状态进行监视、数据显示及保护控制。

（2）同频同相试验电源是产生可以调节频率及电压幅值的大功率电源，由多个三极管并联组成，同时具备交流控制和整流滤波电源的功能，是整个变频电源装置的大功率输出部分。

（3）励磁变压器是将同频同相电源输出的电压抬升到满足试验要求的电压值，可以满足电抗器、容性负载在最低品质因数下达到试验电压的要求。

（4）电抗器的电感值可以调节，通过调节电感值使得试验回路在工频状态下达到谐振的要求。

（5）电容分压器可以实时测量试验装置的输出电压信号，并将该信号传递至控制箱对同频同相试验状态进行监控。

2. GIS设备同频同相交流耐压试验系统结构特点

（1）采用同频同相技术，对于双（单）母线接线布置的变电站GIS设备可在运行母线不停电的状态下对新建或者改扩建间隔进行交流耐压试验。

（2）采用锁相环技术，输出与参考电压频率相位一致的电压信号。

（3）采用基于频率、相位、电压波动以及波形畸变等多状态参量的综合监控保护系统，确保了同频同相试验的安全性和可靠性。

（4）采用光纤控制，彻底将高压和低压控制回路隔离，避免被试品击穿后对控制箱造成损坏。

（5）信号源由专用芯片产生，采用微机控制，输出频率稳定性高，可以达到0.001Hz。

（6）变频输出电压的不稳定度小于1%。

（7）当母线参考电压信号与试验电压信号的频率发生偏差、相位发生位移、电压波动超过10%、试验电压波形发生严重畸变等情况时，自动启动同频同相失败保护功能，自动切断励磁电源输出。

4.2 试验方法

4.2.1 单母线接线方式GIS变电站间隔扩建或解体检修耐压试验方法

对于单母线接线方式GIS设备，单个或多个间隔扩建或检修后同频同相耐压试验方法如图4-3所示，试验电压由扩建间隔（或检修间隔）出线套管加入，原有运行母线保持运行，母线侧隔离开关DS_2断开，从运行部分（如母线电压互感器二次端子）取参考电压。

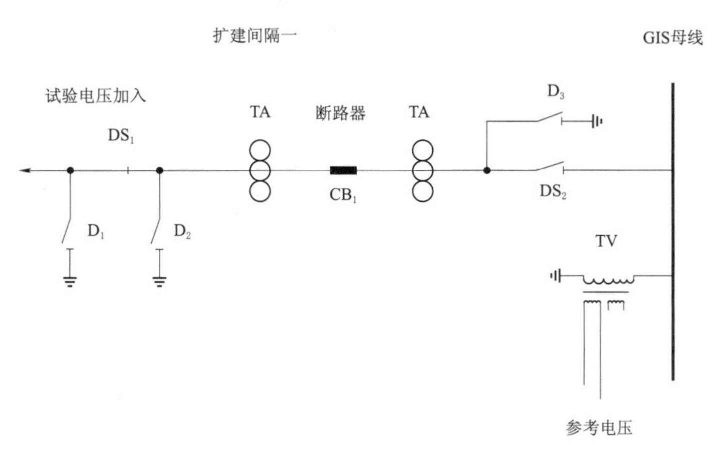

图 4-3　单母线接线方式 GIS 变电站间隔扩建或检修后同频同相耐压试验方法原理图

4.2.2　双母线接线方式 GIS 变电站间隔扩建或解体检修耐压试验方法

对于双母线接线方式 GIS 变电站，单个或多个间隔扩建或检修后耐压试验方法如图 4-4 所示，试验电压由扩建间隔（或检修间隔）出线套管加入（电缆出线间隔可加装试验套管或从其他架空出线间隔加入），原有运行母线Ⅰ母、Ⅱ母保持运行，母线侧隔离开关 DS_2、DS_3 断开，母联间隔断路器和隔离开关均断开，从运行部分（如Ⅰ母或Ⅱ母电压互感器二次端子）取参考电压。

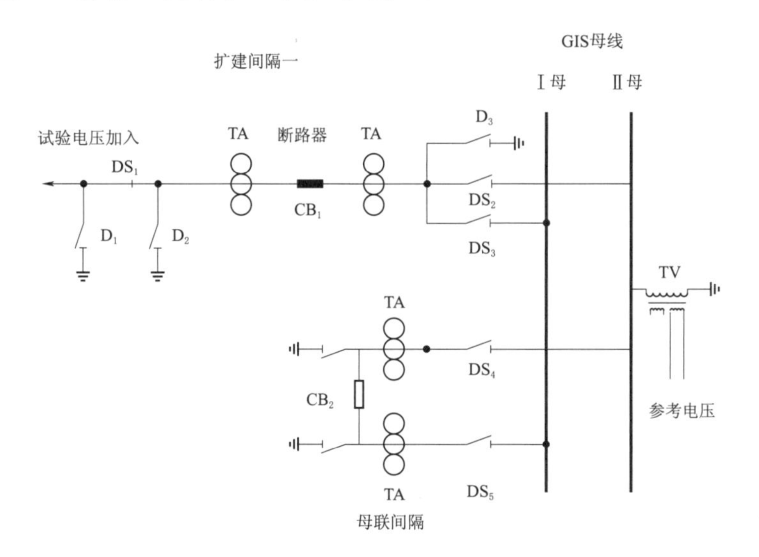

图 4-4　双母线接线方式 GIS 变电站间隔扩建或检修后同频同相耐压试验方法原理图

4.2.3　双母线接线方式 GIS 母线及间隔扩建耐压试验方法

对于双母线接线方式 GIS 变电站间隔及母线扩建交流耐压试验，应分两步进行：

（1）如图 4－5 所示，将全站负荷转移到Ⅰ母，Ⅱ母停电并与Ⅱ母扩建部分相连，Ⅰ母扩建部分与Ⅰ母暂不连接，扩建间隔断路器、Ⅱ母侧隔离开关 DS_2 合上，Ⅰ母侧隔离开关 DS_3 断开，母联间隔断路器 CB_2 和隔离开关 DS_4、DS_5 均断开，试验电压由扩建间隔出线套管加入（电缆出线间隔可加装试验套管或从其他架空出线间隔加入），对扩建间隔及Ⅱ母扩建部分进行交流耐压，从运行部分（如Ⅰ母电压互感器二次端子）取参考电压信号。

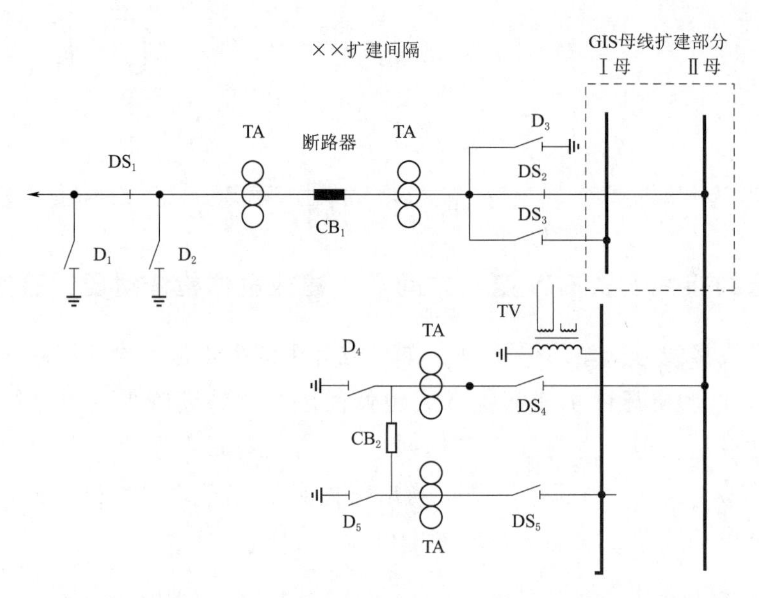

图 4－5　双母线接线方式 GIS 母线及间隔扩建同频同相耐压试验方法原理图（Ⅰ）

（2）如图 4－6 所示，将全站负荷转移到Ⅱ母，Ⅰ母停电并与Ⅰ母扩建部分相连，

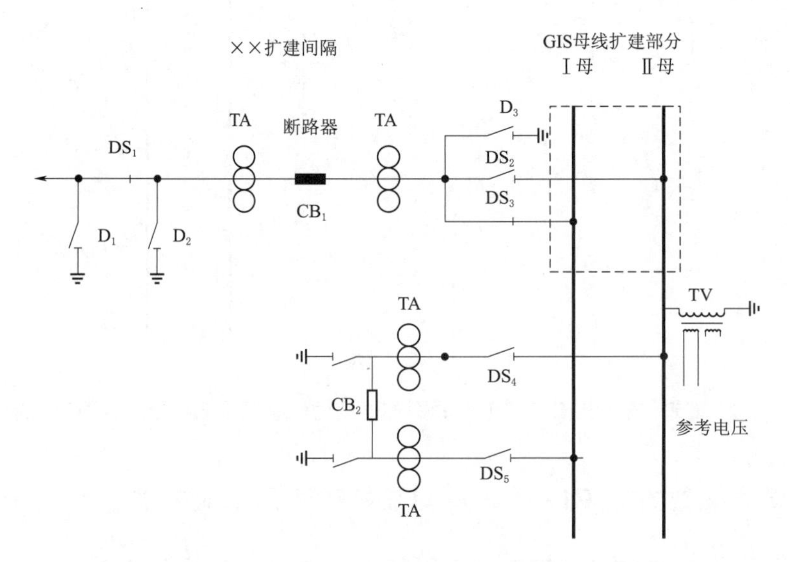

图 4－6　双母线接线方式 GIS 母线及间隔扩建同频同相耐压试验方法原理图（Ⅱ）

扩建间隔Ⅱ母侧隔离开关断开，Ⅰ母侧隔离开关合上，母联间隔断路器 CB_2 和隔离开关 DS_4/DS_5 均断开，试验电压由扩建间隔出线套管加入（电缆出线间隔可加装试验套管或从其他架空出线间隔加入），对扩建间隔及Ⅰ母扩建部分进行交流耐压，从运行部分（如Ⅱ母电压互感器二次端子）取参考电压信号。

4.3 现场典型案例

1. 国网重庆电力现场应用案例

2010 年 1 月—2012 年 12 月由苏州海沃科技有限公司与国网重庆市电力公司电力科学研究院共同研制了 GIS 设备同频同相交流耐压试验技术及相关试验设备，该技术与成果源于国网重庆市电力公司电力科学研究院科技项目-2010 渝电科技 28 号“GIS 设备同频同相交流耐压试验方法研究及相关试验设备研制”，该项目属国内外首创，具有唯一性，能够实现 GIS 扩建及检修间隔在相邻运行部分不停电的条件下进行交流耐压试验。

自 2011 年年底开展现场试验至今，共在重庆市范围内的 160 多个双母线接线的 GIS 变电站共 216 个间隔中进行了成功的应用。部分试验变电站见表 4-1，同频同相耐压试验技术的应用减少了停电时间，降低了人力成本，提高了用电可靠性。其中 220kV 江南变电站扩建 220kV 间隔、220kV 重钢变电站扩建 220kV 间隔等同频同相耐压试验为重庆钢铁、渝利铁路、重庆轻轨等重要负荷提供了可靠的电力保障。目前该技术被重庆公司确立为重庆范围内 GIS 扩建或解体检修后的首选耐压试验方法。

表 4-1　　部分试验变电站同频同相耐压统计情况

试验时间/(年-月)	变电站名称	简　述	电压等级/kV
2011-11	220kV 江南变电站	扩建 220kV 一个间隔 GIS 同频同相	220
2011-12	110kV 天星变电站	扩建 110kV 一个间隔 GIS 同频同相	110
2012-3	220kV 重钢变电站	检修后 220kV 间隔 GIS 同频同相	220
2012-8	220kV 城口变电站	扩建 220kV 一个间隔 GIS 同频同相	220
2012-7	220kV 水碾变电站	扩建 110kV 一个间隔 GIS 同频同相	110
2012-6	220kV 江北城变电站	扩建 110kV 一个间隔 GIS 同频同相	110
2012-6	220kV 琏珠变电站	扩建 110kV 一个间隔 GIS 同频同相	110
2012-6	220kV 曙光变电站	扩建 110kV 一个间隔 GIS 同频同相	110
2012-9	220kV 南宾变电站	扩建 110kV 一个间隔 GIS 同频同相	110
2012-10	110kV 顺山变电站	扩建 110kV 一个间隔 GIS 同频同相	110
2012-10	110kV 龙洲湾变电站	扩建 110kV 一个间隔 GIS 同频同相	110
2013-3	220kV 梨树湾变电站	220kV 两个间隔 GIS 同频同相	220

续表

试验时间/(年-月)	变电站名称	简　述	电压等级/kV
2013-3	500kV 九盘变电站	220kV 两个间隔 GIS 同频同相	220
2013-4	110kV 李子坝变电站	110kV 两个间隔 GIS 同频同相	110
2013-5	220kV 新农变电站	110kV 两个间隔 GIS 同频同相	110
2013-5	110kV 花果山变电站	110kV 四个间隔带 20 米母线同频同相	110
2013-6	220kV 江北城站	110kV 两个间隔 GIS 同频同相	110
2013-6	220kV 水碾变电站	110kV 一个间隔 GIS 同频同相	110
2013-6	220kV 花庄变电站	110kV GIS 一个间隔同频同相	110
2013-6	110kV 一碗水变电站	110kV GIS 一个间隔同频同相	110
2013-7	110kV 巴师傅站	110kV GIS 一个间隔同频同相	110
2013-7	220kV 礼嘉变电站	110kV 两个间隔 GIS 同频同相	110
2013-10	110kV 渔田堡	110kV 一个间隔 GIS 同频同相	110
2013-10	220kV 南宾站	110kV 一个间隔 GIS 同频同相	110
2013-10	220kV 城口站	220kV 一个间隔 GIS 同频同相	220
2013-11	220kV 龙桥站	220kV 一个间隔 GIS 同频同相	220
2013-11	110kV 龙洲湾	110kV 一个间隔 GIS 同频同相	110

2. *南方电网现场应用案例*

2014 年 6 月，同频同相交流耐压试验技术在南方电网开展现场应用。广东电科院先后在肇庆供电局下属 500kV 砚都变电站、东莞供电局下属 220kV 陈屋变电站以及 500kV 广东深圳鹏城变电站开展同频同相试验，得到了广东电科院、肇庆供电局、东莞供电局和深圳供电局的一致好评。

第 5 章

GIS 设备运维阶段故障诊断技术

5.1 GIS 设备内部潜伏性缺陷识别技术

5.1.1 GIS 设备内部典型缺陷统计分析

要深入研究 GIS 局部放电，首先应将缺陷进行分类，并了解各类缺陷的特征、严重程度及发生的绝缘故障比率，然后针对不同类型的缺陷进行分析研究，从而找到影响绝缘故障的主要因素。

GIS 设备引起局部放电最常见的缺陷有：严重装配错误、固定突起、自由金属微粒、绝缘子内绝缘缺陷及绝缘子与电极接触面缺陷等。GIS 设备各种缺陷导致故障的分布情况如图 5－1、图 5－2 所示。

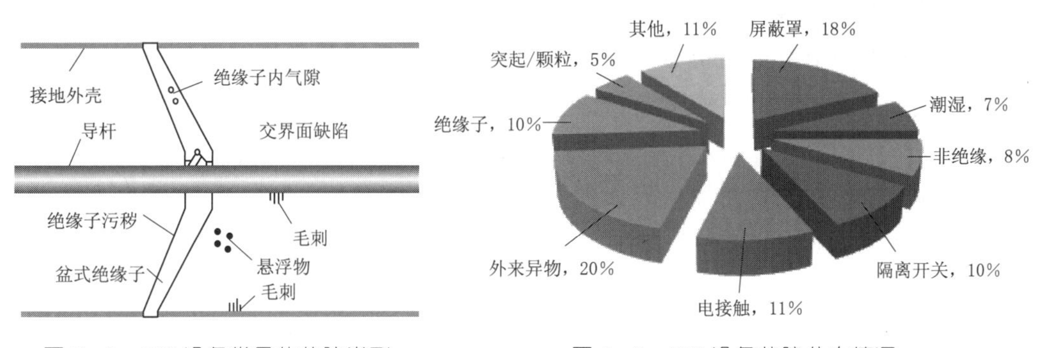

图 5－1　GIS 设备常见的故障类型

图 5－2　GIS 设备故障分布情况

1. 金属尖端

金属尖端缺陷包括高压导体上的尖刺和筒壁内表面的突起，高压导体上的尖刺占故障总体的 5%，这些凸起物通常是加工不良、机械破坏或组装时的擦刮等因素引起的，从而形成绝缘气体中的高场强区。

这些尖刺在工频电压下电晕比较稳定，因而在稳态工作条件下一般不会被击穿。然而在快速暂态条件下，譬如在雷电波尤其是快速暂态过电压情况下，这些缺陷就会引起故障。

2. 悬浮电位

在GIS设备内，静电屏蔽广泛用来控制危险地区的电场强度。屏蔽电极与高压导体或接地导体间的电场连接通常是轻负载接触。在实际运行中，有些用于改变电场的金属部件并不通过负荷电流。

这些部件经常使用的是铝制的弹性触头与外壳或高压导体进行电气连接，运行中可能因老化或松动而导致接触不良，形成了浮动电极。这些接触不良的部件的电位取决于它与导体间的耦合电容，对于大多数浮动电极所形成的充电电容导致的局部放电幅值在1000pC以上，会产生较强的电、声信号使得该部件和外壳或高压导体间的微小间隙很快被击穿。这样的多次放电不仅会侵蚀触头弹簧，也会产生金属微粒、氟化铝及其他杂质等，最终会导致GIS设备的内部闪络。

3. 绝缘子缺陷

由于绝缘子缺陷导致的故障占总故障中10%，因为大多数故障是由于绝缘子空穴问题造成的，因此固体绝缘的缺陷常发生在固体绝缘的表面和内部。绝缘子表面缺陷通常是由其他类型缺陷引起的二次效应，比如局部放电产生的分解物、金属微粒引起的破坏。

4. 外来异物及颗粒

因外来异物或颗粒造成故障的主要原因包括现场安装条件不如生产工厂优越、无法彻底清除GIS设备内部的微粒及异物，开关触头动作以及设备内部某些物质分解等。

GIS设备的自由金属微粒在电压作用下获得电荷并发生移动，当电压超过一定值时，这些微粒就能在接地外壳和高压导体之间跳动，并可能发生局部放电。微粒的运动特性取决于微粒的材料、形状等因素。而当微粒靠近而未接触高压导体时更容易发生局部放电。

5. 其他因素

由其他因素造成的故障占11%，例如，由于GIS设备体积大、重量大，故在搬运过程中，可能因机械振动、组件的互相碰撞等外力作用造成固件松动、元件变形损伤。另外，GIS设备装配工作是一个复杂的过程，组件连接和密封工艺要求很高，稍有不慎就会造成绝缘损伤、电极错位等严重后果，对今后的GIS设备运行带来后患。

综上所述，可将GIS设备内部缺陷主要归结为金属尖端缺陷、悬浮放电缺陷、绝缘子缺陷、外来异物及颗粒缺陷等。

5.1.2 GIS设备内部潜伏性缺陷识别

1. 金属尖端缺陷（导电杆上）

导杆上金属尖端缺陷放电特性如下：

（1）当导电杆上存在金属尖端缺陷，放电相位区间为 200°～290°。

（2）在缺陷击穿前，脉冲电流法和特高频法均在 80°～120°之间（放电中心相位为 90°）发生局部放电。造成这种现象的主要原因是：①导杆上的金属尖端属于典型的极不均匀电场，具有强烈的极性效应；②当尖端处发生局部放电时，由于空间电荷的影响，导致电源周期的负极性峰值处易发生小幅值、高密度的放电；③随着外加电压的增加，正半周峰值处易发生高幅值、低密度的放电。

（3）局部放电刚开始发展时，特高频法呈现出较强的 50Hz 相关性，而脉冲电流法和超声波法表现并不明显。主要原因是：特高频检测法是通过检测 GIS 设备内部局部放电的超高频电磁波信号来获得局部放电的信息。在 GIS 设备局部放电测量时，现场干扰的频谱范围一般小于 300MHz，且在传播过程中衰减很大，若检测局部放电产生的数百兆赫兹以上的电磁波信号，则可有效避开电晕等干扰，大大提高信噪比。而脉冲电流法由于检测阻抗和放大器对测量的灵敏度、准确度、分辨率以及动态范围等都有影响，并且由于测试频率低，一般小于 1MHz，包含的信息量少导致。

（4）由于脉冲电流法在现场测试时易受外界因素干扰，超声波法因灵敏度不及脉冲电流法。因此，对于导电杆存在金属尖端缺陷建议采用特高频法进行检测。

2. 金属尖端缺陷（筒壁上）

筒壁上金属尖端缺陷放电特性如下：

（1）筒壁上金属尖端缺陷，局部放电相位区间为 70°～160°。当金属尖端在筒壁上时，放电相位在正半周；在导电杆上时，放电相位在负半周。放电相位相关性是判断金属尖端缺陷位置的重要依据。

（2）在局部放电刚开始发展阶段，超声波法和特高频法就可以检测到明显的局部放电信号，而脉冲电流法表现并不明显。

3. 悬浮电位缺陷

悬浮电位缺陷放电特性如下：

（1）悬浮电位缺陷，在 30°～130°和 210°～310°两个相位区间内都存在局部放电现象。

（2）在电压低于某一电压时，超声波、特高频以及脉冲电流法均未检测出明显的局部放电信号，但当电压加至该电压时，超声波、特高频以及脉冲电流法均能检测到明显的局部放电信号，信号幅值很大，且特高频法检测信号比超声波法灵敏。

4. 盆子上金属片缺陷局部放电特性试验研究

盆子上金属片缺陷局部放电特性如下：

（1）盆子上金属片缺陷，在正半周和负半周两个相位区间内都存在局部放电现象，放电的中心相位为 90°和 270°。

（2）当电压低于某一电压值时，超声波、脉冲电流法均未检测出明显的局部放电信号，但特高频能检测到明显的局部放电信号。特高频法对此种缺陷检测更为灵敏。

（3）盆子上金属片缺陷的超声波波形，在90°和270°相位上均存在明显的局部放电信号，且幅值比悬浮放电时大。

5. 盆子上污秽缺陷

盆子上污秽缺陷放电特性如下：

（1）盆子上污秽缺陷，在正半周和负半周两个相位区间内都存在局部放电现象，放电的中心相位为90°和270°。

（2）由于盆式绝缘子材料的衰减特性，超声波法无法有效检测出该种缺陷的典型图谱，特高频法对此种缺陷检测更为灵敏。

（3）盆子上污秽缺陷，气室放电电压相较盆子上金属片缺陷而言，放电电压较低，危险程度较高。

6. 自由金属颗粒

自由金属颗粒放电特性如下：

（1）当GIS设备内部出现自由金属颗粒放电时，放电区间分布在整个360°周期内，且无明显的相位关系。

（2）从超声波法的相位图中可以看出，超声波信号都不明显，没有明显的相位分布特征，对于自由金属颗粒放电，飞行图是表征其飞起高度和飞行时间特征的一个很好的表达方式，其测量主要是通过脉冲测量方式记录碰撞信号的峰值，同时计时器开始记录时间。超声波局放仪中有一个触发线路，它在记录到碰撞之后和为了记录新碰撞而再次打开之前的一段选定时间（设置）是闭锁的。在前次测得的碰撞已经记录而且计时器已经复位后才接收下一个信号，同时测量自工频电压过零点以来的时间。如果测量继续进行，这些记录将产生一个数据表。数据以黑点的方式显示在显示屏上，直到测得了1000次碰撞。为得到跳动颗粒的典型模式，测量次数应足够多。随着电压的升高，内部自由颗粒的跳动将越来越剧烈，颗粒的飞行时间和碰撞筒壁的能量将会增大，此时该种放电将更加危险。

（3）从特高频的测量图谱中可以看出：特高频检测对自由金属微粒并不十分明显，但还是有能够清晰分辨的放电脉冲的，这是由于自由金属微粒放电本身放电信号很微弱。从放电谱图中很难分辨出放电明显的相位特征，这也是自由金属微粒放电的一个基本特征。

综上所述，通过测量、分析自由金属颗粒放电时的放电特征、典型图谱等因素，由于自由金属颗粒在放电过程中无明显的相位关系，而超声波法的脉冲模式（飞行图）可以更好地测得放电信号，因此，对于自由金属颗粒放电建议采用超声波法进行检测。

5.2 GIS 设备带电检测设备比对校验技术

目前，国内外各大厂家生产的超声波局放检测以及特高频局放检测设备种类繁多，产品性能及可靠性参差不齐，尤其在超声波以及特高频传感器的性能检测方面，缺乏有效的检测校验手段。为保证现场带电检测结果的准确性和有效性，亟需在带电检测设备新入网以及运行中等重点环节开展检测校验，通过研发局放标定系统对超声波、特高频传感器进行比对校验，提升网内带电检测设备的质量。

5.2.1 GIS 超声波局部放电检测仪比对校验技术

随着国民经济的迅速发展和人民生活水平的不断提高，社会对电能的需求越来越大；电网容量不断扩大，电压等级逐步提高，对电力系统的稳定性和可靠性提出了更高的要求。加强输变电设备在线监测、故障诊断与状态评估技术的研究，对于提高设备利用率和运行可靠性，保障电网安全经济运行具有重要意义。电力系统运行维护方式从计划维修模式向状态检修过渡已成为必然趋势。局部放电是造成绝缘劣化的主要原因，也是绝缘劣化的重要征兆和表现形式。

在局部放电发生时，放电区域内分子间会剧烈撞击，同时介质由于放电发热而导致体积瞬间发生改变，这些因素都会在宏观上产生脉冲压力波，超声波就是其中频率大于20kHz 的声波分量。此时，局部放电源可看作点脉冲声源，声波以球面波的形式向四周传播，遵循机械波的传播规律，在不同介质中传播速度不同，且介质交界处会产生反射和折射现象。在设备外部安装声电转换器，可将声信号转化为电信号，然后经一系列的处理，就可得到代表设备局部放电信息的特征量。超声波检测受电气干扰小，可实现远距离无线测量，相对于传统的电脉冲等检测方法，有明显的优点，尤其是在大容量电容器的局部放电检测方面，其灵敏度甚至高于电脉冲法。

5.2.1.1 局部放电超声波标定系统

1. 标定系统构成

超声波测量标定系统由标定信号发生器，试验试块，用 SF_6 气体绝缘电力设备的接触式发射传感器、参考传感器各 1 只，用于充油电力设备的接触式发射传感器、参考传感器各 1 只，高速数字示波器，测控计算机，测控分析软件及各种线缆附件等构成。局部放电超声波检测仪灵敏度试验接线图如图 5-3 所示。

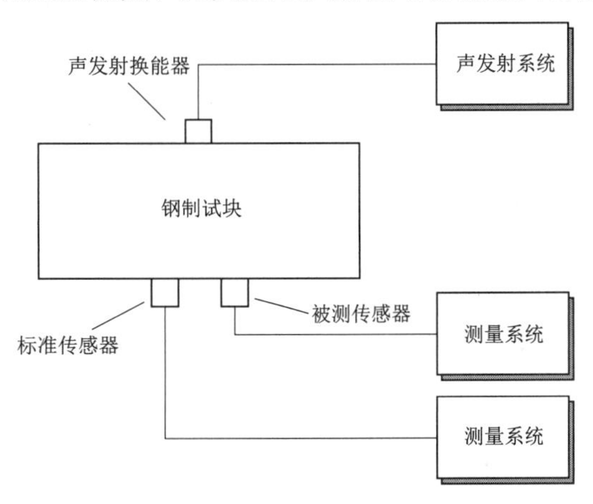

图 5-3 局部放电超声波检测仪灵敏度试验接线图

2. 标定原理

(1) 灵敏度试验：声发射换能器放置于试块一侧的中心点，并连接到声发射系统。标准测量系统和被测传感器对称放置于试块的另一侧。传感器与试块之间添加耦合剂。声发射系统输出一组脉冲宽度不小于 1μs、幅值不小于 5V 的脉冲信号，测得被测传感器和标准测量系统的频率响应 $U(f)$、$S(f)$。计算被测仪器的灵敏度 $D(f)$ 为

$$D(f)=\frac{S_0(f)U(f)}{S(f)} \tag{5-1}$$

式中 $S_0(f)$——标准测量系统的标定灵敏度。

对于非接触方式的超声波检测仪，可以不使用试块，参考上述方法进行固定频率试验。

(2) 检测频带试验：测试接线如图 5-3 所示。找出被测仪器灵敏度 $D(f)$ 的归一化值降到 0.501 时的频率点（-6dB 点），此点即为超声波检测仪的截止频率。

对于非接触方式的超声波检测仪，可以不进行此项试验。

(3) 线性度误差。测试时设置声发射系统输出正弦信号的频率固定为 f。其中，用于 SF_6 气体绝缘电力设备的局部放电超声波检测仪，f 取 20～80kHz 某一频率值；用于充油电力设备的局部放电超声波检测仪，f 取 80～200kHz 某一频率值；非接触式局部放电超声波检测仪 f 取 20～60kHz 某一频率值。测试频率宜选择被测仪器的主谐振频率。

调节声发射系统幅值使局部放电超声波检测仪输出值不小于 80dB，记录标准测量系统的输出峰值电压和局部放电超声波检测仪输出值 A。依次降低声发射系统幅值，使标准测量系统输出电压峰值为 $\lambda U(\lambda=0.8、0.6、0.4、0.2)$，记录局部放电超声波检测仪输出的响应示值 A。各测量点的线性度误差计算公式为

$$\delta_i=\frac{A_\lambda-\lambda A}{\lambda A}\times 100\% \tag{5-2}$$

对于非接触方式的超声波检测仪，可以不使用试块，参考上述方法进行试验。

(4) 稳定性试验：将局部放电超声波检测仪开机连续工作 1h，注入恒定幅值的脉冲信号，脉冲信号灵敏度试验中的要求，记下其刚开机和连续工作 1h 后的检测信号幅值。

局部放电超声波检测仪连续工作 1h 后，其检测峰值的变化不应超过±20%。

对于非接触方式的超声波检测仪，可以不使用试块，参考上述方法进行试验。

3. 主要功能及参数指标

本标定系统平台可以检测灵敏度试验、检测频带试验、线性度误差、稳定性试验等核心指标。

(1) 灵敏度：对于接触式传感器峰值灵敏度一般不小于 60dB[V/(m/s)]，均值灵敏

度一般不小于40dB[V/(m/s)]；对于非接触式检测仪检测灵敏度不大于40dB(V/μPa)。

（2）检测频带：对于充油电力设备的超声波检测仪，一般在80～200kHz范围内；对于非接触方式的超声波检测仪，一般在20～60kHz范围内。

（3）线性度误差：线性度误差不大于±20%。

（4）稳定性：局部放电超声波检测仪连续工作1h后，注入恒定幅值的脉冲信号时，其响应值的变化不应超过±20%。

表5-1　检测系统相关技术参数要求

<table>
<tr><th colspan="2">项　目</th><th colspan="2">参　数　指　标</th></tr>
<tr><td rowspan="4">任意信号发生器</td><td rowspan="2">33622A</td><td>放电波形类</td><td>用以产生所需要波形的标准超声波信号</td></tr>
<tr><td>脉冲宽度</td><td>≥1μs</td></tr>
<tr><td>电压范围</td><td>0～10V</td><td>可调</td></tr>
<tr><td>信号频率覆盖</td><td colspan="2">0～10MHz</td></tr>
<tr><td colspan="2">前放供电分离信号器</td><td colspan="2">—</td></tr>
<tr><td colspan="2">宽频放大器</td><td colspan="2">20/40/60dB</td></tr>
<tr><td colspan="2">宽带超声波信号发射传感器</td><td colspan="2">WG50（金属面）</td></tr>
<tr><td colspan="2">标准传感器1</td><td colspan="2">SR40M</td></tr>
<tr><td colspan="2">标准传感器2</td><td colspan="2">SR150M</td></tr>
<tr><td rowspan="2">试验试块</td><td>直径/高度</td><td colspan="2">400mm/250mm</td></tr>
<tr><td>材料</td><td colspan="2">钢质</td></tr>
<tr><td colspan="2">示波器</td><td colspan="2">带宽≥500MHz</td></tr>
<tr><td rowspan="3">主机及平台软件功能</td><td>标定软件操作系统</td><td colspan="2">WINXP/WIN7/WIN10</td></tr>
<tr><td>主要功能</td><td colspan="2">全自动测量、功能检测；灵敏度试验；检测频带试验；线性度误差；稳定性试验；报表自动生成及打印</td></tr>
<tr><td>使用对象</td><td colspan="2">超声波传感器、超声波局放检测仪</td></tr>
</table>

5.2.1.2　系统构成及检测流程

1. 测控软件系统构成

控制/分析系统主要包括如下部分：

（1）测量项目及数据的管理。

（2）通过控制任意信号发生器板卡，产生一定幅度和频率的周期性任意波形。

（3）通过控制信号采集处理器板卡，对标准传感器1、标准传感器2、待测传感器输出时域信号的同步采集及保存。

（4）根据扫频测量数据，对待测传感器灵敏度特性进行分析计算；同时对检测仪器的检测频带进行测试计算。

（5）找出被测仪器灵敏度$D(f)$的归一化值降到0.501时的频率点（－6dB点），此点即为超声波检测仪的截止频率。

(6) 调节声发射系统幅值使局部放电超声波检测仪输出值不小于80dB，记录标准测量系统的输出峰值电压和局部放电超声波检测仪输出值A。依次降低声发射系统幅值，使标准测量系统输出电压峰值为λU(λ为0.8、0.6、0.4、0.2)，记录局部放电超声波检测仪输出的响应示值A。

(7) 局部放电超声波检测仪连续工作1h后，其检测峰值的变化不应超过±20%。

(8) 对检测数据进行报表输出。

具体的软件工作流程图如图5-4所示。

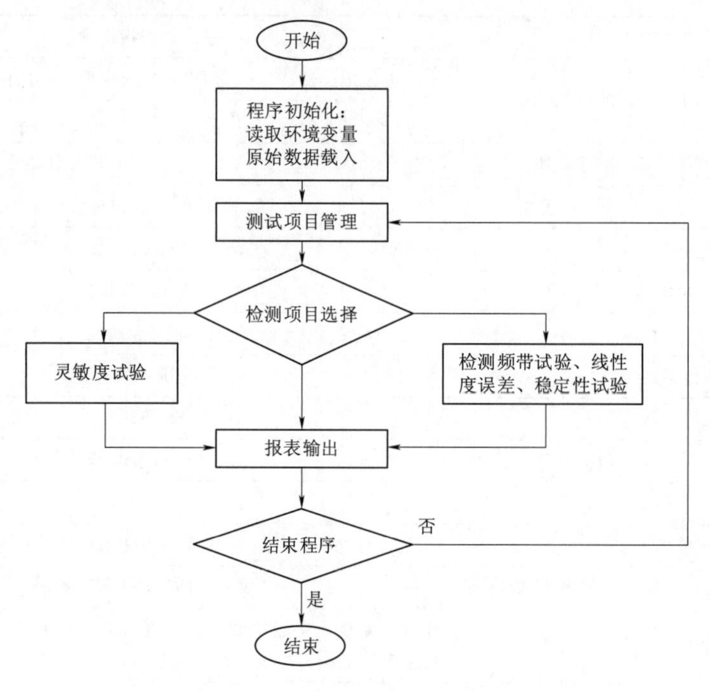

图5-4　系统软件工作流程图

2. 传感器传输阻抗测试方法

传感器传输阻抗测试具体测试流程如下：

(1) 按图5-3所示进行系统接线：试验试块宜采用钢质材料，试块厚度宜不小于250mm。

(2) 声发射换能器放置于试块一侧的中心点，并连接到声发射系统；标准测量系统和被测传感器对称放置于试块的另一侧，传感器与试块之间添加耦合剂。

(3) 声发射系统输出一组脉冲宽度不小于1μs、幅值不小于5V的脉冲信号，测得被测传感器和标准测量系统的频率响应$U(f)$、$S(f)$。根据式(5-1)计算被测仪器的灵敏度。

系统软件将分析结果保存测试记录。

3. 检测系统检测频带试验

检测系统检测频带具体方法如下：

(1) 按图5-3所示进行系统接线：将待测系统安装到试验试块，传感器连接到检测仪器，在10～500kHz范围内调整频率。

(2) 找出被测仪器灵敏度 $D(f)$ 的归一化值降到0.501时的频率点（-6dB点），此点即为超声波检测仪的截止频率。

4. 检测系统线性度误差

检测系统线性度误差测试方法如下：

(1) 按图5-3所示，测试时设置声发射系统输出正弦信号的频率固定为 f。其中，用于 SF_6 气体绝缘电力设备的局部放电超声波检测仪，f 取20～80kHz某一频率值；用于充油电力设备的局部放电超声波检测仪，f 取80～200kHz某一频率值；非接触式局部放电超声波检测仪 f 取20～60kHz某一频率值。测试频率宜选择被测仪器的主谐振频率。

(2) 调节声发射系统幅值使局部放电超声波检测仪输出值不小于80dB，记录标准测量系统的输出峰值电压和局部放电超声波检测仪输出值 A。依次降低声发射系统幅值，使标准测量系统输出电压峰值为 λU(λ 为0.8、0.6、0.4、0.2)，记录局部放电超声波检测仪输出的响应示值 A。各测量点的线性度误差按式（5-2）计算。

5. 检测系统稳定性试验

检测系统稳定性测试方法如下：

(1) 按图5-3所示，将局部放电超声波检测仪开机连续工作1h，注入恒定幅值的脉冲信号，脉冲信号灵敏度试验中的要求，记下其刚开机和连续工作1h后的检测信号幅值。

(2) 局部放电超声波检测仪连续工作1h后，其检测峰值的变化不应超过±20%。

5.2.2 GIS设备特高频局部放电检测仪比对校验技术

局部放电特高频在线检测是发现高压电力设备潜在绝缘缺陷公认的一种高灵敏度、高有效性检测技术。随着我国电力系统状态检修工作开展的日益深入，局部放电UHF检测技术在高压电气设备（GIS设备、电缆和电力变压器等）上的应用越来越广泛。特别是对于GIS设备而言，该技术已经成为最主要的一项在线监测手段，现阶段已在全国范围内进入大规模推广应用阶段。

然而，局部放电UHF检测相关技术标准规范的建设滞后，迄今为止，国际上仍未形成一致和有效的评价方法，国内这方面则仍处于空白阶段。由于行业内缺乏统一的标准和科学有效的手段对UHF传感器和检测系统的性能进行量化评价，产品水平参差不齐，不利于运行单位选型采购，无法有效保障入网检测设备的质量水平。工程实践发现大量已经安装的UHF传感器和检测装置存在漏报和误报的情况，不仅造成投资浪费，而且造成了非常恶劣的影响，严重损害了UHF局部放电技术的推广应用以及影响了状态检修工作的成效。

5.2.2.1 GTEM局放特高频标定系统

1. 标定系统的构成

基于GTEM小室的脉冲时域参考测量标定系统由标定脉冲信号源、GTEM小室、单极标准探针、高速数字示波器、测控计算机、测控分析软件及各种线缆附件等构成。标定系统的构成示意图如图5-5所示。

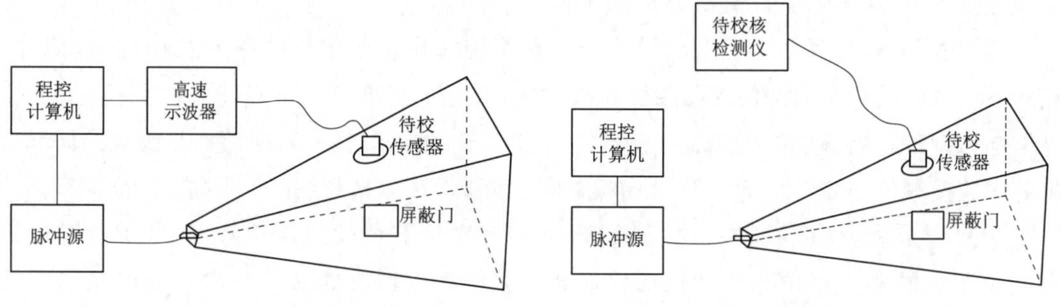

图5-5 UHF传感器及检测系统灵敏度标定示意图

2. 标定原理

通过标准标定脉冲信号源向GTEM小室内注入标定信号，在GTEM小室内建立脉冲电磁场。被测传感器可置于GTEM小室内部，也可通过在GTEM小室顶部开窗方式安装。其中，顶部开窗方式可以最大限度地减小被测天线传感器对于GTEM内部场的影响，不仅接近于在高压设备上的实际安装方式，而且测量结果更准确。开窗位置选在GTEM小室靠近终端1/3左右的区域，此处空间开阔且场强分布较均匀。

设$E(t)$为GTEM小室内被测天线所在位置处的电场，$u(t)$为天线输出的电压信号。天线的作用即是将入射电场转换为电压信号输出，根据入射电场和输出电压的关系，即可得到天线的传递函数$H(f)$，该参数反映了天线的接收能力的大小，$H(f)$计算公式为

$$H(f)=\frac{U(f)}{E(f)} \tag{5-3}$$

式中 $U(f)$——输出电压$u(t)$的FFT变换，V；

$E(f)$——入射电场$E(t)$的FFT变换，V/mm。

$H(f)$即为天线传感器的传递函数，$H(f)$的量纲为mm，又称为频域有效高度。对于同样的入射电场而言，天线输出信号的电平越高，则表示其耦合能力越强，也表明有效高度越大。除了频域有效高度外，反映天线接收性能的参数还有方向图、

增益和极化特性等。考虑到在高压设备中传感器的实际安装方式，天线的方向图和极化方向已不具有实质意义，而频域有效高度本质上反映的就是其在不同频率下的增益特性，故此这里将天线的频域有效高度是表征其性能的关键的指标。

3. 主要功能及参数指标

本标定系统平台可以检测局部放电UHF检测系统的传感器接收特性、检测系统灵敏度和动态范围3个核心指标。

传感器接收特性以频域有效高度 $He(f)$ 表示。传感器等效高度曲线对比如图5-6所示，标定系统相关技术参数指标见表5-2。

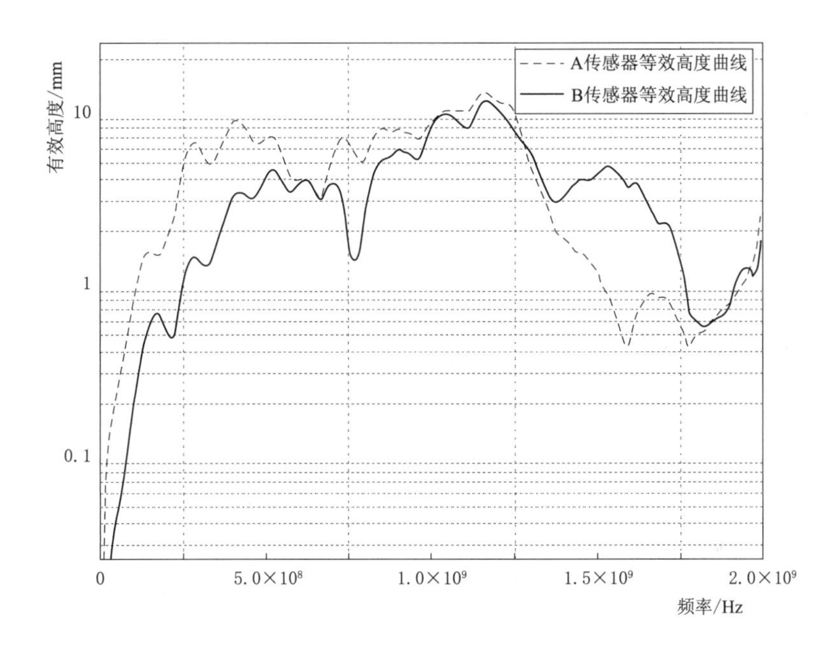

图5-6 传感器等效高度曲线对比

表5-2 标定系统相关技术参数指标

<table>
<tr><th colspan="2">项　目</th><th colspan="2">参　数　指　标</th></tr>
<tr><td rowspan="8">标定脉冲信号源</td><td rowspan="3">输出电压波形</td><td>放电波形类</td><td>标准双指数充放电波形</td></tr>
<tr><td>上升沿时间</td><td>上升沿：(10%～90%)≤0.6ns；
(20%～80%)≤0.3ns</td></tr>
<tr><td>下降沿时间</td><td>下降沿：5±10%ns</td></tr>
<tr><td>电压范围</td><td>0～200V</td><td>0～5V，步进0.005V；5～200V，步进1V</td></tr>
<tr><td>信号同步方式</td><td colspan="2">内同步；外同步</td></tr>
<tr><td>输出阻抗</td><td colspan="2">50Ω</td></tr>
<tr><td>脉冲重复频率</td><td colspan="2">50～200Hz，可调</td></tr>
<tr><td>控制接口</td><td colspan="2">RS232</td></tr>
</table>

续表

项目		参数指标
GTEM 小室	工作频率/MHz	DC-2GHz
	匹配阻抗/Ω	50
	工作频带内驻波比	<1.5
	工作场强范围	0～200V/m
高速数字示波器	模拟带宽/采样率：2.5GHz/10Gs/s	
平台功能	操作系统	WINXP/WIN7

4. *系统特色*

（1）标定平台的检测结果表示为统一的量纲，反映了被测对象的物理本质。

（2）标定平台设计考虑了被测对象传感器的安装结构，充分体现其工程实际检测能力。

（3）标定平台的屏蔽效能高，测试结果稳定，受外界环境干扰小。

（4）标定系统匹配良好，工作带宽和场强范围广。

（5）标定结果经国家第三方权威机构检定。

（6）经国际对标，本系统与国外权威实验室的标定结果一致性良好。

5.2.2.2 系统构成及检测流程

1. *测控软件系统构成*

控制/分析系统主要包括以下部分：

（1）测量项目及数据的管理。

（2）通过串口控制信号源产生一定幅度和重复频率的周期性脉冲标定信号。

（3）通过以太网口控制高速示波器对标定信号、参考传感器以及待测传感器输出信号的同步采集及保存。

（4）根据脉冲时域测量数据及参考法原理，对待测传感器频响特性进行分析计算。

（5）控制信号源对标定信号幅度进行扫描，根据信噪比（SNR）不小于 3 的原则求取检测系统的灵敏度响应。

（6）对检测数据进行报表输出。具体的软件工作流程图如图 5-7 所示。

2. *传感器等效高度测试方法*

传感器等效高度具体测试流程如下：

（1）按图 5-5 所示进行系统接线：①将待测传感器安装到指定的测量窗口位置并做好屏蔽；②传感器输出经同轴电缆连接至高速数字示波器的 CH1 通道；③将脉冲发生器的串口控制线接至计算机，并将脉冲发生器的输出用同轴电缆接至 GTEM 的输入端。

（2）标准脉冲发生器输出脉冲电压信号，同时设置示波器至合适的采集状态；标定信号在 GTEM 小室内建立脉冲电场，传感器耦合该信号；并触发示波器进行采集，

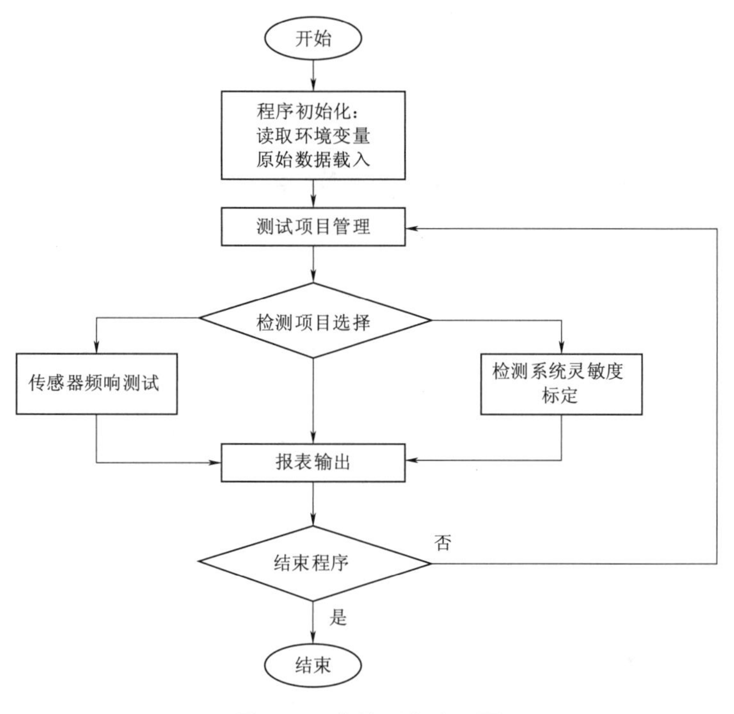

图5-7　软件工作流程图

数据通过示波器的数据线上传至分析系统。

(3) 分析系统计算传感器的频域特性曲线;系统软件将分析结果自动保存测试记录。

(4) 标定源发出的是周期性重复脉冲,测试系统对测试数据进行统计平均,并以平均结果计算的最终值作为最终的传感器频响测试结果。

3. 检测系统灵敏度测试

检测系统灵敏度测试具体方法如下:

(1) 通过标准参考天线,建立标定源输出电平与GTEM小室检测点场强的映射关系,并存储于标定软件系统数据库中。

(2) 将被测系统的传感器根据实际安装情况选择相应的安装附件,传感器输出接至被检测系统。

(3) 调节标定源输出电平,直到检测系统能够以不小于3的信噪比可靠反映出标定信号,得出此时的入射场强,该场强即为检测系统的灵敏度。

4. 检测系统动态范围测试

检测系统动态响应范围测试流程:测试流程与灵敏度的测试流程基本一致,不同的是在测量最大瞬态电场强度峰值的时候是不断地增大信号源的输出,由测试人员判定检测系统检测到的信号是否达到饱和,达到饱和后系统软件将最后待测系统检测的场强值作为该系统的动态响应的上限值并予以记录。

第 6 章

GIS 设备闪络故障快速定位技术

近年来，随着电网建设的快速发展，电网新建、扩建和改造的变电站应用的几乎全部是 GIS 设备，同传统敞开式高压设备相比，其结构非常紧凑、整个装置的占地面积大为缩小，且不受外界环境的影响，对这种可靠性高、免维护的设备进行投运前检测十分重要。

在现场交接试验过程中，GIS 设备击穿或闪络的情况时有发生。根据 DL/T 555—2010 的要求，在对 GIS 设备进行交流耐压试验的过程中，若发生故障闪络，仅允许重复试验一次，若重复耐压试验再次失败，则判定 GIS 设备不合格，应对设备进行解体，打开因故障而放电的气室，找出绝缘故障产生的原因。

常规方法主要通过进行分段加压或寻找放电声源来确定 GIS 设备故障点，这种方法所需时间长，且存在一定的不确定性，同时重复耐压试验对 GIS 设备的绝缘也有一定的损伤，对投运后设备运行埋下隐患。因此找到一种快速有效的闪络定位方法十分必要，即在交流耐压试验中一旦发生闪络故障，能够及时准确地找到故障点，避免进行重复耐压试验，同时方便故障处理工作。

6.1 有限元 GIS 设备局部放电的声压分布仿真研究

基于对 GIS 设备气隔工作单元结构及其内部发生局部放电产生声源的理解，通过构建其声固耦合理论分析模型，采用有限元分析软件 COMSOL MULTIPHYSICS，对 GIS 设备气隔工作单元结构由于发生放电而引起的声辐射场进行了数值及仿真计算。

6.1.1 GIS 设备局部放电声辐射原理

当 GIS 设备内部产生局部放电的时候，放电过程中产生的高温，使气体分子发生剧烈的热运动，并通过相邻气体媒质一直传播下去，形成声波。由于放电的时间非常短，因此产生的声波频谱很宽，可以从几十赫兹至几兆赫兹。这表明 GIS 设备内部放电时会产生冲击振动及声音，因此可以通过在腔体外壁上安装超声波传感器来测量局部放电信号。

在 GIS 设备结构原理图中（图 6－1），当内部发生放电时，声波与结构双向耦合，声压信号作为激励源垂直作用在 GIS 壳体、盆式绝缘子的内表面及金属导电杆的外表面引起结构的振动，同时振动又会对内声场产生反作用，其相互作用的效果引起铝合金金属圆柱桶在气体中的振动。因此，通过测量铝合金金属圆柱体的振动，可以监测到 GIS 设备内部发生的放电。

在各向同性介质中，GIS 设备内部放电引起的铝合金金属圆桶的振动可以理解为内部放电声源与密闭结构弹性铝合金圆柱腔体及导电金属杆的声固耦合振动数学模型。其理论分析模型如图 6－2 所示。

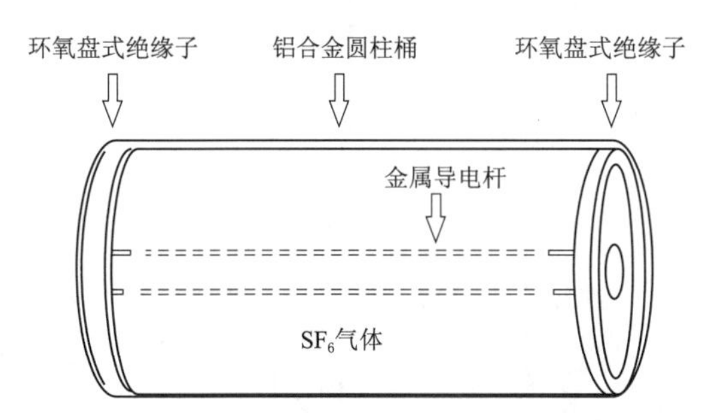

图 6－1　GIS 设备气隔单元结构原理图

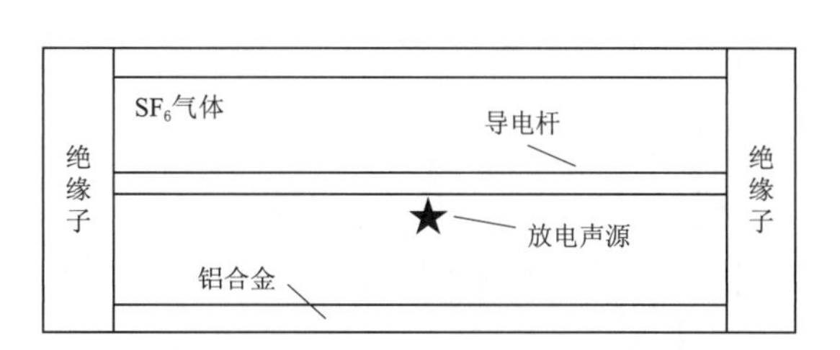

图 6－2　GIS 设备放电的声固耦合理论模型

为了使研究问题的简化，对空气及 SF_6 气体介质作以下理想化假设：

（1）介质为理想气体，即介质中不存在传播时产生的热耗损的因素。

（2）在声波没有形成时，介质是静止不流动的，并且介质宏观上是均匀的，介质中静态压强、静态密度都是常数。

（3）介质因声波传播而引起的压缩与膨胀或稠密与稀疏的过程是绝热的，即介质互相毗邻部分之间不会由于声波过程引起的温度差而产生热交换。

（4）介质中传播的小振幅声波，各声学量都是一级微量。

发生放电时产生声波，在封闭声腔 SF_6 气体及 GIS 设备所处的周边空气中，依据描述声波扰动时的动力学方程、有声波扰动时流体介质的连续性方程和物态方程。

6.1.2　有限元数值仿真计算结果

对于上述声固耦合的计算，拟采用 COMSOL MULTIPHYSICS 软件进行计算分析。

1. 仿真计算

经过仿真计算后将获得的数据进行整理。各探针测量得到的声压与频率的关系如图 6－3～图 6－9 所示。

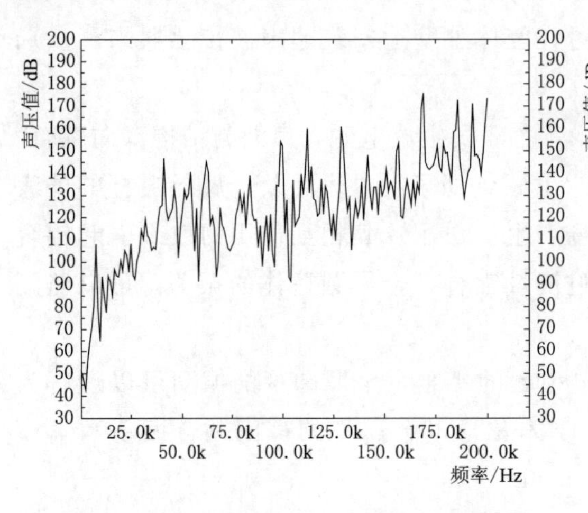

图 6－3　A 点位置声压与频率关系变化图

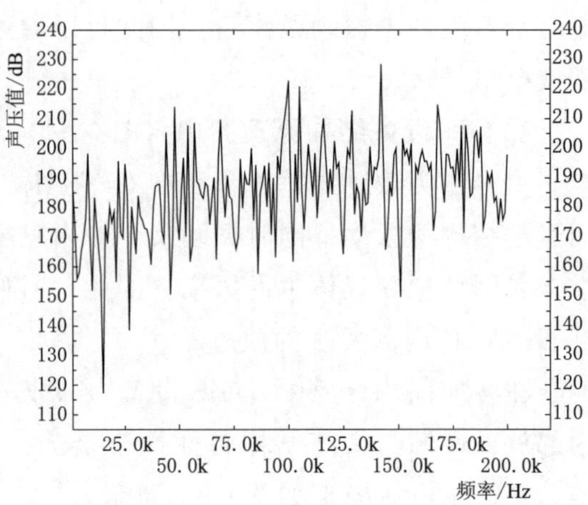

图 6－4　B 点位置声压与频率关系

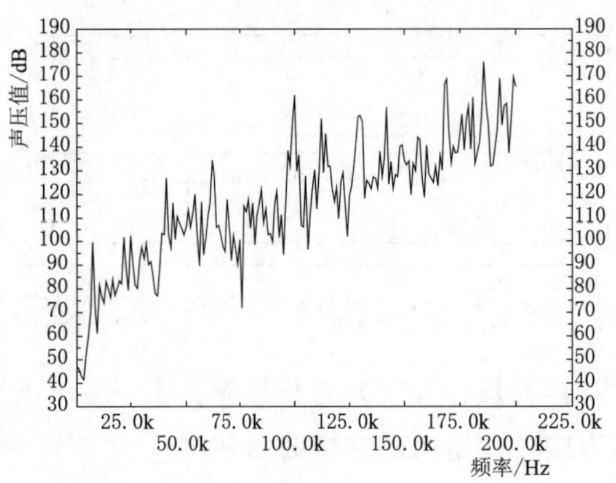

图 6－5　C 点位置声压与频率关系变化图

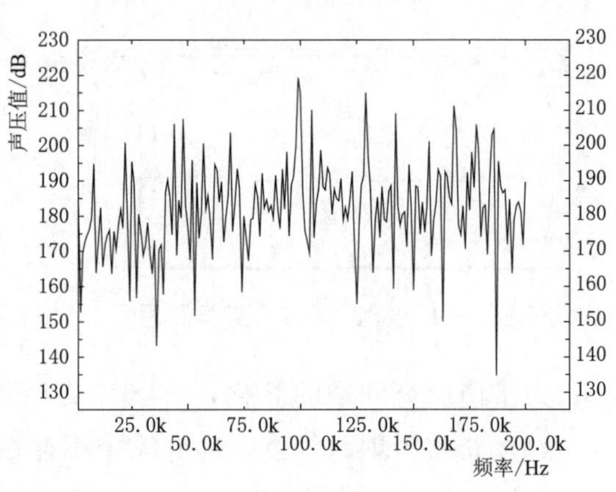

图 6－6　D 点位置声压与频率关系变化图

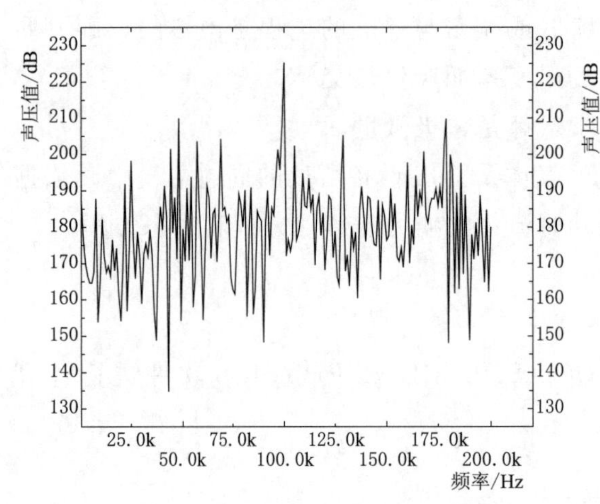

图 6－7　E 点位置声压与频率关系变化图

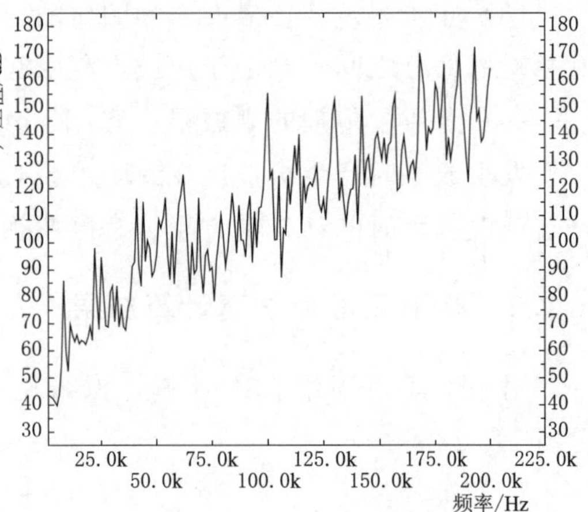

图 6－8　F 点位置声压与频率关系变化图

通过上述关系图可以看出，GIS内外部声信号的分布存在以下规律：

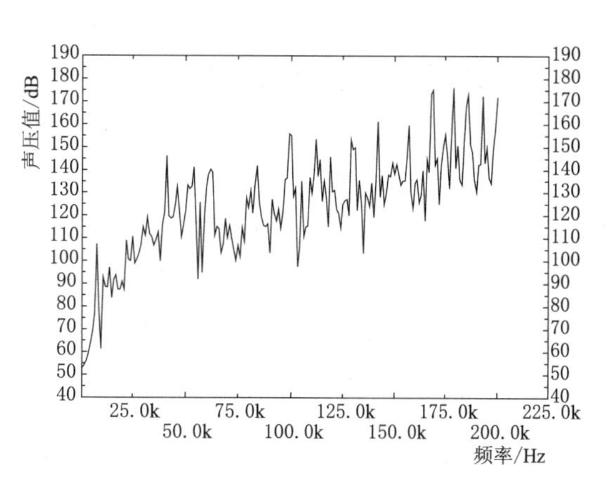

图6-9　G点位置声压与频率关系变化图

(1) GIS壳体内外声压分布。对比A、B两点的声压值，A点的声压比B点的小，在低频范围内（10～30kHz）相差很大（80～100dB），而在高频范围内（40～200kHz）A点的声压与B点的声压相差减小到20～40dB，这表明铝合金外壳内表面的声压比铝合金外壳外表面的大，相对于在内部直接测量放电的声压，在GIS外壳中测量放电需要更高灵敏度的传感器，或者需要将外壳表面的信号放大，才能获得与内部测量的声压在同一数量级的声压。

(2) GIS壳体表面声压分布。对比A、C、G 3点的声压值，可以看出A点的声压比C点大（2～10dB），这说明声波在固体铝合金外壳中传播发生衰减。通过超声波传感器的信号大小可以沿GIS桶壁定性确认传感器距离放电声源的远近。其次A点的声压与G点相比，基本相近，这说明在GIS铝合金外壳上同一位置的半径方向上，传感器获取的信号基本相等，不能区别放电声源的位置。

(3) 绝缘盆子两侧声压分布。对比E、F两点的声压值，在低频（1～20kHz）范围内，可以看出F点的声压远比E点小（衰减接近120dB），但在超声（20～200kHz）范围内，F点的声压尽管比E点小，但仅衰减了大约50dB，这表明放电发出的音频声波经过环氧绝缘子后，衰减十分严重。

(4) GIS设备内部声压分布。对比同样位于密闭声场内的D、E两点的声压值，可以看出D点的声压远比E点大（3～5dB），这表明放电发出的声波在SF_6气体中传播，有一定衰减。

放电击穿气室的声压相对值与相邻气室声压相对值的差值，在低频（1～20kHz）范围内远远大于超声（20kHz以上）范围内的差值。这说明利用音频信号的衰减来识别发生放电的气室与采用超声信号衰减识别相比具有较高的分辨率及准确率。同时，研究还表明，由于局部放电是发生击穿放电的前期过程，其能量主要集中在高频范围，可以通过监测超声局部放电信号进行故障气室预判，然而由于未发生闪络，解体后很难发现内部缺陷位置，对于存在缺陷的气室进行预判断有待进一步研究。

综上所述，GIS设备交流耐压试验放电气室声压信号的测量主要集中于放电时产生的音频范围内，通过测量声压相对差值可实现故障气室的准确定位。

6.2 基于锆钛酸铅柔性材料 GIS 设备故障快速定位系统

基于GIS设备内部局部放电所产生的声辐射信号，利用高质量压电复合薄膜材料具有灵敏度高、频响宽、动态范围大、易制成任意形状的片或管等优势的优点，以压电传感器工作原理为设计思想，利用超声检测技术及数字信号处理技术，建立研究模型，同时结合计算机仿真，优化设计出高灵敏度超声传感器，研制出实用化的小体积、低功耗、便携式的具有信号强度显示的基于锆钛酸铅柔性材料的故障定位系统。

6.2.1 GIS 设备故障快速定位系统的结构设计

基于对GIS设备内部局部放电声分布特性的仿真计算研究，提出了以下设计方案：

(1) 方案1。GIS设备故障定位系统由超声传感器与信号采集、处理装置两个部分组成，每个传感器配有独立的信号采集、处理装置，测试时将其分散布置在GIS设备各气隔单元。

(2) 方案2。设置多个信号通道，将各传感器信号汇总接入到一个信号采集、处理装置中。

结合现场实际情况，对比分析了两种方案的可行性，考虑到由于GIS设备大多体积庞大，GIS设备气隔单元最多可达上百个。在方案2中，若将所有传感器通过测试线汇总接入到一个终端信号采集、处理装置中，需要大量的信号采集通道，装置集成难度大，并且需要的测试线数量多、距离长，在现场测试中不易携带。若采用方案1，可根据现场GIS设备的实际布局，灵活选择传感器布置位置，且携带方便、不受通道数量限制。方案1比方案2有很大的优势。

因此，GIS设备故障定位系统的结构采用方案2的设计，分别对传感器以及信号采集、处理装置进行了设计研制。

1. 外观设计

综合各方面因素，考虑到显示的有效性和操作的灵活性，信号采集、处理装置外观设计如图6-10所示。

2. 传感器设计研制

现有的超声传感器一般是利用压电陶瓷［锆钛酸铅（PZT）］制作的超声传感器，尽管具有较大的灵敏度，但其频带较窄，具有谐振峰（中心频率一般是40kHz），而且测量时，由于声阻抗较大，需要在传感器探头与待测体之间涂抹声耦合剂，保证阻抗匹配，使用操作过程较为复杂，要求由经验丰富的专业技术人员来操作。

提出的新型压电复合材料是由压电陶瓷相和聚合物相复合构成的压电复合材料，

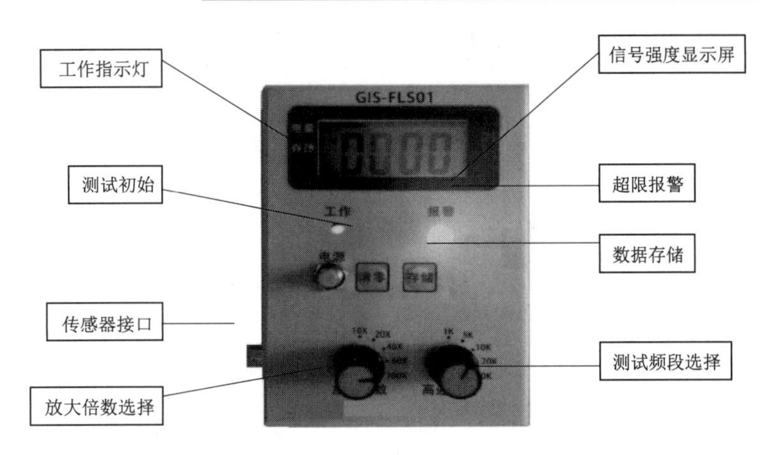

图6-10 闪络击穿声压显示仪

由于具有两相材料的综合性能，在水听器、超声换能器和智能材料等领域应用广泛。压电复合材料是由不连续的压电陶瓷颗粒分散于三维连通的聚合物基体中而构成的，具有结构简单、柔韧性好、声阻抗系数低及易加工成形等优点。利用此材料制成的超声波探头具有灵敏度高、频率响应范围较宽、体积小、重量轻和用普通胶粘贴于被测物等强于传统压电陶瓷的突出优点。

3. 信号采集电路系统的设计

基于上述研制出的压电复合材料声发射超声传感器，根据当GIS设备发生闪络时，发出的声波沿金属外壳传递，在金属与绝缘子交界面上发生波的反射和折射。以及从发生闪络故障气室通过绝缘子传递到相邻不发生闪络故障气室，声波振动强度衰减10倍以上的性质（这在后面的试验中有证明）。利用这一原理可以设计出基于锆钛酸铅柔性材料的GIS闪络击穿定位检测显示仪器。在GIS设备内部发生闪络时，可以确定闪络气室位置定位GIS闪络击穿的气室。

基于GIS设备内部放电所产生的声发射信号，利用压电复合薄膜材料作为传感器，研制出小体积、低功耗、便携式、方便放置的具有信号强度（指示灯及信号幅值同时显示）显示的GIS设备闪络击穿定位仪。

拟设计制作出的GIS设备闪络击穿定位仪的工作原理图如图6-11所示。

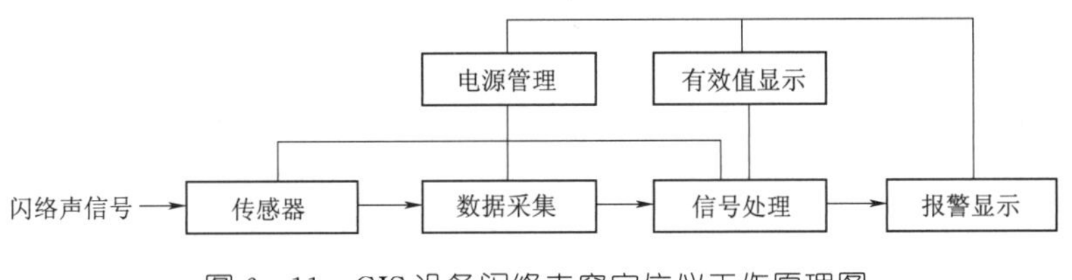

图6-11 GIS设备闪络击穿定位仪工作原理图

6.2.1.1 硬件电路设计

依照上述工作原理图要求，设计完成了GIS闪络故障定位器的硬件电路。该硬件电路主要包含信号检测电路、信号处理电路两个部分。

1. 信号检测电路

信号检测电路主要包含电荷变换电路、预放大电路、滤波电路、后置放大电路和有效值转换电路。

(1) 电荷变换电路。压电薄膜传感器属于电容性传感器，其输出信号为与输入超声波振动信号成比例的电荷量，实际电路中，电荷量由于阻抗过高而无法直接检测。只有将电荷量转换为相应的电压量才能进一步检测。为此设计了此电荷变换电路（图6－12）。此电荷变换电路由运算放大器LF356N、精密电阻、聚苯乙烯电容等组成。

其中，LF356N运算放大器具有高输入阻抗、低失调和偏置电压、高共模抑制比、高增益带宽积和大的直流电压增益等优点，非常适合用于电荷变换电路。

为了保证电荷变换电路转换精度，在选用相应的反馈电容和电阻时必须选取高精度的电容电阻。图6－12中选用金属薄膜电阻和精密聚苯乙烯电容，精度为0.5%。

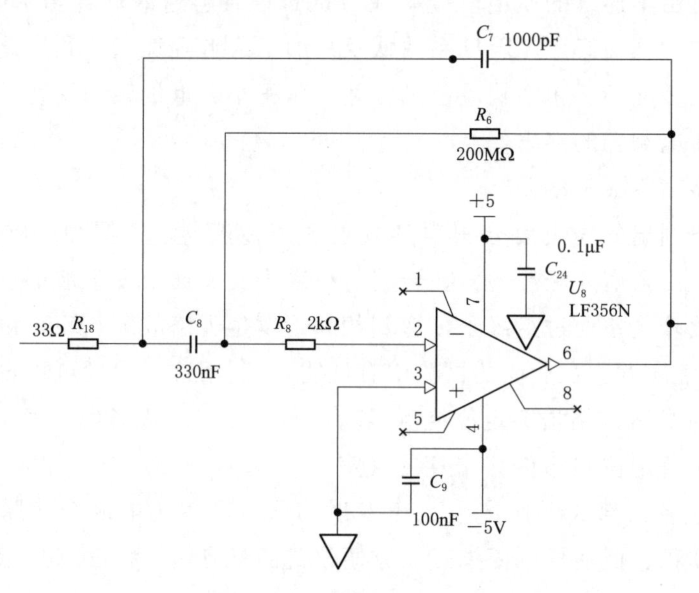

图6－12　电荷变换电路设计

其中，R_{18} 的取值决定电路对高频信号的响应；R_6 的取值决定电路对低频信号的响应特点；C_7 为反馈电容。

按照电荷电压等效变换公式，可以得到对应的电压值，即

$$U_0=\frac{Q_i}{C_f} \tag{6-1}$$

(2) 预放大电路。经过电荷变换之后，完成了信号的阻抗变换和信号变换，将电荷信号转换为对应的电压信号。但由于变换之后的信号较弱，为了获得较高的信噪比，需对该信号进行一定的预放大处理。将有用信号放大，为后续滤波处理奠定基础。

预放大电路设计应主要考虑运放特性。本电路设计选取的运放芯片为 LF356N，其具有增益带宽积 5MHz，高输入阻抗，低偏置和失调电压等优点。特别是增益带宽积满足预放大电路的实际要求。因此选取此运放为预放大电路芯片。

在电路设计上，采用标准的反向比例放大电路，放大倍数为 2 倍。预放大电路如图 6-13 所示。其中，R_7 为反馈电阻，R_{29} 为失调电压补偿变阻器，调节零位输出；C_{36}、C_{38} 为电源滤波电容。

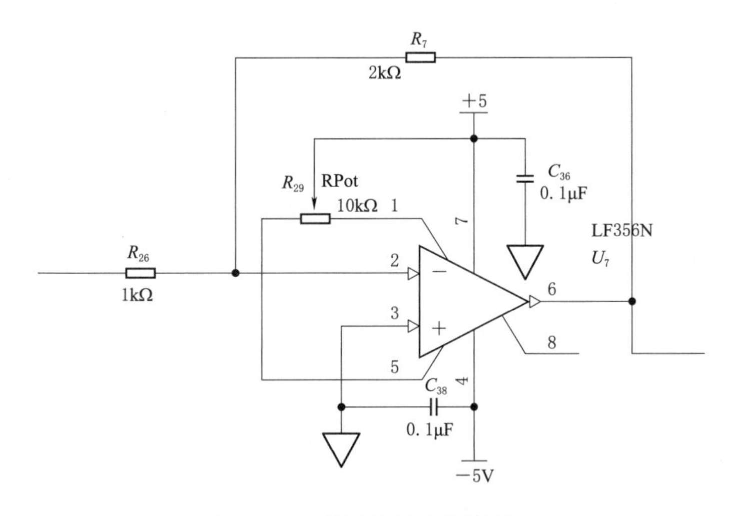

图 6-13 信号预放大电路设计

（3）滤波电路。在设计信号采集电路时，不仅要考虑如何采集到有用的信号，也要考虑如何滤除来自现场和电路本身的杂波干扰等问题。GIS 设备使用现场工作环境复杂，各种噪声如机械振动、冲击、人员活动声响以及来自电路的工频干扰等无不对设备正常、准确工作造成影响。为了消除来自现场的高频和低频干扰，特别设计信号滤波电路。

滤波电路在设计时主要考虑以下内容：

1）滤波电路对低频干扰的有效滤除。由于 GIS 设备既有在室内安装的也有在室外安装的，GIS 设备工作时周围环境噪声无法屏蔽，如果不在检测电路中将这些环境干扰信号有效滤除，就会影响到 GIS 闪络故障定位检测器的工作，进而引起 GIS 设备闪络故障定位器误动作。

2）滤波电路对电磁波信号的有效滤除。GIS 闪络故障发生时不仅产生大量低频信号分量，也产生了大量高频电磁波分量。在实际试验探究过程中发现，检测传感器引出的线缆犹如一根天线，将电磁波信号引入到了检测电路中，对此干扰信号也要有效地滤除才可避免信号采集的失真。

综上所述，在滤波电路设计中选用了高通滤波电路和低通滤波电路叠加而形成带通滤波电路。每一级滤波电路阶数设计为二阶电路，以使滤波电路衰减倍数在 40dB，有效滤除信号干扰。

滤波电路设计图如图 6－14 所示。其中，A_1、A_2 为两个可调电阻的网络标号，其代表数值分别为 160kΩ、30kΩ、15kΩ、8.2kΩ、4.7kΩ。对应信号截止频率为：20kΩ、30kΩ、60kΩ、96kΩ、200kΩ。

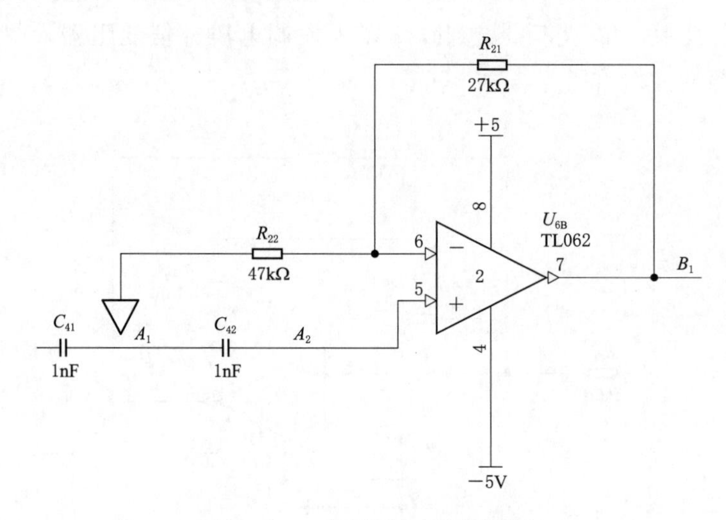

图 6－14　高通滤波电路设计图

反向输入端放大倍数为

$$1+\frac{R_{22}}{R_{21}}=1+\frac{27}{47}\approx 1.574 \tag{6-2}$$

运放选取 TL062C，该运放为高速运放，摆率 3.5V/us，适合作为滤波电路运放。

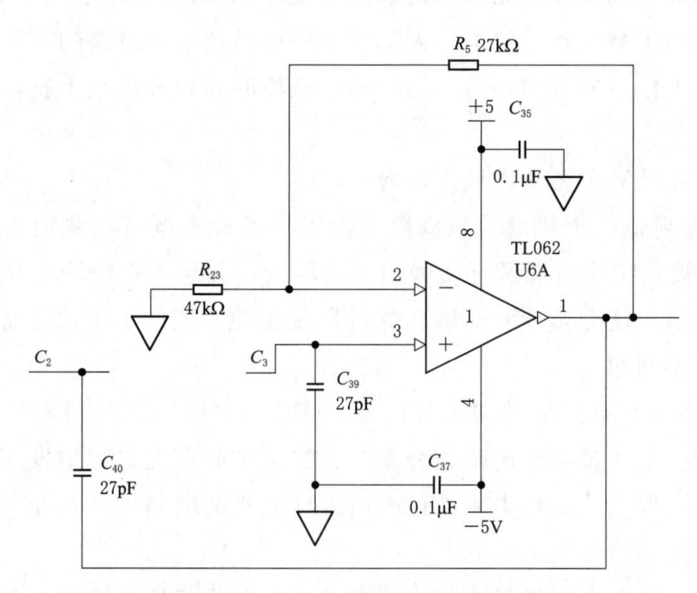

图 6－15　低通滤波电路设计图

其中，C_2，C_3 为低通滤波电路中不同阻值的网络标号，代表数值为 30kΩ、20kΩ、10kΩ、6.2kΩ、3kΩ，对应信号截止频率为：995.2Hz、4.9kHz、9.6kHz、19.6kHz、30kHz。

反向输入端信号放大倍数为 1.574。C_{35}、C_{37} 为电源滤波电路。滤除电源杂波干扰。

(3) 后置放大电路。经过滤波之后的信号幅度较小，为了提高检测信号的量程，需对信号进一步放大，放大倍数确定需要考虑运放增益带宽积。LF356N 运放增益带宽积在 5MHz，对于信号放大 10 倍完全没有问题，故而此处确定后置放大电路放大倍数为 10 倍。

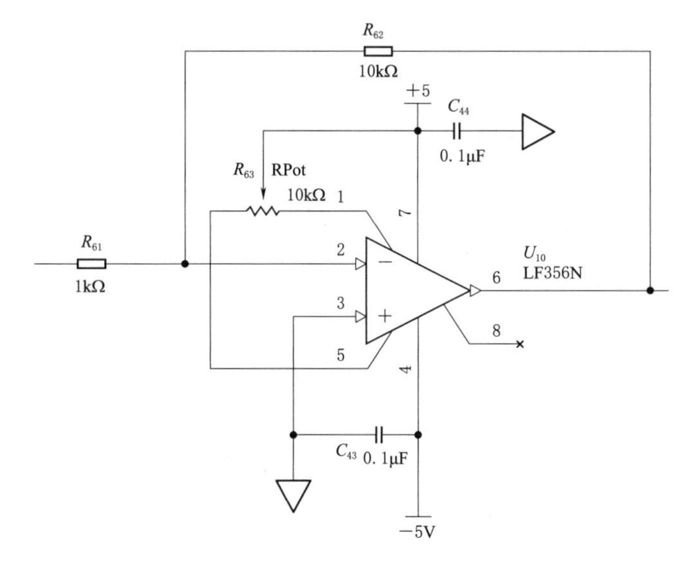

图 6-16　后置放大电路设计图

图 6-16 中，R_{62} 为反馈电阻，R_{63} 为零位输出调节电位器，C_{44}、C_{43} 为电源滤波电容。

(4) 有效值转换电路。经过后置放大电路之后的信号仍为双极性信号，为了便于单片机采集和处理，同时对信号进行有效值转换处理，选用 AD637 有效值转换芯片构成有效值转换电路。电路设计如图 6-17 所示。

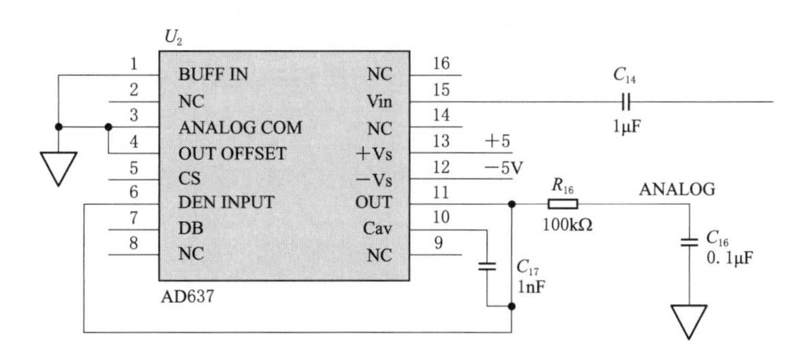

图 6-17　有效值转换电路图

图6-17中，C_{17}为外部电容，用以设定信号平均时间的长短。本设计选用1nF的小电容，便于捕捉到瞬时变化的信号。C_{14}为隔直电容，隔除后置放大之后产生的直流偏置信号，R_{16}、C_{16}为无源低通滤波单元。对AD637输出信号进行低通滤波处理。使输出信号更平滑。

2. 信号处理电路

信号处理电路主要由单片机构成。主要完成的功能有：信号A/D转换、采集数据的处理等。

由于目前单片机发展的集成化趋势，很多外设都在逐渐被集成到片内。我们选取的C8051F410这款微控制器也具有这些特点。内部集成了一个12位精度的最高200kbit/s采样率的A/D转换单元，只需要通过软件方式对相应寄存器进行操作，即可驱动A/D转换数据。处理器内部结构示意图如图6-18和图6-19所示。

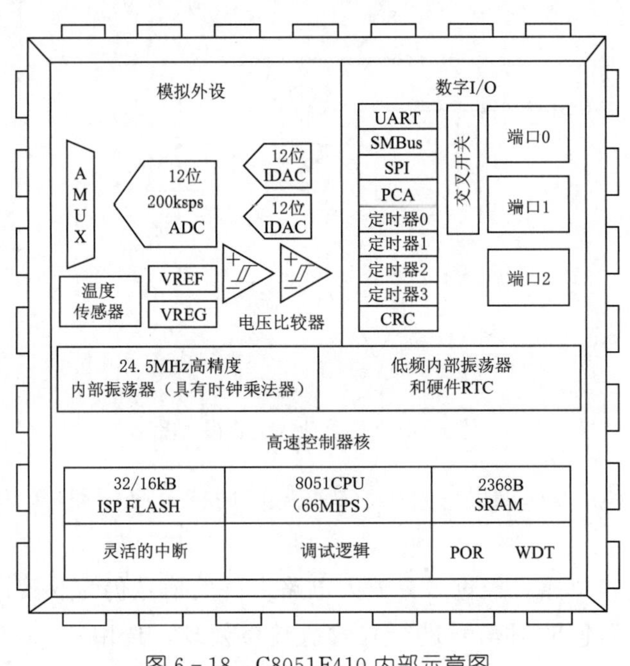

图6-18　C8051F410内部示意图

A/D转换结构示意如图6-20所示。

C8051F410 P1.0～P2.7端口都可以配置为模拟输入端，通过AMUX寄存器选择输入端。

与ADC转换单元相关的一些寄存器，如ADC0MX寄存器（单端输入通道选择寄存器）见表6-1。

表6-1　　　ADC0MX寄存器（单端输入通道选择寄存器）

—	—	—	AD0MX4	AD0MX3	AD0MX2	AD0MX1	AD0MX0

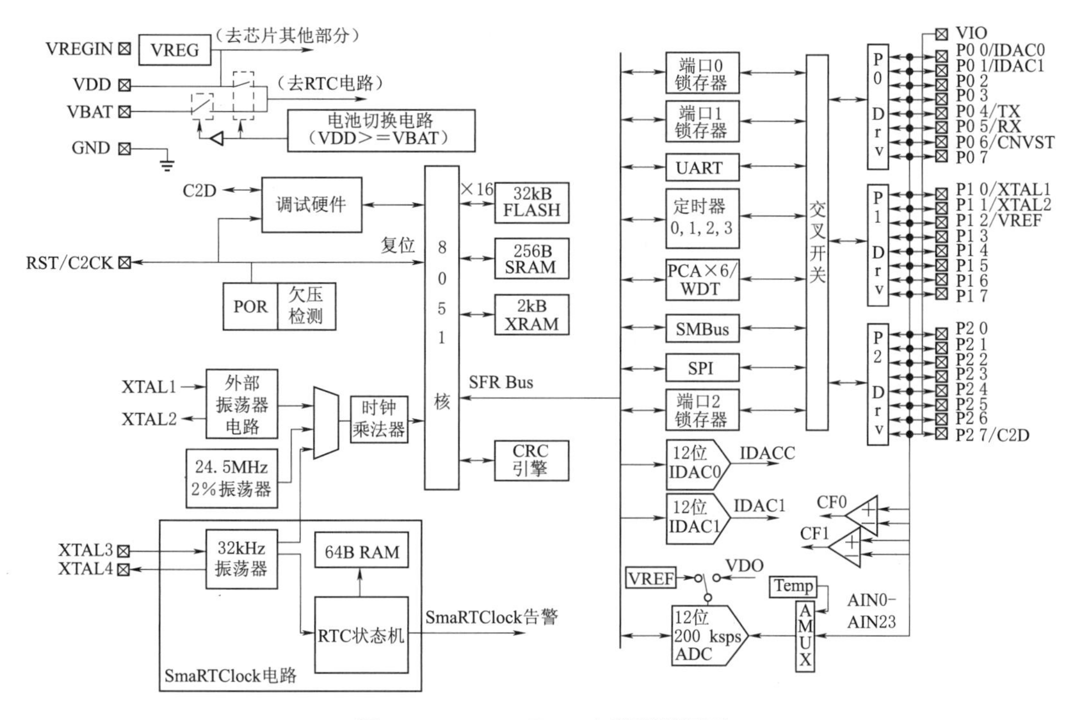

图 6-19　C8051F410 内部逻辑框图

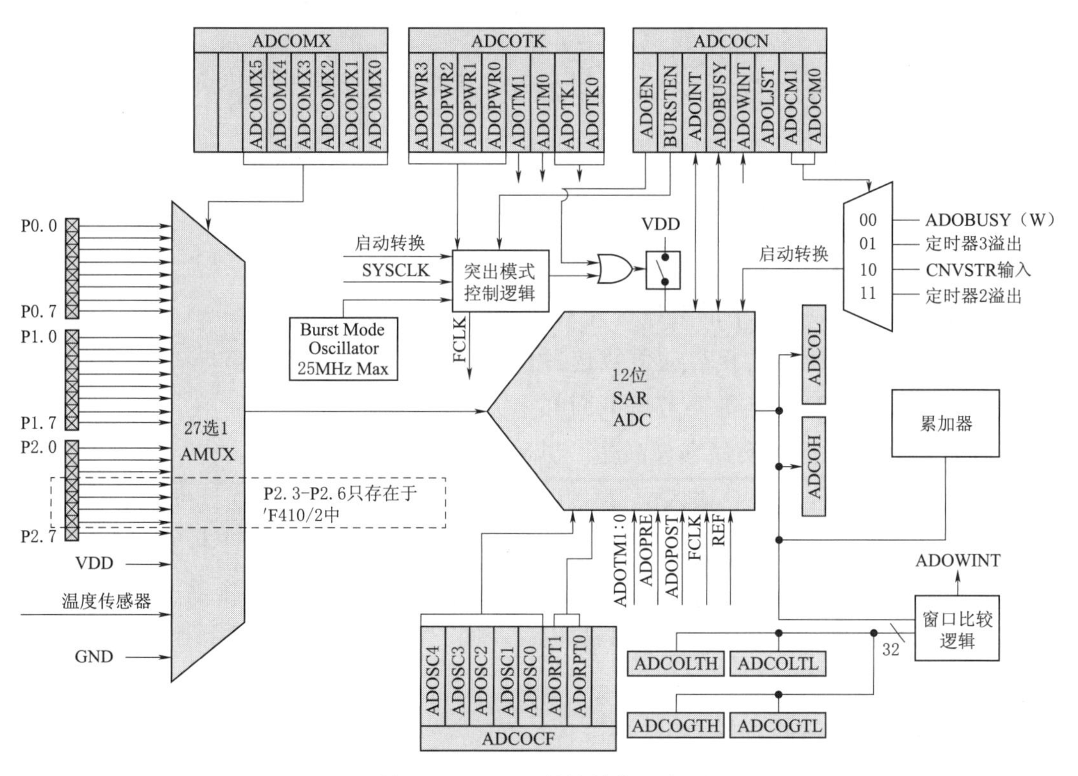

图 6-20　ADC 转换结构示意图

其中高三位未使用，低五位作为模拟输入选择端。当AMXP0～AMXP4＝10000时，端口P2.0被配置为正输入通道。

表6-2　ADC0CF：ADC0配置寄存器

AD0SC4	AD0SC3	AD0SC2	AD0SC1	AD0SC0	ADCRPT1	ADCRPT0	—

位7-3作为ADC0SAR转换时钟周期控制位。此处设置ADC0SAR＝00001，ADCRPT＝00故而ADC0CF＝0x10；ADC转换时钟2分频系统时钟，转换1次；ADC0H、ADC0L寄存器作为转换结果存放的寄存器。当配置为右对齐方式时，ADC0H的高六位为符号扩展位，低两位为ADC0数据的高两位，同时ADC0L的数据为ADC0转换数据的低八位。

表6-3　ADC0CN：ADC0控制寄存器

AD0EN	BURSTEN	AD0INT	AD0BUSY	AD0WINT	AD0LJST	AD0CM1	AD00CM0

AD0EN：ADC0使能位，0禁止，1使能。

BURSTEN：ADC0跟踪方式位。0突发模式禁止，1突发模式使能。

AD0INT：ADC0转换结束中断标志位。

0：从最后一次将该位清“0”后，ADC0还没有完成一次数据转换。

1：ADC0完成了一次数据转换。

ADC0BUSY：ADC0忙标志位。0表示数据转换结束或未进行转换数据。

1表示正在进行数据转换。

AD0WINT：窗口比较中断标志，这里未设置。

ADOLJST：ADC0左对齐选择位。

0：ADC0H：ADC0L中的数据为右对齐。

1：ADC0H：ADC0L中的数据为左对齐。

ADCM1-0：ADC0转换启动方式选择位。

C8051的内部AD转换需要考虑下面几个方面的内容。

转换速率。其内部转换速率最高达200kbit/s。

转换建立时间。当ADC输入配置发生改变时（即AMUX0的选择发生变化），在进行一次精确的转换之前需要有一个最小的跟踪时间。该跟踪时间由AMUX0的电阻、ADC0采样电容、外部信号源阻抗及所要求的转换精度决定。注意：在低功耗跟踪方式，每次转换需要用两个SAR时钟跟踪。对于大多数应用，两个SAR时钟可以满足最小跟踪时间的要求。

ADC0转换建立时间方程为

$$t=\ln\frac{2^n}{SA}R_{\text{total}}C_{\text{sample}} \tag{6-3}$$

式中　SA——建立精度，用一个LSB的分数表示；

t——所需要的建立时间，s；

R_{total}——AMUX0电阻与外部信号源电阻之和；

n——ADC的分辨率，以比特表示，这里$n=12$。

3. 显示单元

选择中航工业青云公司生产的LCM045A显示单元作为主显示屏。

LCM045A为4位多功能通用型8段式液晶显示模块，内含看门狗（WDT）/时钟发生器，2种频率的蜂鸣器驱动电路，内置显示RAM，可显示任意字段笔划，3～4线串行接口，可与任意单片机连接。低功耗特性：显示状态50μA（典型值），省电模式<1μA，工作电压2.4～5.2V，视角对比度可调，显示清晰、稳定可靠、使用编程简单，是仪器仪表、手持便携仪器等的最佳通用型显示模块。特别适用于电池供电仪器。LCM045A显示屏外形尺寸图如图6-21所示，LCM045A引脚功能表见表6-4。

4. 电源管理及报警单元

信号处理电路采用充电电池供电，供电电压为7.2V。由于内部集成芯片工作电

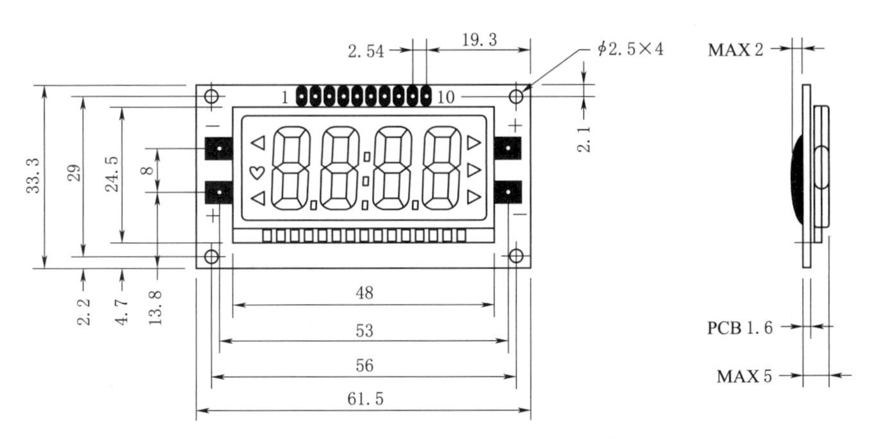

图6-21　LCM045A显示屏外形尺寸图（单位：mm）

表6-4　**LCM045A引脚功能表**

引脚	符号	说　明	输入/输出
1	/CS	模块片选，内部上拉	输入
2	/RD	模块数据读出控制线，内部上拉	输入
3	/WR	模块内部数据/命令写入控制线，内部上拉	输入
4	DA	数据输入/输出，内部上拉	输入/输出
5	GND		
6	VLCD	LCD屏工作电压调整，可调整视角对比度	输入
7	VDD	正电源	输入

续表

引脚	符号	说　明	输入/输出
8	/INT	WDT/集电极开路输出	输出
9	BZ	压电陶瓷片驱动正极	输出
10	/BZ	压电陶瓷片负极	输出

压为＋5V、＋3.3V 等，所以需要对输入电源进行电压转换，LM2940 具有电源转换的功能，可以实现将输入 6.25～26.0V 范围的电压转换为＋5V 的电压输出。同时输出电流超过 1A，足可以满足本电路要求。而且其工作温度和储存温度都在－40～85℃，满足工业要求。需要注意的是，此处通过 R_{14}、R_{15} 将模拟地和数字地分开，避免了相互之间的干扰，电容在这里起滤波的作用。5V 转换电路图如图 6－22 所示。

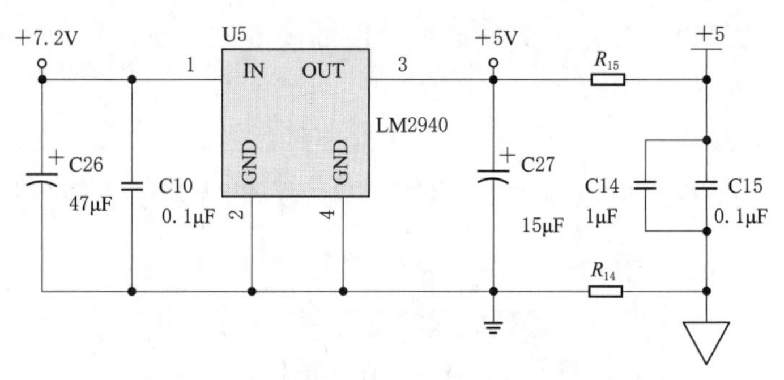

图 6－22　5V 转换电路图

（1）＋3.3V 电压转换。ASM1117 和前面提到的 LM2940 芯片的功能相似，也是起到了电源转换的作用。由于 C8051 工作电压范围为 2.7～3.6V，需要将＋5V 的电压转换为＋3.3V，ASM1117 芯片是电压转换芯片，有两种版本，3.3V 和 5V，此处选择 3.3V 版本，电容在这里起滤波作用。通过 R_{16} 将模拟地和数字地相区分。LED0 为电路工作状态指示灯，LED 亮表示电路正常工作，不亮则表明电路存在问题，需要检查。3.3V 电源转换电路图如图 6－23 所示。

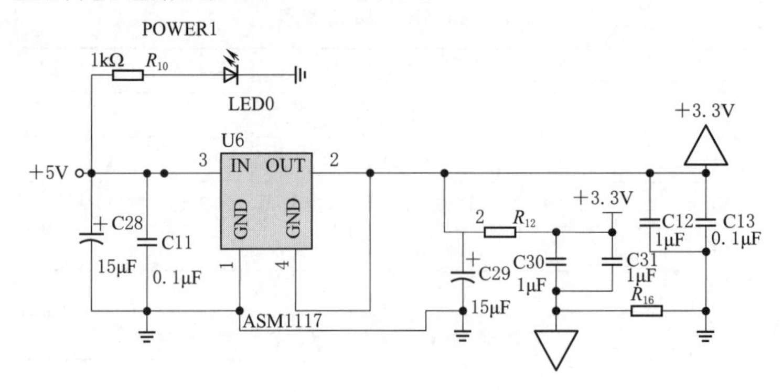

图 6－23　3.3V 电源转换电路图

(2) －5V电压转换。由于前端模拟运放采用双电源供电，需要－5V电压。故此处采用LMC7660IM电压转换芯片，实现将＋5V电压转换为－5V电压，电容的作用也是滤波。－5V电源转换电路图如图6－24所示。

5. 超限报警指示电路

根据项目要求，在被检信号达到一定幅度后，需要采点亮用LED，输出光报警的方式，提示工作人员对被检段进行检查。超限报警电路如图6－25所示。

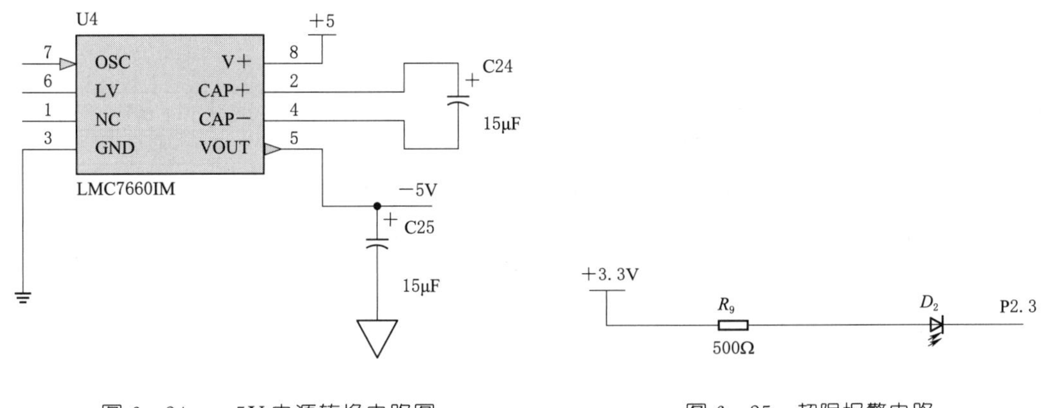

图6－24　－5V电源转换电路图　　图6－25　超限报警电路

6.2.1.2　软件设计

1. 系统主流程图

程序主流程图如图6－26所示。

2. 程序子流程图

程序子流程图如图6－27、图6－28所示。

6.2.1.3　系统集成

系统集成主要包括传感器接口制作、硬件电路组装调试、机壳的加工、程序的烧录和整机的安装调试。

传感器采用屏蔽线缆引出，接口采用航空专用接头。

硬件电路组装调试主要是电路焊接、测试。电路设计采用双层板，其中表贴元件均放置在正面。

机壳由全铝质材料加工而成。采用铣床加工的方式制作出显示屏和按键位置。

将以上这些部件加工完成后，添加电池、显示屏、按键等即可完成整个硬件设备的组装。然后将有关程序下载至单片机中，即可实现闪络检测的功能。

整机具有小体积、便携式、低功耗、可编程等优点。尺寸为8cm×16cm×5cm，非常适合作为手持式仪器使用。

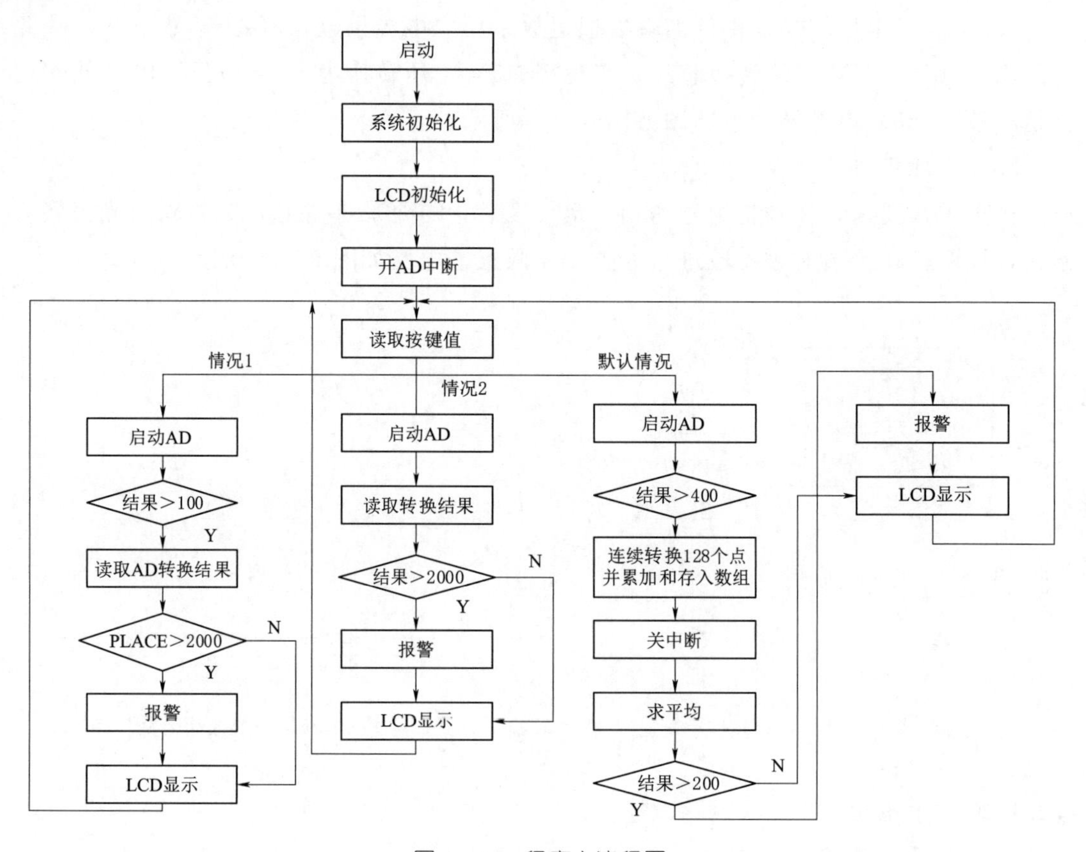

图 6 - 26　程序主流程图

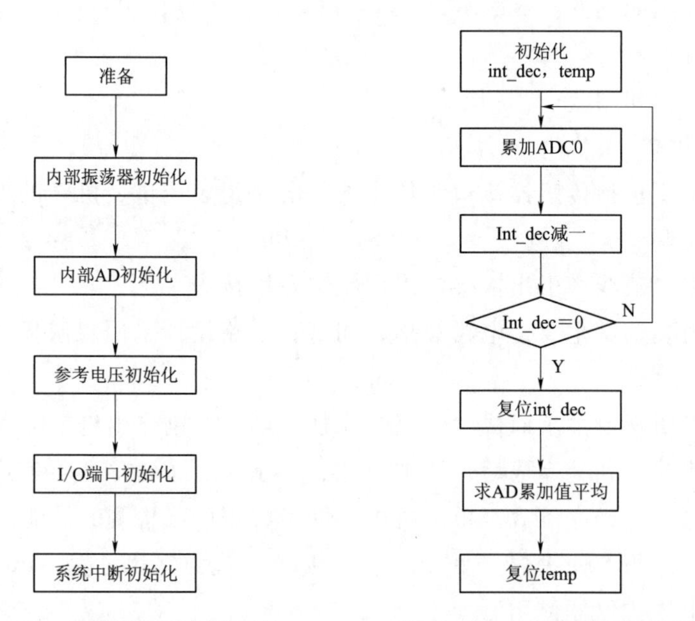

图 6 - 27　系统初始化主要内容

图 6 - 28　AD 中断服务子程序

6.3　GIS 闪络故障快速定位装置的现场应用

在某 126kV GIS 设备交流耐压试验中，测试过程如下：

(1) 在加压前，由于故障定位装置有限，将故障定位装置的传感器分散布置在 GIS 各气室筒壁表面，倍率选择 60，测量点如图 6-29 所示。

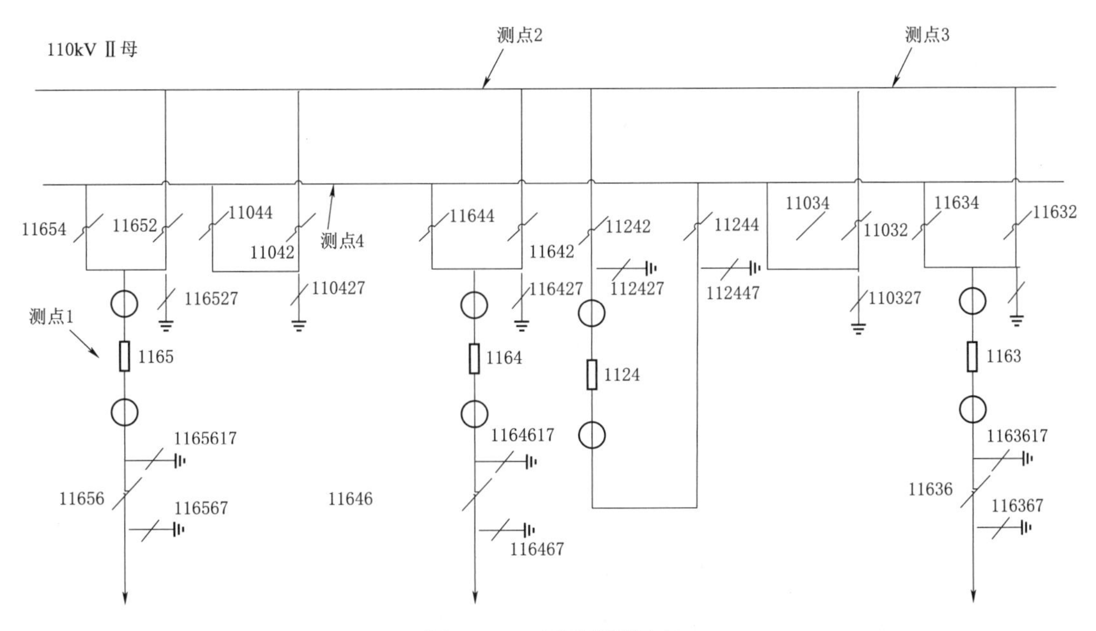

图 6-29　加压前测量点

经检查确认各采集装置的读数已清零，传感器贴合良好，开始进行 A 相交流耐压试验，当升压至 56kV 时 GIS 发生内部闪络，现场查看各传感器对应的信号读数，发现测点 4 处的传感器有数值显示（倍率为 60，显示数值为 402），其余各点位置为 0，确定在该测点处附近发生有闪络故障。

(2) 为进一步确定故障位置，将传感器密集布置在Ⅳ母，高通滤波器频段选择 5kHz，放大倍率为 60，如图 6-30 所示。

甩开Ⅱ母对Ⅳ母进行加压，加压至 52kV 时再次闪络，观察各测点的数值见表 6-5。

表 6-5　各测量点数值

位置	测点 1	测点 2	测点 3	测点 4
数值	622	325	0	0

由表 6-5 可看出，测点 1 的数值最大，对应的气室声强为相邻气室的两倍以上，初步判定故障位置发生在该气室位置。

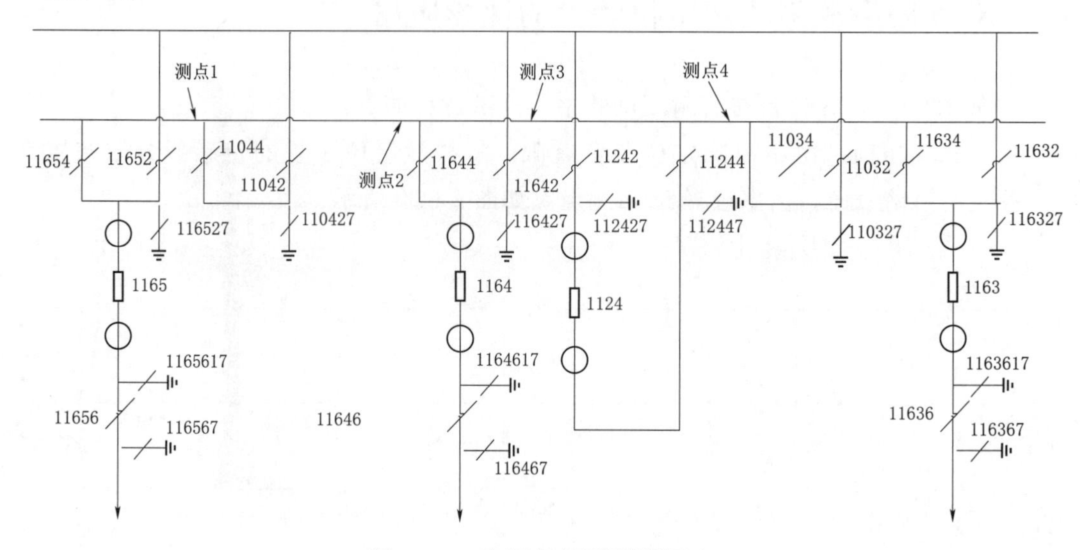

图6-30 高通滤波器频段测量点

为查找故障原因，将故障气室进行解体后，发现位于11044隔离开关气室左侧绝缘盆子表面有明显的爬电痕迹，绝缘盆子表面放电痕迹如图6-31，绝缘盆子表面缺陷情况如图6-32所示。

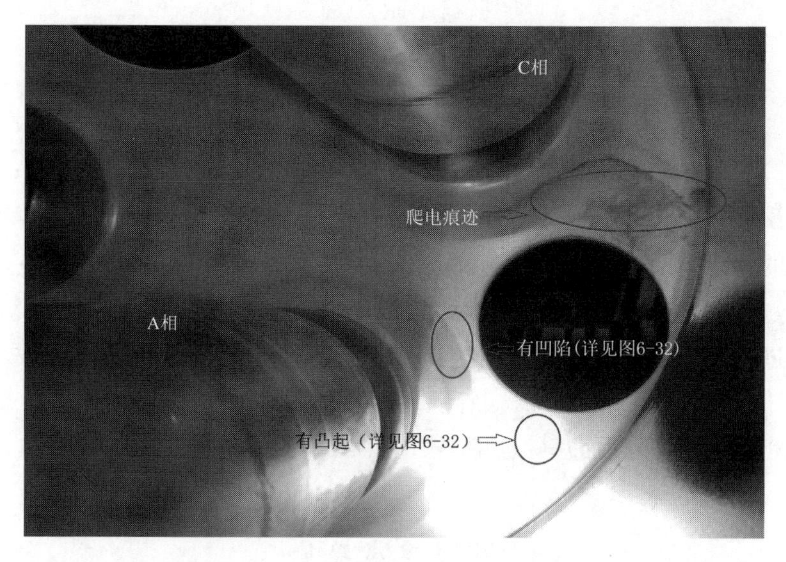

图6-31 绝缘盆子表面放电痕迹

经对预判故障气室进行解体后发现，实际缺陷气室位置与预判故障气室位置相符。通过此次现场测试，充分验证了该套GIS设备故障定位系统的可靠性与准确性。在使用过程中，该装置携带方便，使用方法简单，通过准确定位故障点有效减少了重复耐压的次数，对提高 GIS 设备健康状况也有突出的贡献。同时，大大缩短工期，保证了扩建设备的按期顺利投产。

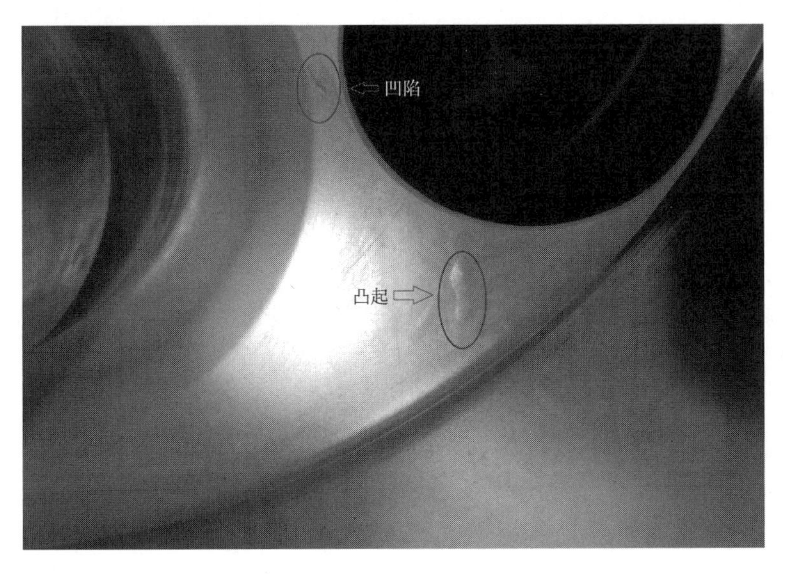

图 6-32　绝缘盆子表面缺陷情况

参 考 文 献

[1] 朱旭东. 1050kV系列振荡电压波发生器及其应用 [J]. 高电压技术，1995，21 (1)：40-43.

[2] 张军民，刘伸展，李环. 基于超声波信号检测的GIS击穿放电定位方法研究 [J]. 电工电气，2003 (8)：53-55.

[3] 郭治峰，赵学风，顾朝敏. 振荡冲击电压下 SF_6 极不均匀间隙的放电特性 [J]. 高压电器，2010，46 (10)：62-64.

[4] 陈庆国. 快速振荡型冲击电压下 SF_6 气体间隙及绝缘子沿面放电特性 [D]. 西安：西安交通大学，2001.

[5] 国网电力科学研究院. 气体绝缘金属封闭开关设备现场冲击试验方法：中国，CN200910060561.X [P]. 2009-9-9.

《大规模清洁能源高效消纳关键技术丛书》
编辑出版人员名单

总 责 任 编 辑 王春学

副总责任编辑 殷海军 李 莉

项 目 负 责 人 王 梅

项 目 组 成 员 丁 琪 邹 昱 高丽霄 汤何美子 王 惠 蒋雷生

《清洁能源配套 GIS 设备绝缘检测及故障诊断技术》

责任编辑 王 梅

封面设计 李 菲

责任校对 梁晓静 张晶洁

责任印制 崔志强